第 1 章

物質と人類の発展

1.1 物質と社会

　私たちの身の周りはいろいろな"もの"，すなわち物体[*1]で満ちている。教室をちょっと見渡しただけでも，鉛筆，ノート，机，椅子，カバン，黒板などからビデオ装置やパソコン類などいろいろな物体が目に入ることだろう。そのような物体を構成している素材・材質が物質である[*2]。現在（2022年1月），2億6,300万種余りの物質[*3]が存在するといわれている。物質科学とは，このような物質を対象として，物質の成分・構造・性質さらには変化や反応を研究する学問分野である。

　人類の歴史を振り返ってみると，火を使うことを憶え，木や石を加工して，身近に存在するものを利用した"ものつくり"が新たなものを産み出し，石器時代，青銅器時代，鉄器時代を経て，現在は，高分子物質の活用[*4]，さらにはナノテクノロジーの時代に至っている（図1-1）。

*1 物体とは一定の質量を持ち，空間の一部を占め，その存在を確認できるもの。
*2 コップや茶碗は物体，その材質であるガラスやセラミックスは物質
*3 物質の数は日々増え続けている。最新の情報に関してはアメリカ化学会の一部門である CAS（Chemical Abstracts Service）のホームページで確認できる。
https://support.cas.org/

*4 蒲池幹治，「高分子化学入門」，高分子の面白さはどこからくるか，エヌ・ティ・エス（2006）

図1-1　物質科学の発展
古代人の生活（左）と化学コンビナート（右）

　物質科学の中心となる基礎分野は化学である。現在の豊かな暮らしは，化学が支えていると言っても過言ではない。18世紀後半に，錬金術[*5]の時代から近代化学の時代への扉を開いたのはフランスの化学者ラボアジエ

*5 鉛などの金属から金を作り出そうとする技術で，古代エジプトに始まりアラビアを経て，ヨーロッパに伝わり，17世紀位まで続けられた。この狙いは間違っていたが，近代化学を開く準備の段階といえよう。

ラボアジエ（1743～1794）
(Antoine Lavoisier)
　定量的な実験を通して水の本性や燃焼の本質を明らかにし，質量保存の法則（化学反応の前後で，反応に関与する物質全体の質量は変化しない）や定比例の法則（純粋な物質の中では，元素は一定の質量比で存在する）を発見した。

*1　ハーバー法（ハーバー・ボッシュ法ともいう）によるアンモニア合成。この業績を称え，ベルリンのダーレム研究所にあるハーバーの墓碑銘には「空気からパンを作った人」と刻まれている。その理由は空気中の窒素を使ってアンモニアを作り，肥料にして農業生産を高めた。（詳細は4.4.2bを参照。）その意味で「空気からパンを作った人」である。

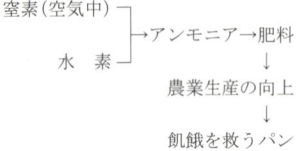

*2　高分子物質とは数千，数万の原子が結合した非常に大きな分子量の分子からなる物質。1920年から1930年にかけてそのような分子の存在がシュタウディンガーの努力によって実証された。

シュタウディンガー（1881～1965）
(Hermann Staudinger)
ドイツの化学者
1953年ノーベル化学賞を受賞した。

である。ラボアジエは，化合物の存在を実証し，燃焼とは何かを解明し，また，当時知られていた元素を分類すると共に，いろいろな化学現象の解明とその応用を促した。19世紀に入ると，科学が職業として定着し始め，それに携わる専門家も増え，科学の一分野である化学への関心は高まった。1824年化学実験を取り入れた教育がドイツのギーセン大学で始まった。その教育がドイツの各大学，さらにヨーロッパの他の国々に波及し，化学の発展を促す制度的基盤が構築され，今日広く活用されている物質創成の基礎を築いた。19世紀後半になると，化学の発展は，医薬品や農薬の開発を促進し，特に新たな医薬品は人々の死亡率の低下をもたらした。その結果，世界の人口は大幅に増え始め（図1-2），その対策として，農作物増産のための安価な肥料や害虫駆除剤の生産が望まれた。20世紀に入り，それにこたえたのがドイツの化学者ハーバーの空中窒素の固定によるアンモニア合成法の発明[*1]とその工業化である。この発明によって安価な人工肥料の供給が可能になっただけでなく，化学の視点から眺めると触媒研究の重要性を認識する契機となった。

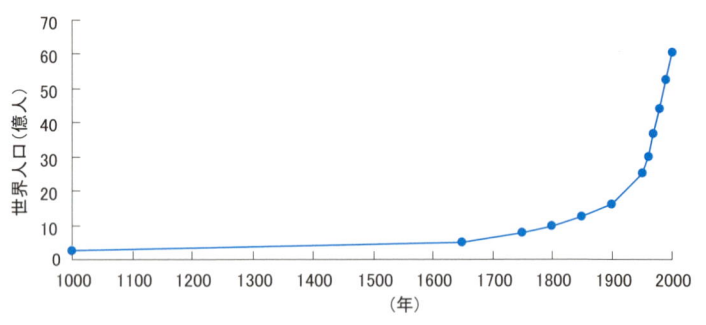

図1-2　世界の人口の変化

　20世紀における物質科学の大きな発展の原動力になったのは高分子物質[*2]の存在の実証とその活用である。高分子物質の工業生産は20世紀中頃の合成繊維や合成樹脂に始まったが，20世紀後半には天然の物質を加工しても得られない様々な機能材料を産み出し，電子・光・情報・医用材料への応用・展開は現在の豊かな物質社会を実現した。コンピュータは私たちの生活様式を一新したが，その発展を大きく支えたのもこれら高分子物質を活用した情報関連機器の創製である。その他，高分子物質で作られたカテーテルや人工臓器のような生医学材料への応用展開は人類の平均寿命を著しく伸ばす要因ともなっている。
　20世紀前半の大きな発見としてもう1つ特記すべき事がある。ペニシリンという著しい抗菌効果をもつ物質の発見である。この発見は，抗生物

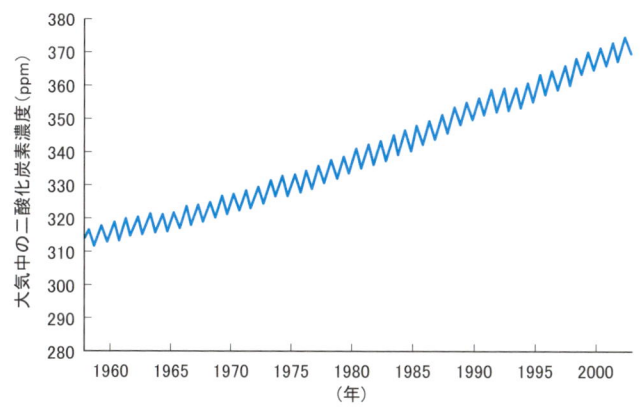

図 1-3　大気中の二酸化炭素濃度

フレミング（1881～1955）
（Alexander Fleming）
　ペニシリンの発見者，イギリスの細菌学者

質という新たな医薬品を産み出し，医療の飛躍的発展をもたらした。その結果，不治の病と思われていた病気がなおるようになり，人類の平均寿命は著しく伸びている。

　このように，物質科学の研究は，いろいろなものを作り出し，私たちの生活向上に大きく貢献してきた。しかし一方で，反省すべき点もある。私たち人類は，化学の発展によってもたらされる表面的な豊かさに目を奪われ，そのような豊かさの裏で起こっていた環境の悪化になかなか気づかなった。その結果，古代の生物の死骸が堆積して作りあげられた石炭や石油などの化石燃料を消費し，二酸化炭素や窒素・硫黄の酸化物を発生させ，大気中の二酸化炭素量（図1-3）の増加や酸性雨をもたらした。二酸化炭素の増加に伴う地球の温暖化は有機フッ素化合物（フロン）[*1]の利用によるオゾン層破壊とともに，私たちの地球環境を大きく変化させつつある。近年，やっと，資源・エネルギーの枯渇，地球環境，廃棄物処理などの問題にも関心が高まり，温暖化対策[*2]や環境汚染を回避する努力[*3]が積極的に進められている。その対策の1つとして原子力エネルギーの利用が進められてきた。しかし，明るい未来をもたらすとして登場した原子力利用も，福島原子力発電の大事故において，その危険性や廃棄物処理という新たな問題を露呈した。資源のリサイクルや燃料電池の実用化さらには太陽エネルギーを利用した新たな技術の開発などは緊急の課題で，今後，調和のとれた地球環境の実現のため，物質科学の果たす役割はきわめて大きい。パソコンの普及や携帯電話の進化などからも想像できるようにこれからも新たな科学・技術が創製され物質社会はますます発展するであろう。その基礎となる物質科学を少しでも理解できるようになるための土台を築こうではないか。

*1　フロン

$$\underset{\underset{Cl}{|}}{\overset{\overset{Cl}{|}}{Cl-C-F}} \quad \underset{\underset{F}{|}}{\overset{\overset{Cl}{|}}{Cl-C-F}} \quad \underset{\underset{F}{|}}{\overset{\overset{F}{|}}{Cl-C-F}} \quad \underset{\underset{Cl}{|}}{\overset{\overset{Cl}{|}}{Cl-C-F}}$$

　これらの化合物が成層圏で分解され，その分解物がオゾン層を破壊することが明らかにされ，1990年の国際会議で2010年までに全廃することが決まった。

*2　1997年，京都で開催された地球環境防止に関する国際会議で議定書が採択された（京都議定書）。その実現に向けた努力がなされ，地球温暖化白書（https://www.glwwp.com）が作られている。2015年。

*3　2015年「パリ協定」として気候変動抑制に関する国際協定が採択された。

コラム　太陽エネルギーの利用

地中に埋蔵されている化石燃料（石油や石炭）は限られている上，化石燃料をエネルギー源として用いた際には二酸化炭素が生じ，地球温暖化など地球環境への悪影響を伴う。それにも拘わらず，現在も化石燃料を用いる火力発電などが人類のための重要なエネルギー源として用いられている。地球を悠久の未来に繋げるために，化石に頼らない新たなエネルギー源の開発が世界中で進められている。その中で太陽エネルギーの利用に注目してみよう。

地球に降り注ぐ太陽エネルギーは，1秒間だけでも石炭の700万トン分に相当し，1年間では約 10^{20} kJ のエネルギーとなり，世界中の人々が1年間に使うエネルギー総量の1万倍以上にあたる。したがって，太陽光の有効利用への努力がなされ太陽電池として実用化されている[*1]。

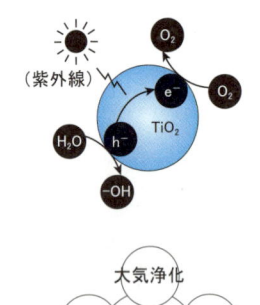

*1　太陽電池の利用

物質科学という点からその研究に大きな期待と夢を与えたのが，本多と藤嶋によって開発された二酸化チタンを電極に用いた太陽光による水の分解である。発生するのは酸素ガスと水素ガスであり，水素ガスが燃えてできるのは水であるから，水素ガスは大気を汚染しないエネルギー源として注目されている。

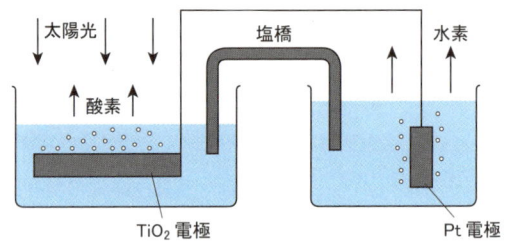

二酸化チタン電極を用いた太陽光による水の分解
（二酸化チタンに光があたると，白金極より水素ガスが生じる）

したがって，成功すれば，太陽光を水素エネルギーとして貯蔵できることになり，その意義は極めて大きい。しかし，二酸化チタンの吸収する波長領域がほとんど紫外領域であり，太陽光の3～4％にすぎないから，太陽光の利用効率という面で問題が残っており，今のところ，実用化にはいたっていない。現在，二酸化チタンの超微粒子に可視光を効率よく吸収する色素を固定化吸着し，太陽光を効率良く取り込むような太陽電池の開発が進められている。

この太陽電池の開発研究がきっかけとなって，二酸化チタンの光機能が調べられ，二酸化チタンに太陽光があたると，その紫外線によって反応性の高い物質となるので，自動車の排気ガスに含まれる有害物質やごみの焼却で発生するダイオキシンを分解して，無害物質にすることが明らかになった[*2]。このように二酸化チタンは太陽光による大気汚染物質除去のみならず，蛍光灯程度の光による抗菌，脱臭などにも有効なことが明らかになり，世界をリードする日本発の技術の実用化が進められている。

*2　TiO_2 の光触媒としての広がり

1.2 近代化学の誕生　物質—元素—周期表

前節で，"もの"を構成しているのが物質であると述べたが，その物質は何からできているのだろうか？古代ギリシアの哲学者たちは，すでに物質の根元についての考えを持ち，デモクリトスは，「物質は全てそれ以上に分けることのできない粒子からできている」という考えを提案し，その基本粒子をアトムと名付けた。デモクリトスの物質はアトムの集まりからなるという考えに対し，エムペドクレスは，「物質は"火・空気・水・土"からなり，身の周りの"もの"は，それらの結合によって作られた連続体である」という四元素説を唱えた。化学の歴史を振り返ると，古代エジプトに始まる錬金術が中世のヨーロッパに錬金術の時代をもたらし，物質についての知識が蓄積されていった。17世紀になって，イギリスの科学者ボイルは『懐疑的化学者』を出版し，実験に基づいた物質観の必要性を唱えた。彼の思想が広まり，19世紀初頭，イギリスの化学者ドルトンは，実験事実に基づいて，「全ての物質は，それを構成する各元素に特有な分割できない原子からできている」という元素の実体に迫る原子説を提案した。さらにドルトンは，原子を図 1-4 に示すような円形記号で表すことを初めて提案すると共に，最も軽い原子である水素の質量を1として*1，その他の原子の相対質量を求めた。

デモクリトス（BC 460 ～ BC 370）
古代ギリシャの哲学者で原子論の提唱者。

ドルトン（1766 ～ 1844）
(John Dalton) イギリスの化学者

ドルトンの原子説
(a) 物質は，原子とよぶ分解できない粒子からなる
(b) 同じ元素の原子は同じ性質をもつ
(c) 化学反応では，原子と原子の結合の仕方が変化する
(d) 化学反応で個々の原子は変化しない

*1　これは原子量表示のはじまりで，19 世紀中頃，ベルギーの化学者スターズが酸素原子を 16 と定めて以来，その値が基準に用いられていたが，物理学者と化学者の間に合意がなく，1961 年の国際原子量委員会で炭素原子 ^{12}C を基準にすることが決定した。

図 1-4　ドルトンの原子記号

現在広く用いられているようなラテン名からのアルファベットから1文字を用いて元素記号を表わすことは，19世紀初めスウェーデンの化学者ベルセリウスによって提案された（表 1-1 参照）*2。

1869 年ロシアの化学者メンデレーエフは元素の性質を系統的に整理しているうちに，当時知られていた 63 種の元素の性質が原子量とともに周期的に変化することを見出し，それをもとに周期表を作り，未知の元素の存在

*2　ベルセリウス (Jöns J. J. Berzelius (1779～1848)，スウェーデンの化学者) によって提案されて以来，この記号が広く利用されている。

表 1-1　元素記号

元素記号	日本名	英名	ラテン名
H	水素	Hydrogen	Hydrogenium
C	炭素	Carbon	Carboneum
Na	ナトリウム	Sodium	Natrium
Fe	鉄	Iron	Ferrum
Cu	銅	Copper	Cuprum
Ag	銀	Silver	Argrntum
Au	金	Gold	Aurum
Hg	水銀	Mercury	Hydrargyrum
Pb	鉛	Lead	Plumbum

のみならず，その原子量や性質までも予言した。その予言は的中し，1875年にはガリウム，1879年にはスカンジウム，1885年にはゲルマニウムと相次いで発見され，その真価が認められた。その後，周期表はいく度か修正されて現在では7周期18族からなるものが用いられている（見返し参照）。

物質を構成する基本粒子は原子である。一方，物質を構成する基本成分は元素といわれる。その違いにふれておく。原子とは元素を構成している実在の粒子で，その粒子の集団につけられた名称が元素である。元素記号は原子の集団を区別するために使われるものであるが，1個の原子を表す場合にも用いられている。

メンデレーエフ（1834～1907）
（Dmitri Mendeleev）ロシアの化学者
元素の周期律を発見

1.3　物質の分類

世の中には，多数の物質が存在するが，ダイヤモンドや水のように1つの物質からなるものもあれば，砂糖水や空気のように複数の物質からなるものもある。1つの物質からなるものは純物質といわれ，沸点，融点，密度，屈折率などの物理的性質は特有の値を示す。純物質の構成元素に注目すると，ダイヤモンドのように炭素だけからできているものもあれば水のように水素と酸素からなるものもある。ダイヤモンドのように，1種類の元素からできているものを単体[*1]といい，水のように2種以上の元素でできているものを化合物[*2]という。砂糖は炭素，水素，酸素の3つの元素からなる化合物である。ところが，砂糖を水に溶かした砂糖水は水と砂糖からなり，2種の純物質が混ざりあったものである。このように2種以上の純物質が混ざりあったものは混合物という。混合物を見渡してみると，砂糖水，食塩水のように純物質が均一に混ざりあっている均一混合物と，泥水やミックスジュースのように，組成が一定でない不均一混合物がある。均一混合物は溶体とよばれ，砂糖水や食塩水のように溶体が液体のときには溶液といい，砂糖や食塩のように溶けているものは溶質，溶質を溶かしている液体は溶媒という。均一混合物が固体のときには固溶体という。ステ

*1　周期表にある物質。

*2　化学式で書ける物質。

```
                    ┌ 分子をつくるもの（同じ原子が一定数結合しているもの）
          ┌ 単 体 ┤     ［酸素，水素，窒素，塩素，グラファイトなど］
          │        └ 分子をつくらないもの（同じ原子が集まっているもの）
   ┌ 純物質 ┤              ［鉄，金，白金，銅，水銀など］
   │      │ 化合物（異なった原子が一定の割合で結合しているもの）
   │      └       ［食塩，二酸化炭素，水，グルコース，アミノ酸など］
物質┤
   │      ┌ 均一混合物（異なった分子や単体が集合しているもので，
   │      │              どの部分をとってもその割合が変わらないもの）
   └ 混合物┤              ［空気，塩水，砂糖水，酒など］
          │ 不均一混合物（異なった分子や単体が集合しているもので，取り
          │              出す部分によってその割合が異なるもの）
          └              ［泥水，コンクリート，ごま塩など］
```

図 1-5 物質の分類 （純物質と混合物）

ンレス鋼[*1]のような合金は固溶体の例である。混合物は，見掛け上は均一に見えても，物理的性質は組成により変化する。物質の分類を図1-5に示す。

*1 クロム，ニッケルを含む鉄の合金。

例題 1-1 次の物質は，単体・化合物・混合物のいずれに分類されるか示せ。

(a) 塩化ナトリウム　　(b) 川の水　　(c) 牛乳

(d) 塩酸　　(e) 銀　　(f) エチルアルコール

(答) (a) 化合物　(b) 混合物　(c) 混合物　(d) 塩化水素が水に溶けた混合物　(e) 単体　(f) 化合物

演習1-1　次の物質は，単体・化合物・混合物のいずれに分類されるか示せ。

(a) ウイスキー　(b) 砂糖　(c) ダイヤモンド　(d) 水晶

(e) コンクリート　(f) 空気　(g) アンモニア　(h) ナトリウム

(i) ステンレス鋼　(j) エタノール　(k) 硫黄

1.4 物質の分離

混合物から物質を分離するには，混合物の状態に応じて，以下に示すように，ろ過，蒸留，昇華，再結晶，透析[*2]，分液，抽出，クロマトグラフィーなどの方法が利用されている。特に，混合物から純物質を分離することは物質の精製といわれ，化学工業で広く採用されている。

ろ 過　固体と液体が混ざっているような場合に，液体は通すが固体を通さない紙や布を用いて分離する方法で，実験室では，図1-6に示すような方法が採用されている。日常では，酒を醸造した後の清酒と酒粕の分離，豆腐を製造する際の豆乳とおからの分離はろ過によって行われている[*3]。

*2 3.5.2b 参照。

*3 普通のろ紙の目の大きさは $10^{-6} \sim 10^{-5}$ m 程度であり，一般的な分子やイオンの大きさと比べて十分大きいので，これらをろ過によって分離することはできない。

解答
演習1-1
(a) 混合物　(b) 化合物　(c) 単体
(d) 化合物　(e) 混合物　(f) 混合物
(g) 化合物　(h) 単体　(i) 混合物
(j) 化合物　(k) 単体

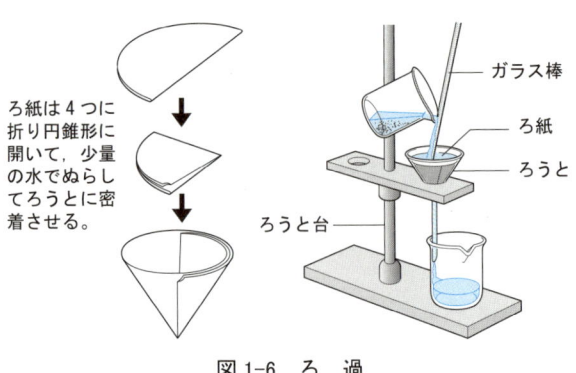

図1-6 ろ過

蒸留 　純物質は，固有の沸点を持っている。均一に混ざった複数の液体の混合物の分離は，その沸点の差を利用して行われる。溶液を加熱すると，低沸点のものから蒸発するので，その蒸気を冷却して回収し，混合物から分離する方法を蒸留という。実験装置の一例を図1-7に示す。採掘された石油は，いろいろな物質からなる混合物であるが，蒸留によって各成分に分けられ，燃料や化学製品の原料として利用されている。液体混合物を蒸留によって各成分に分離することを分留という。

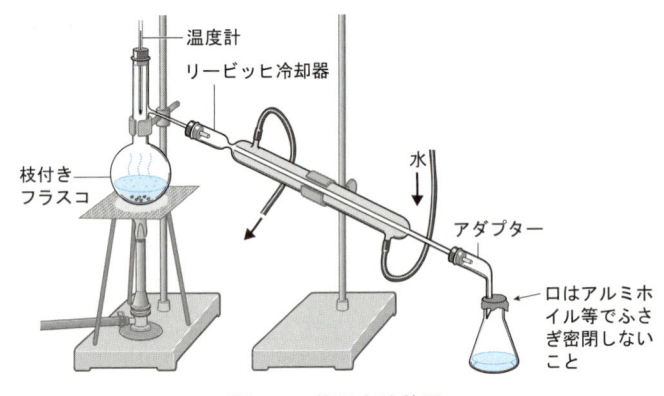

図1-7 蒸留実験装置

分液 　混ざらない液体の混合物は，その密度比を利用して分離する方法が用いられている。この混合物は静置しておけば，密度の違いによって上下2つの相に分離するから，それらを別々に取り分ける（図

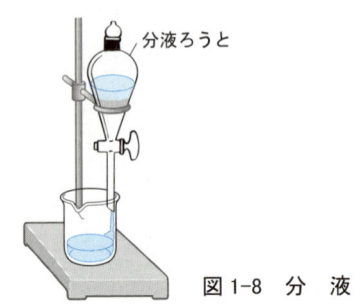

図1-8 分液

1-8)。この分離法は分液といわれている。

抽 出 混合物の成分の溶媒に対する溶解度の差を利用して分離する方法で，望みの物質を選択的に取り出すという意味で抽出と呼ばれている。混合物が固体の場合，そこに溶媒を加え，機械的に攪拌しながら，溶媒に溶解したものを取り出し，その後，蒸留によって溶媒を除き，純物質を取り出す方法がとられている。コーヒー豆やお茶の葉に熱湯を注ぎ，熱湯に溶ける成分を取り出してコーヒーやお茶をたてるのは，抽出の身近な実例である。

再結晶 不純物を含む結晶性物質を適当な溶媒に溶解し，温度による溶解性の差や溶液の濃縮や他の溶媒の添加による溶解性の違いを利用して結晶を析出させる方法で，結晶が再度生じるので，再結晶といわれている（図1-9）。不純物の大部分は溶液に残るので，この操作を繰り返すことにより，純物質が得られている。

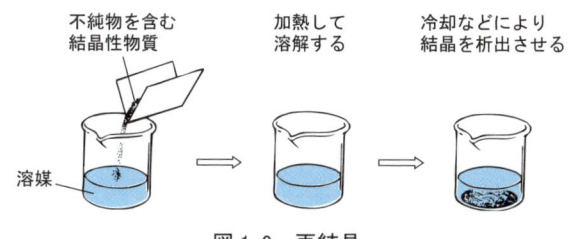

図1-9 再結晶

クロマトグラフィー 混合物の成分の第三物質への吸着力の差を利用して分離する方法で，混合物が気体，液体，固体にかかわらず利用されている。その際使用する第三物質は吸着剤といわれ，吸着剤をガラス管につめて用いた場合はカラムクロマトグラフィー（図1-10），吸着剤をガラス板などに薄く塗って用いたものは薄層クロマトグラフィー，ろ紙を用いる場合はペーパークロマトグラフィー（図1-11）といわれている。これらの方法はいずれも溶媒を使って試料を移動させる

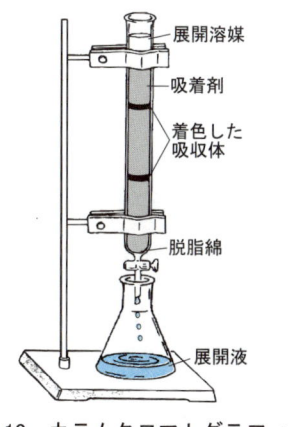

図1-10 カラムクロマトグラフィー

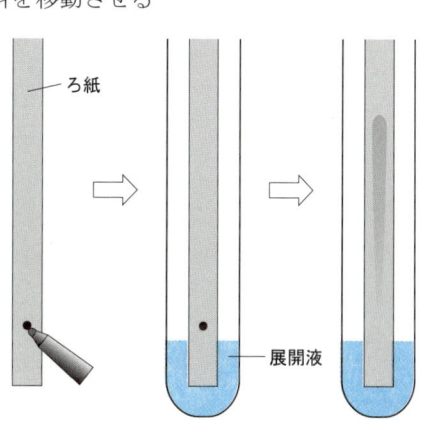

図1-11 ペーパークロマトグラフィー

が，試料を液体の状態で移動させるときは液体クロマトグラフィー，気体の状態で移動させるときはガスクロマトグラフィーと呼ばれている。

> **例題 1-2** 次の (a) および (b) から目的の純物質を取り出す方法を示せ。
> (a) 食塩水から水を　(b) 油の中にこぼれた鉄粉の回収
> (答) (a) 蒸留する。食塩水を図 1-7 のような蒸留装置に入れて，穏やかに沸騰させると，溶液中の水だけが蒸気となり，冷却器で冷やされて純粋な水が得られる。食塩は蒸留されずに枝つきフラスコ内に残る。食塩水をろ紙でろ過するだけでは溶解した食塩は取り除けない。
> (b) 図 1-6 のような装置でろ過操作により鉄粉と油とを分けて，ろ紙上に残った鉄粉をヘキサンなどの揮発性の有機溶媒で洗浄し，乾燥させると鉄粉が回収できる。

演習 1-2 次の (a) および (b) から目的の物質を分離する方法を示せ。
(a) 砂糖水から砂糖　(b) にごり酒から清酒

* 3.2.5 図 3-13 参照。

解答
演習 1-2
(a) 水を蒸発させて砂糖を分離し，場合により再結晶する。
(b) 酒の粕をろ過して清酒を得る。

コラム　海水から淡水へ

水は人間が生活をしていく上で最も大切な物質である。アメリカや日本のような文明国では，工業用水や発電用水を含めると，1 日 1 人当り平均およそ 8000 L の水を使用し，その量は年々増加している。このように，文明の発達と共に，水の需要は増大しているが，地球に存在する水の 97.5% は海水で，その中には 3～4% の塩分を含んでいるので，人間はもとより，動植物も海水を直接利用することはできない。水の需要増大に対する対策として，海水から塩分を取り除き淡水にする技術が開発されてきた。現在，広く用いられているのが，以下に示す逆浸透法という方法で，ろ過を応用した技術である。

一般に，水は透過するが，塩は透過しないような膜（これを半透膜という）を境にその左右に，それぞれ，淡水と海水を入れると，淡水は半透膜*を通過して海水側へ移動する。その結果，海水側に浸透圧が発生するが，海水側に浸透圧以上の圧力（2 倍～数倍）を加えると，逆に，海水側から淡水が移動するので，この現象を利用して海水から淡水を取り出す方法が開発され，広く活用されている。

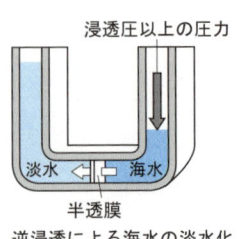
逆浸透による海水の淡水化

1.5 化学における測定と単位

SI 基本単位

　化学は物質の性質やその変化を研究する学問であり，対象とする物体の質量，体積，温度，圧力やその時間変化を測定することは重要である。このような物理量は数値と単位との積で表される。しかし，かつては長さや質量だけでも，イギリスではヤードやポンド，日本では尺や貫などが使われ，測定された値を表す単位が国により異なり大変不便であった。測定値は万国共通の単位で表されることが望ましく，18 世紀の終わりに，質量には g（グラム），長さには m（メートル）を基本単位とし，十進法を採用するメートル法が国際単位系として認められた。1960 年の国際度量衡会議で，このメートル法を基に 7 個の量の基本単位を定めた国際単位系が提案され，主導的役割を果たしたフランスにちなみ SI 単位系（Le Système International d'Unités）として多くの科学者に受け入れられている。7 個の SI 基本単位を表 1-2 に示す。

表 1-2　7 個の SI 基本単位

物理量	単位名	記号
質量	キログラム	kg
長さ	メートル	m
時間	秒	s
電流	アンペア	A
温度	ケルビン	K
光度	カンデラ	cd
物質量	モル	mol

　SI 基本単位だけではその数値が大きくなったり，小さくなったりするので，10 倍，100 倍，1000 倍……，あるいは 1/10，1/100，1/1000……を示す接頭語を用いて表わす手法が許されている。採用された SI 接頭語とその記号を表 1-3 に示す。例えば，1000 m は 1 km，1/100 m は 1 cm という

表 1-3　SI 接頭語

因子	接頭語	記号	因子	接頭語	記号
10^{18}	エクサ（exa）	E	10^{-1}	デシ（deci）	d
10^{15}	ペタ（peta）	P	10^{-2}	センチ（centi）	c
10^{12}	テラ（tera）	T	10^{-3}	ミリ（milli）	m
10^{9}	ギガ（giga）	G	10^{-6}	マイクロ（micro）	μ
10^{6}	メガ（mega）	M	10^{-9}	ナノ（nano）	n
10^{3}	キロ（kilo）	k	10^{-12}	ピコ（pico）	p
10^{2}	ヘクト（hecto）	h	10^{-15}	フェムト（femto）	f
10^{1}	デカ（deca）	da	10^{-18}	アト（atto）	a

ように広く利用されている。

> **例題 1-3**　次の物理量を SI 接頭語と SI 基本単位を用いて示せ。
>   (a) 0.001 g　(b) 0.00003 m　(c) 5000000 s
> （答）(a) 1 mg　(b) 30 μm　(c) 5 Ms

演習 1-3　次の物理量を SI 接頭語と SI 基本単位を用いて表せ。
　　　(a) 0.006 s　(b) 0.00000000000125 m　(c) 1000000 g　(d) 100 m

温度を表すには，通常，スウェーデンのセルシウスが考案した水の氷点と沸点の間を 100 等分する温度目盛りで表示する摂氏温度（℃）が用いられているが，SI 単位では絶対 0 度を基準とする絶対温度表示が用いられ，K（ケルビン）で表す。絶対温度[*1]を基準にすると，水の融点は 273.15 K となる。したがって，ケルビンと摂氏で示した温度との間には K = ℃ + 273.15 という関係があり，容易に換算できるので摂氏での表示が広く使われている。

ここで注目したいのは基本単位の 1 つとして物質量を表す mol（モル）が定義されていることである[*2]。

SI 基本単位および組立単位の変換

速度の単位（m s⁻¹）のように，SI 基本単位から導かれる単位は SI 組立単位といわれる。その例を表 1-4 に示す。

SI 組立単位の中で最も簡単な単位は面積や体積を表す単位であるが，これらは SI 単位では m^2 や m^3 となるが，体積では L（リットル）[*3]を用いることが国際的に許されており，それを単位とした dL（デシリットル）や mL（ミリリットル）も用いる。また，1 L は 1 dm^3，1 mL は 1 cm^3 であるので，本書の単位表示はできる限り dm^3 や cm^3 に統一した。

[*1]　3.1.4 参照。

[*2]　mol（モル）とは物質の量を表すために考案された量で，物質を構成する単位粒子 6.0221×10^{23} 個の集団を 1 mol といい，モルを単位にした物質の量を**物質量**という（詳しくは 2.2.2 を参照）。

$$物質量 = \frac{物質を構成する単位の粒子数}{6.0221 \times 10^{23}} \mathrm{mol}$$

[*3]　L のかわりに l を用いることもある。

表 1-4　SI 組立単位

名称	単位	表記法	SI 基本単位による表現	
面積	平方メートル	m^2	長さ×長さ	m^2
体積	立方メートル	m^3	長さ×長さ×長さ	m^3
密度	キログラム／立方メートル	kg m⁻³	質量／体積	kg m⁻³
速度	メートル／秒	m s⁻¹	長さ／時間	m s⁻¹
力	ニュートン	N	（質量・長さ）／（時間）²	m kg s⁻²
圧力	パスカル	Pa	力／面積	m⁻¹ kg s⁻²
エネルギー	ジュール	J	力×長さ	m^2 kg s⁻²
濃度*	モル／立方メートル	mol m⁻³	モル／体積	mol m⁻³

＊濃度の単位としては mol dm⁻³ や mol L⁻¹ が広く用いられている

解答
演習 1-3
(a) 6 ms　(b) 1.25 pm　(c) 1 Mg
(d) 1 hm

例題 1-4 ある人の身長は 164 cm である。これを SI 基本単位で示せ。また，これを mm で示せ。

（答）変換前の単位 cm は SI 基本単位と以下の関係がある。

$$1 \text{ cm} = 10^{-2} \text{ m} \quad \text{または} \quad 100 \text{ cm} = 1 \text{ m}$$

したがって，変換因子* は $\dfrac{1 \text{ m}}{100 \text{ cm}}$ だから

（数値）×（変換因子）= $164 \text{ cm} \times \dfrac{1 \text{ m}}{100 \text{ cm}} = 1.64 \text{ m}$

また，$1 \text{ mm} = 10^{-3} \text{ m}$ または $1000 \text{ mm} = 1 \text{ m}$ なので
$1 \text{ cm} = 10 \text{ mm}$。同様に考えると

（数値）×（変換因子）= $164 \text{ cm} \times \dfrac{10 \text{ mm}}{1 \text{ cm}} = 1640 \text{ mm}$

* **変換因子を用いた単位の変換**
（変換後の物理量）=（変換前の物理量）×（変換因子）
ここで
（変換因子）とは $\dfrac{1 \text{ m}}{100 \text{ cm}} = 1$ のように

（変換因子）= $\dfrac{\text{（変換後の単位で表した物理量）}}{\text{（変換前の単位で表した物理量）}} = 1$

となるもの。

例題 1-5 0.532 dm^3 を SI 単位および cm^3 で示せ。

（答）変換前の単位 dm は SI 基本単位と以下の関係がある。$1 \text{ dm} = 10^{-1} \text{ m}$，
$1 \text{ dm}^3 = (1 \text{ dm})^3 = (10^{-1} \text{ m})^3 = 10^{-3} \text{ m}^3$

したがって，変換因子* は $\dfrac{10^{-3} \text{ m}^3}{1 \text{ dm}^3}$ だから

（数値）×（変換因子）= $0.532 \text{ dm}^3 \times \dfrac{10^{-3} \text{ m}^3}{1 \text{ dm}^3} = 0.000532 \text{ m}^3$

また，$1 \text{ dm} = 10 \text{ cm}$，$1 \text{ dm}^3 = (10 \text{ cm})^3 = 10^3 \text{ cm}^3$ なので同様に考えると

（数値）×（変換因子）= $0.532 \text{ dm}^3 \times \dfrac{10^3 \text{ cm}^3}{1 \text{ dm}^3} = 532 \text{ cm}^3$

演習1-4 2 m^3 は何リットルか。

演習1-5 次の物理量を SI 基本単位で示せ。

(a) ダイヤモンドの原子間距離は 0.154 nm である。

(b) ある野球選手のスピードボールは時速 90 mile である。
$1 \text{ mile} = 1.609 \text{ km}$

密度は単位体積あたりの質量で，SI 単位では kg m^{-3} であるが，通常は g cm^{-3} で表される場合が多い。両者は以下の例題のようにして相互変換される。

例題 1-6 体積が 5.26 cm^3 のアルミニウムの質量は 14.2 g であった。アルミニウムの密度はいくらか。答は kg m^{-3} と g cm^{-3} 単位で示せ。

（答）密度（d）は物質の質量と体積の比だから

$$d = 14.2 \text{ g} / 5.26 \text{ cm}^3 = 2.70 \text{ g cm}^{-3}$$

次に，$1000 \text{ g} = 1 \text{ kg}$，$1 \text{ m}^3 = (100 \text{ cm})^3 = 10^6 \text{ cm}^3$ であるから，
$1 \text{ m}^{-3} = 10^{-6} \text{ cm}^{-3}$ となる。したがって，

解答
演習1-4　2000 L
演習1-5
(a) 0.000000000154 m
　　または 1.54×10^{-10} m
(b) 40 m s^{-1}

変換因子は $\dfrac{1 \text{ kg}}{1000 \text{ g}} \times \dfrac{1 \text{ m}^{-3}}{10^{-6} \text{ cm}^{-3}}$ となる。

(数値)×(変換因子)
$= 2.70 \text{ g cm}^{-3} \times \dfrac{1 \text{ kg} \times 1 \text{ m}^{-3}}{1000 \text{ g} \times 10^{-6} \text{ cm}^{-3}} = 2700 \text{ kg m}^{-3}$

演習1-6 長さ，幅，厚さが，それぞれ，6.48 cm，2.50 cm，0.31 cm の金の板がある。金の密度を 19.32×10^3 kg m^{-3} とすると，その板の質量は何 g であるか。

溶液の濃度は，溶液の単位体積あたりの物質量で表されるが，その際，SI 単位では mol m^{-3} とすべきであるが，通常 mol dm^{-3} や mol L^{-1} が広く用いられている。

SI 組立単位の中には，特別な名称が付けられているものがある。例えば，1 kg の物体に作用して 1 m s^{-2} の加速度を生じる力は 1 m kg s^{-2} となるが，この組立単位を 1 N（ニュートン）といい，力の単位として広く利用されている。

単位面積あたりに働く力は圧力といわれ，SI 単位系では，1 m^2 の面積に 1 N（ニュートン）の力が加わる場合を 1 Pa（パスカル）と定義される。Pa は下記のような SI 組立単位である。

$$\text{Pa} = \text{N/m}^2 = (\text{kg m/s}^2)/\text{m}^2 = \text{kg}/(\text{m s}^2) = \text{kg m}^{-1}\text{s}^{-2}$$

しかし，圧力の単位には，atm（気圧）や mmHg や Torr（トル）も，よく使用されている。これらの単位と Pa との間には次のような関係がある。

1 気圧 = 760 Torr =（水銀柱の高さ×水銀の密度）×重力加速度
　　　 = (0.760 m × 13595.10 kg m^{-3}) × 9.80665 m s^{-2}
　　　 = 101325 kg m^{-1} s^{-2} = 101325 Pa = 101.3 kPa

* hPa（ヘクトパスカル）は天気予報でもしばしば耳にしている単位であろう（h = 10^2 を表す接頭語。表 1-3 参照）。

例題 1-7 ある日の天気図に高気圧 1014 hPa*，低気圧 1000 hPa と書かれていた。それぞれを気圧（atm）単位と Torr 単位で表せ。

（答）1 atm = 1013 hPa = 760 Torr だから
　　　高気圧：1014 hPa = 1014 × 1/1013 atm = 1.001 atm
　　　　　　　　　　　 = 1014 × 760/1013 Torr = 760.8 Torr
　　　低気圧：1000 hPa = 1000 × 1/1013 atm = 0.987 atm
　　　　　　　　　　　 = 1000 × 760/1013 Torr = 750.2 Torr

演習1-7 2.6 Pa を SI 基本単位で示せ。

解答
演習1-6　97.03 g
演習1-7　2.6 kg m^{-1} s^{-2}

エネルギーに対しては，1 N で 1 m 動かすのに必要なエネルギー，すなわち $1\,m^2\,kg\,s^{-2}$ を 1 J（ジュール）とよび，エネルギー単位として用いられている。

測定と有効数字　物質の性質や変化を知るためには，物質の挙動を実験を通して観察し，観測されたデータを注意深く記録することが必要である。同じ実験を何度繰り返しても同じ結果が得られるならば，それは正しい値として認められる。同じと言っても人間のすることであり，観測データには必ず誤差が含まれている。したがって，測定で得られた数値や測定値を用いた計算で得られる数値はいったいどの程度まで意味のある数値であるかを判断しておくことが必要となる。このことは現在のように，なんでも電卓で計算する時代には，特に心得ていなければならない重要な事項である。

測定には色々な器具が用いられる。ものさしで長さを測る場合でも，5 mm 毎に目盛ったものさし A で測るか，1 mm 毎に目盛ったものさし B で測るかによってその測定値の正確さは異なる（図 1-12）。測定で得られた数値が，どの程度まで正確な数字であるか示しておくことはきわめて重要である。その信頼できる数字を有効数字という。木片の長さの測定を例にその有効数字を考えてみよう。

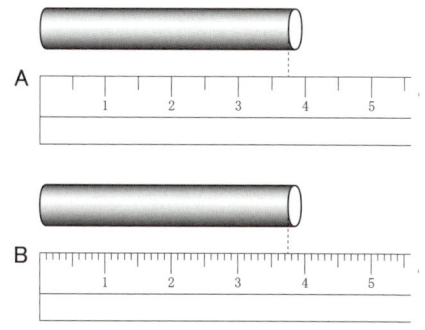

図 1-12　2 つのものさし（A, B）による木片の長さの測定

ものさし A を使った場合とものさし B を使った場合で得られる値は異なる。ものさし A では 3 cm 以上である事ははっきりしているが，小数点以下の大きさは目分量となり，3.7 から 3.8 cm あたりであるようだ。小数点以下の数字は不確かであるが，範囲を指定する点で意義がある。この場合，有効数字は 2 桁であるといわれる。ものさし B を使うと，木片の長さは，3.7 cm 以上で 3.73 から 3.78 cm の間にあることが明らかで，この場合，3.7 までは正確で，小数点以下 2 桁目は正確でない。正確でないといっても，3.7 cm より大きい事を示しており意義深い数字である。したがって，有効数字は 3 桁である。もっと精度の良いものさしで測ると 3.74 cm まで正確で，

次の桁が不確かである。そのような時には 3.740 cm と小数 3 桁目に 0 をつけ，有効数字を 4 桁にして 3.74 までが正確なことを示す。

次に，測定値から算出される物性値の見積もりを例に有効数字の取り扱いを考えてみよう。

四方形をしたものの全周の長さが必要な時は，各々，各辺の長さを測定する必要がある。その際，精度の異なった計器で測れば，その結果得られる値の有効数字が問題になってくる。例えば，図 1-13 に示す四角形の土地の場合，3 辺は小数第 2 位まで測定されているのに，残りの 1 辺は小数第 1 位までしか測定されていない。この場合，土地の周囲の長さはいくらといえばよいだろうか？

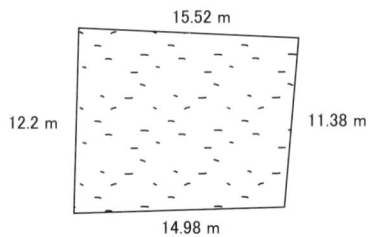

図 1-13　土地の周囲の測定

その和は 15.52 + 11.38 + 14.98 + 12.2 = 54.08 m である。しかし，この値は，一辺が小数第 1 位までしか測定されていないから，54.1 m とすべきである。この例からも明らかなように，測定値の加減に対しては次のようなルールが存在する。

ルール 1：異なった有効数字の測定値を加減する場合，一番精度の低い値が，有効数字の桁数を決める。有効数字の桁以上に数字がある場合には，四捨五入して適切な有効数字とする。

> **例題 1-8**　三角形の土地がある。その各辺を A, B および C 君が測定し，それぞれ 36.4 m，4.420 m，7.89 m と報告した。その周囲の長さはいくらか。
> （答）　36.4 + 4.420 + 7.89 = 48.710 m と算出される。しかし，有効数字は 3 桁であるから 4 桁目を四捨五入して 48.7 m である。

演習 1-8　辺の長さが 42.3 m，41.98 m，40.0 m，および 53.12 m の四角形の周の長さはいくらか。有効数字で答えよ。

面積の計算にはかけ算，密度の計算には割り算が必要である。今度は，このような場合の有効数字に注目しよう。一辺が 1.5 cm の正方形の面積

解答
演習 1-8　177.4 m

は $1.5 \times 1.5 = 2.25 \text{ cm}^2$ となる。この場合，測定値の有効数字は 2 桁であるので，小数点以下の 5 には誤差が含まれている。したがって，かけ算で得られた値の有効数字の桁数は 2 を超えないから，3 桁目になる数字を四捨五入して 2.3 cm^2 とする。体積 4 cm^3，重さ 20.8 g の物体の密度は，$20.8 \div 4 = 5.2 \text{ g cm}^{-3}$ と算出される。しかし，体積の有効数字は 1 桁であるのでルール 2 により 2 桁目を四捨五入して 5 g cm^{-3} がその密度となる。

ルール 2：異なった有効数字の桁からなる測定値の乗除では一番精度の低い値が有効数字の桁を決める[*1]。

> **例題 1-9** 体積 50 cm^3 の金の質量が 965 g であった。この金の密度を求めよ。
> **(答)** 金の密度は $965 \text{ g} / 50 \text{ cm}^3 = 19.3 \text{ g cm}^{-3}$ となるが，有効数字を考慮すると，体積の有効数字は 2 桁であるから 3 桁目を四捨五入して 19 g cm^{-3} である。

[*1] 乗除を含む計算では，有効数字の桁数が最も小さいものの桁数より 1 桁多くまで計算に用い，最終的な数値の有効数字は四捨五入により有効数字の桁数の最も小さいものに合わせる。

演習 1-9 2 辺の長さが 10.12 cm と 10.4 cm の長方形の面積はいくらか。

演習 1-10 次の値を有効数字 3 桁で示せ。
(a) 22.342 (b) 3855 (c) 54.252 (d) 0.1245 (e) 0.8236

演習 1-11 次の問題を計算し，有効数字を考慮して答えよ。
(a) $\dfrac{0.12 \times 0.08206 \times 300.15}{(230 / 760.0)}$ (b) $\dfrac{(110.2 - 57)}{(0.021 - 0.00115)}$

■ コラム ■ 物質の純度を表す表現

みなさんは「シックスナイン」とか「テンナイン」というような言葉を聞いたことがありますか？「シックスナイン」は 99.9999%，「テンナイン」は 99.99999999% のように，これらは「9」の並ぶ数で物質の純度を表す表現の 1 つです。すなわち「シックスナイン」は含まれる不純物の量が 1 ppm (part per million, 100 万分の 1) 以下であることを，また同様に「テンナイン」は 1 ppb (part per billion, 10 億分の 1) より 1 桁低く，純度が極めて高いことを示しています。

有効数字を考慮した科学的表示

物質科学では，次に示すような電子 1 個の質量のように非常に小さい数値からアボガドロ数のような大きな数まで広い範囲の数を取り扱う。

電子の質量　　0.00000000000000000000000000091094 g
アボガドロ数　602,000,000,000,000,000,000,000

したがって，大変煩雑である上，間違いやすい。その点をさけるために，

解答
演習 1-9　105 cm^2
演習 1-10
(a) 22.3 (b) 3.86×10^3 (c) 54.3
(d) 0.125 (e) 0.824
演習 1-11
(a) 9.8 (b) 2700

10の累乗を使って簡単に書く方法が科学的表記法として利用されている。

$$M \times 10^n$$

ここで，Mは有効数字（$1 \leqq M < 10$）で，nは0以外の整数である。この表示を用いると，前記の電子の質量は9.1094×10^{-28}g，アボガドロ数は6.02×10^{23}と表される。

> **例題 1-10** 次の数字を科学的表示で書け。
> (a) 74000　　(b) 0.000005
>
> （答）(a) $74000 = 7.4 \times 10^4$
> 　　　(b) $0.000005 = 5 \times 10^{-6}$

演習 1-12 次の数を，有効数字3桁として，科学的表記法で示せ。
(a) 3,800　(b) 0.00645　(c) 4,900,000　(d) 0.00123

コラム　ナノテクとは？

このところ「ナノテク」という用語を頻繁に目にしますが，これは「ナノテクノロジー（nano technology）」を略したものです。「ナノ」は10^{-9}を示すSI接頭語ですので，この場合には，nanometer（nm）$= 10^{-9}$ mを意味し，「ナノテクノロジー」は，分子～分子集合体の大きさの次元で物質を超微細設計・合成・応用する技術のことをいいます。

章末問題

1-1　人間の生活を豊かにしてきた発見，発明を3つ示し，その社会的役割を示せ。

1-2　これから物質科学がますます必要になると考えられる。その理由を述べよ。

1-3　次の (a) ～ (j) の各元素の元素記号を書け。
(a) 窒素　(b) 酸素　(c) 鉄　(d) 塩素　(e) ナトリウム
(f) スズ　(g) 鉛　(h) 銀　(i) マグネシウム　(j) ホウ素

1-4　ラボアジェの功績を2つ述べよ。

1-5　次の (a) ～ (f) の物質は純物質か混合物か答えよ。なお，混合物はその主な成分を化合物名で示せ。
(a) 石油，(b) 空気，(c) プロパン，(d) 鋼，(e) 氷水，(f) ガソリン

1-6　混合物から物質を分離するには，混合物の状態に応じて，ろ過，蒸留，昇華，再結晶，透析，クロマトグラフなどの方法が利用されている。それぞれに対応するものを（あ）～（か）から選べ。
(a) ろ過　(b) 蒸留　(c) 分液　(d) 抽出　(e) 再結晶　(f) クロマトグラフィー

解答
演習 1-12
(a) 3.80×10^3　(b) 6.45×10^{-3}
(c) 4.90×10^6　(d) 1.23×10^{-3}

(あ) 混ざらない液体の混合物の密度差による分離
　　(い) 溶媒に対する溶解度の差による分離
　　(う) 第三物質への吸着力の差異による分離
　　(え) 適当な溶媒への溶解性の温度差による分離
　　(お) 固体と液体が混ざっているような物の分離
　　(か) 均一に混ざった複数の液体の沸点の差による分離

1-7　次の物理量をSI基本単位で示せ。
　　(a) 176 cm　(b) 5.4 g　(c) 4 L　(d) 3 cm^3　(e) 60 mL　(f) 78.5 ℃

1-8　密度 0.9 g cm^{-3} をSI基本単位を用いて表せ。

1-9　質量が 15 g で体積が 4 cm^3 からなる物質の密度を求めよ。

1-10　気体定数 R は，圧力を atm 単位，体積を dm^3 単位，温度を K 単位で表すと $R = 0.082$ atm dm^3 K^{-1}mol^{-1} である。圧力を Pa 単位に変えると気体定数 R はどのように表されるか答えよ。

1-11　次の値を有効数字を考慮して示せ。
　　(a)　11.19 と 0.054 との和と積　　(b) (110.2 − 57) / 0.00115

1-12　3辺の長さが 45.1 m，33.24 m および 20.25 m からなる直方体の体積を求めよ。

1-13　次の物理量を科学的表記法で示せ。
　　(a) 1 kg ＝　　　g　(b) 1 mg ＝　　　kg　(c) 1 dm ＝　　　m　(d) 1 nm ＝　　　m

1-14　次の数値を科学的表記法を使って表せ。有効数字は3桁とせよ。
　　(a) 8,000,000　(b) 0.00206　(c) 305,000,000　(d) 0.00005138

コラム　精度と確度

測定したデータを論ずるとき，精度と確度という言葉がしばしば使われる。精度というのは同じ量を数回測定した時にどのくらいばらついているかを示すもので，ばらつきの少ないものほど精度は高いといわれる。一般に，測定された量の有効数字が多いほど測定値の精度は高い。しかし，精度の高い測定値が正確とは限らない。0 の基準点がずれているような測定装置で得られたデータは，どんなに精密に，精度が高く測定されても，その測定値は正確な値からずれている*。

測定値の正確さを表わすのが確度である。確度は実験で測定した結果の値がどれだけ実際の値に近いかを示すのに使われる。測定する際には，測定に用いる計器をあらかじめ調整し，確度の高いデータを精度よく測定するように心がけておくことが望まれる。

*　二人の学生（AとB）が 1,000 kg の質量の物体を天秤で4回秤量した場合
A君の測定値：
　0.9764, 0.9758, 0.9765, 0.9760 kg
B君の測定値：
　0.9993, 1.0538, 0.9865, 1.0032 kg
であった。A君の結果は 0.9762 ± 0.0004 kg。B君の結果は 1.0107 ± 0.0431 kg である。
　A君の測定値は 0.0004 kg 以内で精度は高いが，確度は低い。B君の測定値は物体の質量に近く確度は高いが，0.0431 kg 以内で精度は悪い。
　この結果は下図の射撃の結果を表した射撃板と比較すると良く理解できる。

射撃の際の精度と確度

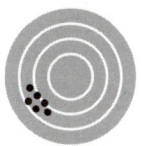 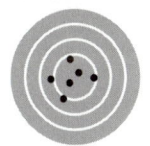

高精度だが，低正確度　　高正確度だが，低精度

第2章

ミクロに見た物質

2.1 物質を構成する原子とはなにか

2.1.1 元素と原子

第1章で述べたように、物質を構成する基本粒子が原子であり、物質を構成する基本粒子の名称が元素である。言い換えると原子とは元素を構成している実在の粒子であり、その粒子の集団につけられた名称が元素である。まず元素の基本粒子である原子について見てみよう。

原子はヘリウム原子の構造（図2-1）に見られるように、原子核とそれを取り巻く負の電荷をもつ電子からできている。原子核は、正の電荷をもつ陽子と電荷をもたない中性子からなる[*1]。陽子の数と電子の数は等しく、かつ、陽子の正電荷と電子の負電荷は等しいので打ち消され、原子全体としては電荷を持たない。

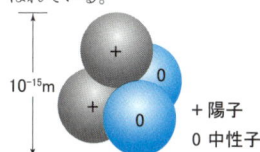

[*1] 原子核を構成している陽子と中性子は核力という大きな力で結ばれている。

核力がいかに大きいかは広島・長崎に落とされた原子爆弾で街が壊滅した光景、さらには1986年のチェルノブイリ原子力発電所、2011年に起きた福島原子力発電所の大事故で認識できる。核物質の崩壊で生じた熱で大事故となった。

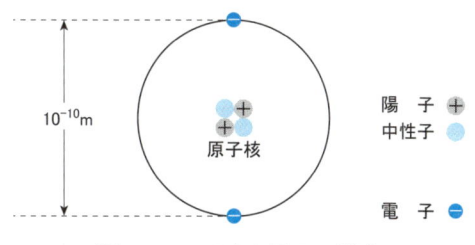

図 2-1 ヘリウム原子の構造

[*2] 原子の大きさと比べて原子核の直径は約 10^{-15} m ときわめて小さく、原子の大きさを 100 m の球場とすると、原子核は野球場にある 1〜10 mm の程度の砂粒に相当する。

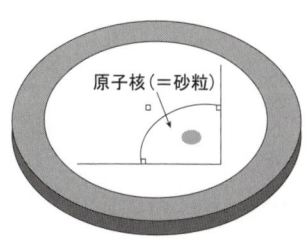

原子の大きさは原子の種類によって異なるが、その直径はおよそ 10^{-10} m である[*2]。原子を構成する陽子、中性子、電子の質量も測定されている。表2-1に示すように、陽子と中性子の質量は良く似ているが、電子の質量ははるかに軽く、陽子の 1/1836、中性子の 1/1839 である。したがって、原子1個の質量は、電子の質量を無視できるので、原子核の質量すなわち

原子核内の中性子と陽子は，強い力（核力という）で結び付いている。中性子と陽子を強く結び付けているのは中間子であることを示したのは湯川秀樹（京都大学名誉教授）であった。

湯川秀樹（1907〜1981）
1949年ノーベル物理学賞を受賞した。

表 2-1　原子を構成する粒子

粒子の種類	質量 (kg)	質量比	電気量（クーロン）	電荷
電　子	9.109×10^{-31}	1	-1.602×10^{-19}	-1
陽　子	1.673×10^{-27}	1836	$+1.602 \times 10^{-19}$	$+1$
中性子	1.675×10^{-27}	1839	0	0

陽子と中性子の質量の和で決まる。陽子と中性子の総数は質量に対応する数値となるので質量数といわれている。

> **例題 2-1**　炭素の原子核には6個の陽子と6個の中性子が存在する。炭素原子の質量を計算せよ。
>
> （答）表2-1より，陽子1個の質量は 1.673×10^{-27} kg であり，中性子1個の質量は 1.675×10^{-27} kg であり，電子の質量はこれらの質量に比べて非常に軽いので無視すると，炭素原子の質量は次のように求められる。
>
> $$1.673 \times 10^{-27} \text{ kg} \times 6 + 1.675 \times 10^{-27} \text{ kg} \times 6 = 2.009 \times 10^{-26} \text{ kg}$$

演習2-1　7個の陽子と7個の中性子からなる原子核をもつ窒素原子の質量数を求めよ。

2.1.2　元素の性質はなにが決めるのか

元素を構成する原子はいずれも陽子と中性子と電子からなる。元素の違いはそれを構成する原子の原子核に存在する陽子の数と原子の持つ電子の数によっている。陽子（あるいは電子）の数が1個の原子は水素原子であり，陽子の数が2個の原子はヘリウム原子である。このように陽子（あるいは電子）の数は元素の特性を決めるもので原子番号といわれている。原子は元素記号の左上に質量数，左下に原子番号を添えて表す[*1]。ただし，原子番号は元素が決まればわかるので，質量数だけを記す事が多い[*2]。

[*1] $_{\text{原子番号(陽子の数)}}^{\text{質量数}}\text{X}$

[*2] $^{\text{質量数}}\text{X}$

ここでXは原子の元素記号

20世紀に入り，質量分析という分析法が開発され，原子を詳細に調べることが可能になった。その結果，同じ元素の中に原子核の陽子の数は同じであるが，中性子の数が異なる原子も存在することがわかった。中性子の数が異なるのでその分だけ質量は異なっているが，陽子と電子の数は同じであるから，原子番号も化学的性質も同じである。そういう原子を互いに同位体（アイソトープ）という。したがって，同位体を表すには同じ元素記号を用いるが，左肩の質量数だけが異なっている。例えば炭素原子には $^{12}_{6}\text{C}$，$^{13}_{6}\text{C}$，$^{14}_{6}\text{C}$ がある。

解答
演習2-1　14

例題 2-2 次の原子を元素記号を用いた表記法で示せ。

(a) 陽子 17 個と中性子 18 個からなる原子核と電子 17 個とをもつ原子
(b) 陽子 48 個と中性子 66 個からなる原子核と電子 48 個とをもつ原子
(c) 陽子 87 個と中性子 136 個からなる原子核と電子 87 個とをもつ原子

(答) 陽子の数が原子番号となるから，その原子番号の元素記号を表紙の見返しにある周期律表より選ぶ．その元素記号の左上に質量数，左下に原子番号を添えて表すので

(a) $^{35}_{17}\text{Cl}$ (b) $^{114}_{48}\text{Cd}$ (c) $^{223}_{87}\text{Fr}$ となる．

演習 2-2 次の原子の中性子の数はいくらか．

(a) $^{4}_{2}\text{He}$ (b) $^{35}_{17}\text{Cl}$ (c) $^{13}_{6}\text{C}$ (d) $^{16}_{8}\text{O}$ (e) $^{14}_{7}\text{N}$

演習 2-3 次の原子を元素記号を用いた表記法で示せ．

(a) 陽子 48 個，中性子 65 個からなる原子核と電子 48 個をもつ原子
(b) 陽子 14 個，中性子 14 個からなる原子核と電子 14 個をもつ原子
(c) 陽子 26 個，中性子 30 個からなる原子核と電子 26 個をもつ原子
(d) 陽子 55 個，中性子 78 個からなる原子核と電子 55 個をもつ原子

ほとんどの元素は数種の同位体からなっている．例えば水素の場合，図 2-2 に示すように 3 種の同位体が存在する．天然に存在する水素原子の 99.985％の原子核は陽子 1 個だけからなっているが，0.015％の原子核には陽子 1 個と中性子 1 個が存在する．この水素は，重水素とよばれる．その他に，ごく微量であるが陽子 1 個と中性子 2 個を含むものも存在し，三重水素といわれる．重水素（deuterium）や三重水素（tritium）は $^{2}_{1}\text{H}$ および $^{3}_{1}\text{H}$ で表されるが，前者を D，後者を T として表す場合もある．

天然に存在するおもな同位体の例を表 2-2 に示す．

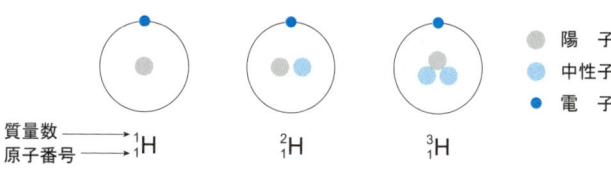

図 2-2　水素原子の同位体

解答
演習 2-2
(a) 2 (b) 18 (c) 7 (d) 8 (e) 7
演習 2-3
(a) $^{113}_{48}\text{Cd}$ (b) $^{28}_{14}\text{Si}$ (c) $^{56}_{26}\text{Fe}$ (d) $^{133}_{55}\text{Cs}$

＊ 多くの元素には同位体が存在するが次の21種類の元素には同位体はない。
Be, F, Na, Al, P, Sc, Mn, Co, As, Y, Nb, Rh, I, Cs, Pr, Tb, Ho, Tm, Au, Bi, Tl

表 2-2　おもな天然同位体の存在比と相対質量＊

原子番号	元素名	記号	相対原子質量[*]	存在比（%）
1	水素	^1H $^2H(D)$ $^3H(T)$	1.00785 2.014102 3.010490	99.985 0.015 極微量
2	ヘリウム	^3He ^4He	3.016029 4.002603	1.3×10^{-4} 100.0
6	炭素	^{12}C ^{13}C ^{14}C	12.00 13.003 14.003	98.9 1.10 極微量
8	酸素	^{16}O ^{17}O ^{18}O	15.994915 16.999133 17.999160	99.762 0.038 0.200
17	塩素	^{35}Cl ^{37}Cl	34.969 36.966	75.77 24.23
92	ウラン	^{234}U ^{235}U ^{238}U	234.04097 235.04394 238.05081	0.005 0.72 99.275

[*]）炭素 ^{12}C の質量の値を 12 としたときの各原子の質量の相対値。

2.2 元素の原子量と物質量

2.2.1 原子量と同位体

原子1個の質量はきわめて小さく，個々の原子の性質や反応を調べるのにそれらの値をそのまま用いるのは実用的ではない。そこで，1.2 で述べたようにドルトンは最も軽い水素原子を基準に選び，それと相対的な原子の質量を原子量と定めた。その後，多くの原子には同位体の存在が明らかとなり，現在では炭素原子 ^{12}C の質量を基準として 12 と定め，この値との相対質量が元素の原子量と定義されている。質量分析法によって，^{12}C の質量は 1.99265×10^{-26} kg と決定されており，その 1/12 すなわち 1.99265×10^{-26} kg $\div 12 = 1.6605 \times 10^{-27}$ kg は原子質量単位 (u) とよばれている＊。

前述のように多くの元素には同位体が存在する。その存在比とそれぞれの同位体の原子量から，次式を用いて各元素の原子量が計算されている。

　　　元素 X の原子量　＝　Σ（同位体 X の原子量 × 存在比）

ここで，Σ は天然に存在するすべての同位体 X についての和を意味する。

例えば，炭素原子には ^{12}C のほかに ^{13}C が存在する。その存在比は 0.98892：0.01108 である。^{13}C の相対原子質量は 13.003 であるので炭素元素の原子量は次のように求められる。

　　　炭素元素の原子量 ＝ $(12 \times 0.98892) + (13.003 \times 0.01108) = 12.011$

さて，原子質量単位を用いて，陽子，中性子および電子の質量を表すとそれぞれ以下のようになる。

　　　陽　子　1.0073 原子質量単位

　　　中性子　1.0087 原子質量単位

＊ 要するに原子量とは下式で表されるように原子質量単位を1として表した相対値なのである。

$$原子量 = \frac{元素の質量}{原子質量単位}$$

$$= \frac{元素の質量}{炭素の質量} \times 12$$

電　子　0.0005 原子質量単位

この値を用いると，6個の陽子，中性子および電子からなる ^{12}C の原子量は $6 \times (1.0073 + 1.0087 + 0.0005) = 12.099$ となるので，^{12}C の原子量を 12 と定めたことと一致していない。0.099 原子質量単位の差が生じたのは，6個の中性子と6個の陽子が結合して炭素の原子核[*1]を構成するときに，巨大なエネルギー（E）を放出するから，$E = mc^2$（c：真空中の光の速度）で換算した質量 m だけ減少しているのである[*2]。このように，原子核が生じる際に失われた質量の減少を<u>質量欠損</u>という。この質量欠損は，陽子と中性子間の結合エネルギー[*3]として蓄えられ，核融合や核分裂の際に生じる膨大な原子力エネルギーと関係している（くわしくは 発展 参照）。

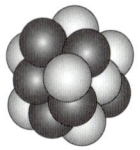

[*1] ^{12}C の原子核

● 陽子　○ 中性子

[*2] アインシュタインは質量とエネルギーの間に $E = mc^2$ の関係があることを明白にし，巨大なエネルギー変化がおこる際には質量変化が無視できないことを示した。

> **例題 2-3** 表 2-2 に示すように塩素原子には ^{35}Cl と ^{37}Cl が存在する。塩素元素の原子量を求めよ。
>
> （答）^{35}Cl と ^{37}Cl の相対原子量はそれぞれ 34.969, 36.966 であり，その存在比は 0.7577 : 0.2423 であるので塩素元素の原子量は次のように求められる。
>
> （塩素元素の原子量）$= (34.969 \times 0.7577) + (36.966 \times 0.2423)$
> $= 35.453$

演習 2-4　表 2-2 の相対原子質量と存在比を用いて酸素元素の原子量を求めよ。

アインシュタイン（1879 〜 1956）
（Albert Einstein）
ドイツ生まれの理論物理学者。
相対性理論，光量子仮説を提唱した他，ブラウン運動の起源を明白にするなど物理学に新風をもたらした学者。
1921 年ノーベル物理学賞を受賞。

[*3] 核力（21 ページ欄外参照）によって結合したエネルギー。

> **発展　質量欠損と原子力**
>
> 物質の質量を表すには，^{12}C 原子（これが原子量の基準に選ばれている）の質量の 1/12 を単位とするものが用いられる。これは原子質量単位といわれ，u で表す。1 u を g または kg 単位で表すと
>
> $$1\,u = \frac{1}{6.022 \times 10^{23}}\,g = 1.6605 \times 10^{-24}\,g = 1.6605 \times 10^{-27}\,kg$$
>
> 測定技術の進歩に伴い，電子，陽子，中性子の質量の実測も可能になった。その結果を下記に示す。
>
> | | 記号 | 質量 |
> |---|---|---|
> | 電　子 | e | 0.000549 u |
> | 陽　子 | p | 1.007276 u |
> | 中性子 | n | 1.008665 u |
>
> 原子の質量は，原子中に存在する陽子，中性子，電子の数がわかるから，各々の個数を掛けることにより下記の式を使って算出できるはずである。
>
> （算出される原子質量）$= Z(m_p + m_e) + (A - Z)m_n$

解答
演習 2-4　15.999

ここで，m_p は陽子の質量，m_e は電子の質量，m_n は中性子の質量，A は質量数，Z は原子番号である。$(m_p + m_e)$ は水素原子の質量 m_H であるから $(1.007276u + 0.000549u = 1.007825u)$ とを用いると

$$（算出される原子質量）= Zm_H + (A - Z)m_n$$

となる。ところが算出される各原子の質量と実測される原子の質量 M とは一致しない。原子核に中性子が存在するようになると，実測の質量は算出される原子質量より小さくなる。これは質量欠損といわれている。質量欠損を ΔE で示すと

$$\Delta E = Zm_H + (A - Z)m_n - M$$

この奇妙な事実の原因は，アインシュタインの相対性原理によって明らかになった。その原理によると，原子核には，^1H を除くと，すべての原子に陽子と中性子が存在し，それが結合した状態であるが，その結合によって原子核が生じる際には極めて大きなエネルギーが放出される。そのように大きなエネルギーが放出される場合には，検出できるほどの質量減少がおこることが明らかになった。アインシュタインの相対性原理によると，エネルギーと質量の間に，次の関係がある。

$$E = mc^2$$

ここで，c は真空中の光速度であるから，比例定数 c^2 は

$$c^2 = (2.9979 \times 10^8 \text{ m s}^{-1})^2 = 8.9876 \times 10^{16} \text{ J kg}^{-1}$$

である。

質量欠損はどの程度の大きさのエネルギー発生した際に起こるかを知るために，2個の陽子と2個の中性子からなる ^4He 原子を例にとって説明してみよう。^4He の実際の質量は 4.002603u であるから，質量欠損は

$$\Delta M = (2 \times 1.007825 \text{ u}) + (2 \times 1.008665 \text{ u}) - 4.002603 \text{ u} = 0.030378 \text{ u}$$

1 mol の He 原子を作ると仮定すると，0.030378 g すなわち 3.0378×10^{-5} kg の質量欠損が起こったことになる。この質量欠損 ΔM をアインシュタインの式を用いてエネルギー換算すると

$$E = 3.0378 \times 10^{-5} \text{ kg} \times 8.9876 \times 10^{16} \text{ J kg}^{-1} = 2.7303 \times 10^{12} \text{ kg m}^2 \text{ s}^{-2}$$

$1 \text{ J} = 1 \text{ kg m}^2 \text{ s}^{-2}$ であるから，1 mol の He に対して

$$E = 2.7303 \times 10^{12} \text{ J mol}^{-1} = 2.7303 \times 10^9 \text{ kJ mol}^{-1}$$

である。

これから明らかなように，陽子と中性子が結合して原子核を生成する時には莫大なエネルギーが放出される。その結果，質量が減少するのである。都市ガスの主成分である CH_4 1 mol の燃焼によって発生する熱量は 8.9×10^2 kJ mol^{-1} である。原子核を支える結合エネルギーがいかに大きいかがわかる。原子力の利用がいかに多くのエネルギーを供給してくれるかを垣間見る一例である。

2.2.2 物質量

ダイヤモンドや金などは光沢を放つ綺麗な物質である。これらは炭素原子や金原子からなる単体である。しかし，そのような光沢をもつ特性は，いずれも，物質を構成する原子1個だけでは表れることはなく，多数の原子が結合して集合体となったところで物質としての性質が発現する。

前述のように ^{12}C 原子1個の質量は 1.99265×10^{-26} kg と非常に小さいため，私たちにとってその質量を実感することは非常に難しい。そこで私たちが実感できるように ^{12}C 原子12 g 中に含まれる ^{12}C 原子の数をひと塊りとして物質量を数える単位が考案された。このひと塊りの単位を モル (mole) といい，記号 mol で表す。したがって 1 mol の ^{12}C 原子中の原子の数は次のようになる。

$$^{12}C \text{原子の数} = 0.012 \text{ kg} \div (1.99265 \times 10^{-26} \text{ kg}) = 6.0221 \times 10^{23}$$

この数は，^{12}C 原子に限らず原子量に相当する質量からなる全ての原子に共通の値で，物質 1 mol あたりの粒子数 $N_A = 6.0221 \times 10^{23}$ mol^{-1} を アボガドロ定数 という。

これに対し単位のないものは アボガドロ数 という。また，物質 1 mol あたりの質量を モル質量 といい，g mol^{-1} 単位で表す。したがって，^{16}O 原子のモル質量はその原子量 16 に g mol^{-1} または kg mol をつけて 16 g mol^{-1} または 0.016 kg mol^{-1} である。

例題 2-4 次の物質の物質量を求めよ。

(a) ダイヤモンド 24 g　　(b) 160 g の ^{16}O 原子

（答） (a) ダイヤモンドが ^{12}C 原子のみでできているとすると，モル質量は 12 g mol^{-1} なので

$$24 \text{ g} \div 12 \text{ g mol}^{-1} = 2 \text{ mol}$$

(b) ^{16}O 原子のモル質量は 16 g mol^{-1} だから

$$160 \text{ g} \div 16 \text{ g mol}^{-1} = 10 \text{ mol}$$

演習 2-5 次の物質は何グラムか計算せよ。

(a) 0.50 mol の ^{1}H 原子　(b) 4.0 mol の ^{35}Cl 原子

(c) 1.5 mol の ^{40}Ca 原子

演習 2-6 1 mol の硫酸 (H_2SO_4) は何グラムか計算せよ。ただし，H = 1.0, O = 16, S = 32 とする。

演習 2-7 1円玉はアルミニウムでできていて，その質量は 1 g である。この1円玉は何個の Al 原子からなるか求めよ。ただし，Al = 27 とする。

解答
演習2-5
　(a) 0.5 g　(b) 140 g　(c) 60 g
演習2-6　98 g
演習2-7　2.23×10^{22} 個

例題 2-5 ドライアイスは二酸化炭素の固体である。ここに 1.54 g のドライアイスがある。ただし，C = 12, O = 16 とする。

(a) このドライアイスは何モルか。

(b) このドライアイスに含まれる分子数を求めよ。

(答) (a) 二酸化炭素 CO_2 の質量は，1 mol で 44 g だから

$$1.54 \div 44 = 0.035 \text{ mol}$$

(b) $N_A = 6.0221 \times 10^{23} \text{ mol}^{-1}$ だから

$$0.035 \times 6.0221 \times 10^{23} = 2.1 \times 10^{22} \text{ 個}$$

演習2-8 原子番号 51 のアンチモンには ^{121}Sb と ^{123}Sb の同位体が存在し，その原子量は 121.75 である。各原子の質量数から同位体の存在比（%）を算出せよ。

2.3 原子の中の電子配置

2.3.1 水素原子とボーアモデル

原子は，図 2-1 で示したように小さな原子核とその周りを広い範囲で動き回る電子とからなるというモデルが考えられていた。原子の中の電子の挙動を解明する鍵となったのは，原子を炎の中で加熱したり，放電によってエネルギーを与えた時に観測される発光スペクトルであった。

1 個の陽子と 1 個の電子からなる最も単純な水素原子の発光スペクトルを図 2-3 に示す。

波長の決まった数本の輝線からなるこのような発光スペクトルは，エネルギーを与えられた原子がもとの状態に戻る時に発する電磁波であることは知られていたが，その詳細は不明であった。このような現象を解明するため，1913 年デンマークの物理学者ボーアは水素原子の発光スペクトルを詳しく検討し，電子は自由気ままに動き回っているのでなく，原子核の周りにある決まったエネルギーの軌道上だけを回っているというボーア模型を提案した。この電子が存在する不連続な電子の軌道を電子殻といい，

ボーア（1885 ～ 1962）
(Niels Henrik David Bohr)
デンマークの理論物理学者。
1922 年ノーベル物理学賞を受賞。

解答
演習2-8　62.5%，37.5%

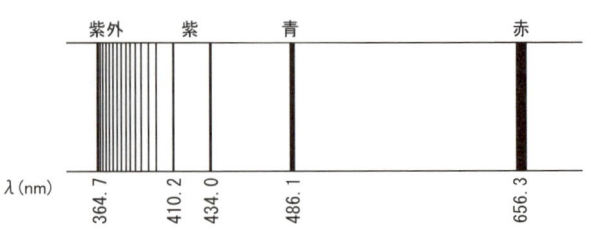

図 2-3　水素原子の発光スペクトル

原子核に近い内側から外側へ順にK殻，L殻，M殻，N殻，O殻……と名付けられた[*1]。

詳細は，物理化学の専門書に譲るが，このK殻，L殻，M殻，N殻，O殻……の各軌道の半径（r）やその軌道の電子のエネルギー（E）に対し次式が導かれ，それぞれ$n = 1, 2, 3, 4, 5$……とした時のrやEが対応していることが明らかになった。nはrやEを決める重要な整数値で量子数とよばれている。

$$r = n^2 a_0 \text{[*1]} \tag{2-1}$$

$$E = -\frac{A}{n^2} \tag{2-2}$$

ここで，a_0は$n = 1$のときに算出される半径でボーア半径（5.29×10^{-11} m = 0.0529 nm），Aは定数である。なお，式 (2-2) でEが負の値になっているのは，n が無限大の時，すなわち，電子が原子核から無限に離れており全く束縛されていない状態を基準とし，0としたからである。内殻にある電子ほど，原子核に引き付けられ安定化していることを示している。

ボーアの理論によれば，図 2-3 のような発光スペクトルは放電で高いエネルギーの軌道に上げられた電子が，より低いエネルギーの軌道に戻るとき，光子として出す光である。したがって，そのエネルギーは2つの軌道のエネルギーの差に等しくなる。もしn_2が高い方の軌道の量子数，n_1を低い方の軌道の量子数，2つの軌道間のエネルギー差をΔEとすると，式 (2-2) を用いて

$$\Delta E = E_{n_2} - E_{n_1} \tag{2-3}$$

$$\Delta E = A\left(-\frac{1}{n_2^2}\right) - A\left(-\frac{1}{n_1^2}\right) = A\left(\frac{1}{n_1^2} - \frac{1}{n_2^2}\right) \tag{2-4}$$

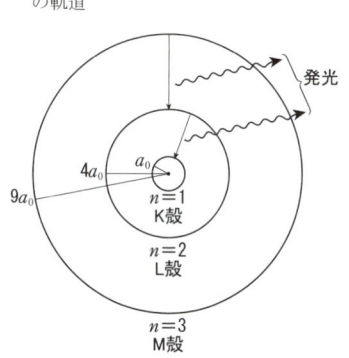

[*1] ボーアモデルで得られた電子の軌道

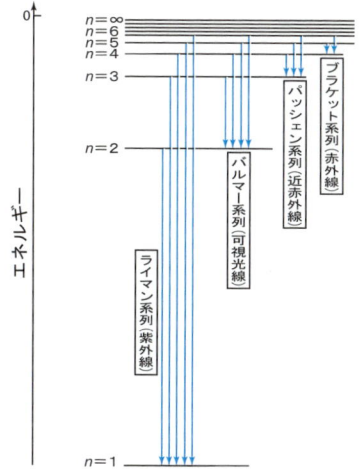

図 2-4　ボーアモデルで得られる軌道のエネルギーと放電によって観測される発光スペクトル[*2]

[*2] 高いエネルギーの軌道にあった電子がK殻およびL殻の軌道に戻るときに発する光が，水素原子の紫外光および可視光領域の発光スペクトルに対応する。図 2-3 はライマン系列とバルマー系列

となる。ΔE が発光スペクトルの波長と対応するので，その光の周波数を ν とすると

$$\Delta E = h\nu \tag{2-5}$$

となる。その波長を λ とすると

$$\Delta E = h\frac{c}{\lambda} = hc\frac{1}{\lambda} \tag{2-6}$$

これを式 (2-4) に代入すると

$$hc\frac{1}{\lambda} = A\left(\frac{1}{n_1^2} - \frac{1}{n_2^2}\right) \tag{2-7}$$

変形すると

$$\frac{1}{\lambda} = \frac{A}{hc}\left(\frac{1}{n_1^2} - \frac{1}{n_2^2}\right) \tag{2-8}$$

A/hc は 1.097×10^5 cm^{-1} (1.097×10^7 m^{-1}) なる定数で，リュードベリ定数と言われている*。それを R_H と表すとつぎのようになる。

$$\frac{1}{\lambda} = R_\mathrm{H}\left(\frac{1}{n_1^2} - \frac{1}{n_2^2}\right) \tag{2-9}$$

n_1 と n_2 ($n_2 > n_1$) に適当な整数を用いて算出される波長は，図 2-3 の不連続な発光スペクトルの波長 (λ) と一致し，不連続な軌道の存在を強く支持する結果となっている。

---

* リュードベリ定数は補正がなされ，正確な値は 1.09737356×10^7 m^{-1} と決められた。その記号として R_∞ を用いることが国際学術連合会議で推奨されている。

例題 2-6 水素原子の M 殻にある 1 個の電子が K 殻へ戻る時に放出する発光スペクトルの波長はいくらか。

(答) K 殻にある電子は $n = 1$ の時のエネルギー，M 殻にある電子は $n = 3$ の時のエネルギーである。$n = 3$ の方が高エネルギーであるから，$n = 1$ の軌道に戻る時には，$n_1 = 1$ および $n_2 = 3$ を式に代入すると次式となる。

$$\frac{1}{\lambda} = 1.097 \times 10^7\,\mathrm{m}^{-1}\left(\frac{1}{1^2} - \frac{1}{3^2}\right) = 0.9751 \times 10^7\,\mathrm{m}^{-1}$$

したがって

$$\lambda = 1.026 \times 10^{-7}\,\mathrm{m} = 102.6\,\mathrm{nm}\ （紫外線，ライマン系列の 1 つ）$$

例題 2-7 1 個の電子が水素原子のエネルギー準位の 5 番目の軌道から 2 番目の軌道に戻るときに放出するエネルギーが発光として表れる波長を計算し，それがバルマー系列の 1 つであることを確認せよ。

(答) 5 番目の軌道と 2 番目の軌道のエネルギーの差を求めるとよいので，式 (2-3) をもとに誘導された式 (2-9) を用いて計算すると

$$\frac{1}{\lambda} = \frac{E_5 - E_2}{hc}$$

$$= 1.097 \times 10^7 \times (1/2^2 - 1/5^2)$$

$$= 1.097 \times 10^7 \times (0.25 - 0.04)$$

$$= 0.23037 \times 10^7 = 2.3037 \times 10^6 \text{ m}^{-1}$$

したがって 2.3037×10^6 m^{-1} の逆数から，発光する波長 λ は434 nm と算出され，図2-3に示す発光波長の1つと一致している。これはバルマー系列（可視光線）の発光の1つである（図2-4）。

演習2-9　$n = 2$ のときの軌道の半径を求めよ。

演習2-10　水素原子のL殻にある1個の電子がK殻へ戻る時に放出する発光スペクトルの波長はいくらか。

2.3.2 原子軌道とエネルギー準位

陽子1個と電子1個からなる水素原子のスペクトルは原子核の周りを回転する電子の不連続な軌道だけ考慮したボーアモデルで説明できたが，電子の数が多い原子のスペクトルを n だけに依存する式 (2-2) だけでは説明が困難であった。これを解決するため，オーストリアの物理学者シュレーディンガーは量子力学を展開し，n が2より大きい値に対応するL殻やM殻の場合には，すべての電子が球形の軌道にあるのでなく軌道に方向性があり，磁場や電場中ではそれがさらに分裂するような電子軌道も存在することを示した[*1]。すなわち，各軌道は n だけでなく，軌道の方向を規制する方位量子数 l と磁場の影響を受ける磁気量子数 m を加えた3つの量子数によって規定されるべきであることを示した。電子の持つエネルギーの大きさは，主に n によって決まるので，n を主量子数[*2]という。

方位量子数 l や磁気量子数 m のとり得る値には制限があり，次のように l は主量子数 n によって，m は方位量子数 l によって規制される。

$n = 1, 2, 3\cdots\cdots$

$l = 0, 1, 2\cdots\cdots(n-1)$

$m = 0, \pm 1, \pm 2 \cdots\cdots \pm l$

すなわち，1つの n の値に対して l は0から $(n-1)$ までの n 個の値をとることができ，1つの l の値に対して m は $(2l+1)$ 個の値をとることが可能である。表2-3にはそれを具体的に示す。$n = 1$ のK殻には，$l = 0$，$m = 0$ だけであるから1つの軌道しか存在しないが，$n = 2$ のL殻の場合には $l = 0$ と $l = 1$ がある。その中で，$l = 0$ の軌道では $m = 0$ だけしかないが，$l = 1$ に対しては $m = 1$，0，-1 の3つの軌道が存在するので，L殻には計4

シュレーディンガー（1887～1961）
(Erwin Rudolf Alexander Schrödinger)
オーストリアの物理学者。
量子力学を完成した人。1933年ノーベル物理学賞を受賞した。

*1　図2-6に軌道の形を示す。

*2　図2-5に示している。

解答
演習2-9　0.2115 nm
演習2-10　122 nm

表 2-3　電子のいろいろな状態の量子数と電子軌道の数

主量子数 n	1	2				3								
方位量子数 l	0	0	1			0	1			2				
磁気量子数 m	0	0	−1	0	+1	0	−1	0	+1	−2	−1	0	+1	+2
軌道の数	1	4				9								

つの軌道が存在する。$n=3$ の M 殻の場合には $l=0,1,2$ があり，その各々に対し $m=0$，$m=1, 0, -1$，$m=2, 1, 0, -1, -2$ の軌道が存在し，合計 9 個の軌道が存在する。すなわち，<u>主量子数が n の場合には，n^2 個の軌道が存在する</u>*1。

軌道の<u>エネルギー準位</u>*2 は，大まかには主量子数 n で決まるが，n が同じ場合には，方位量子数 l が異なると，エネルギー準位には差が生じることが明らかになった。その点を示すために次のような表記法が用いられる。

主量子数 n に対しては数字をそのまま用い，方位量子数を示すには次の記号を用いる。

   l 0, 1, 2, 3, …
  記号   s, p, d, f, …

例えば，$n=1$, $l=0$ の軌道は 1s，$n=2$, $l=1$ の軌道は 2p，$n=3$, $l=2$ の軌道は 3d となる。l は m によって $(2l+1)$ 個の軌道が存在するが，それらは外部からの磁場または電場がない限り，同じエネルギー準位に存在する。したがって，p 軌道には方位の異なる 3 つの軌道，d 軌道には 5 個，f 軌道には 7 個の軌道が存在する。このように方位量子数が 1 以上であれば，同じエネルギー準位の軌道が複数存在する。そのような場合，それらの軌道エネルギーをもつ状態は<u>縮退</u>しているという*3。

軌道の種類とエネルギー準位の関係を図 2-5 に示す。繰り返しになるが軌道のエネルギー準位は大まかには主量子数 n で決まる。しかし，主量子

---

*1　主量子数が n の場合，$n-1$ 個の方位量子数が存在し，各々の方位量子数 l に対し，$(2l+1)$ 個の磁気量子数が存在する。したがって，それからできる軌道の数は
$\Sigma(2l+1) = 2\dfrac{n(n-1)}{2} + n = n^2$

*2　各軌道のもつエネルギーをその大きさの順に並べたもの。

*3　2p 軌道 ($n=2$, $l=1$) には m が異なる 3 個の軌道 ($m=1, 0, -1$) が縮退している（表 2-3）。

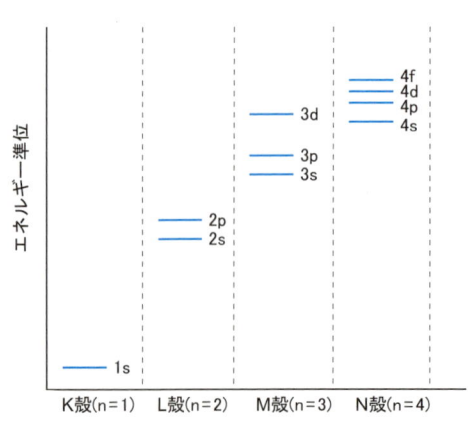

図 2-5　軌道のエネルギー準位

数が同じ場合でも方位量子数 l が異なるとエネルギー準位には差が生じ，s，p，d，f……の順に大きくなる。式 (2-2) から予測されるように，主量子数 n が大きくなれば ns 軌道と $(n+1)s$ 軌道とのエネルギー間隔は小さくなるので，3d 軌道と 4s 軌道のエネルギー準位や 4d と 5s 軌道のエネルギー準位に見られるように n の大小に注目すると逆転することもある。

演習 2-11　M 殻には何個のエネルギー準位が存在するか。

2.3.3　原子軌道とそのかたち

前述のように，主量子数 $n = 2$ 以上では主量子数に対し，方位量子数 $l = 0 \sim (n-1)$ による軌道が存在し，その各々に磁気量子数の異なる $(2l+1)$ 個の軌道が存在する。$l = 0$ の s 軌道はボーアの用いた球対称の軌道であるが，$l = 1$ の p 軌道には，各々 x, y, z 軸方向に伸びた 3 つの p 軌道 (p_x, p_y, p_z)，$l = 2$ の d 軌道には m の異なる 5 つの d 軌道 (d_{xy}, d_{yz}, d_{xz}, d_{z^2}, $d_{x^2-y^2}$) が存在する。これらの軌道を図 2-6 に示す。

前述のようにエネルギー準位は次の順番で大きくなるから，その順序に電子は配置される。

$$1s < 2s < 2p < 3s < 3p < (4s, 3d) < 4p <$$
$$(5s, 4d) < 5p < (6s, 5d, 4f) < 6p < (7s, 5f, 6d)$$

ここで，(　) 内の軌道は，電子配置に例外が含まれる場合である＊。

＊　たとえば Cu 原子では，2.3.4 で述べるように電子は 4s 軌道よりも先に 3d 軌道に収容される。

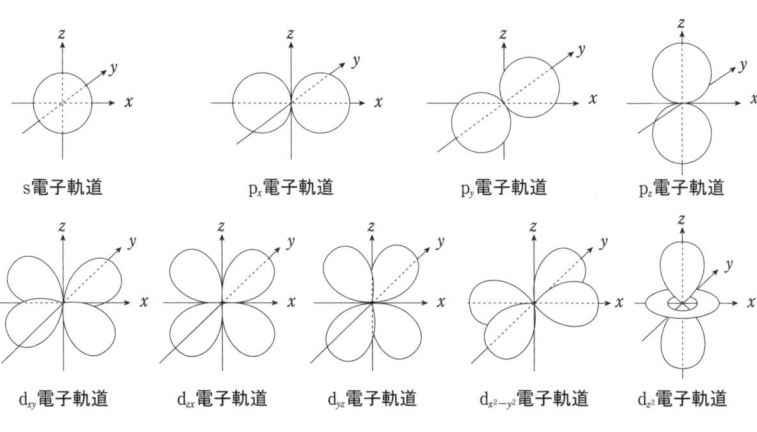

図 2-6　原子の電子軌道とそのかたち

2.3.4　原子の電子配置

a. 電子スピンの存在

電子が原子のもつ軌道に分配される様子を電子配置といい，各原子ではエネルギー準位の低い軌道から原子番号の数だけ電子がつまり，その原子が最も安定な状態になる電子配置をとっている。

解答
演習 2-11　9 個

*1 ナトリウムのD線は589 nmに見られるが，分解能を上げて測定すると589.00 nmと589.59 nmの2本の接近した線からなっていることがわかった．磁場によりその間隔が大きくなることにより，反対方向に回転する2種の電子の存在が明らかになった．

*2
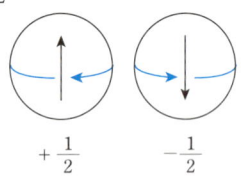

電子の自転とスピン量子数
矢印は電子の回転による磁場

*3 これはスイスの物理学者パウリによって見出されたのでパウリの排他原理といわれている．

パウリ (1900〜1958)
(Wolfgang Pauli)
1945年にノーベル物理学賞を受賞．

原子にはいろいろなエネルギー準位をもつ軌道が存在し，それらの軌道に電子が配置されていることを学んできたが，電子配置に関してもう1つ解明すべき課題が生じた．それは，ナトリウムの発光で1本の輝線スペクトルとして観測されていたものが実は2本のスペクトルであることが明らかにされたことである*1．詳細は専門書に譲るが，その原因は，電子の自転によることがわかった．電子は，右回りあるいは左回りに自転しながら軌道を回っている*2．この自転は電子スピンと呼ばれ，そのスピンの方向を示す2つのスピン量子数が+1/2か-1/2のいずれかをとる．各軌道には，電子スピンが互いに逆向きの一対の電子を収容できる*3ので，s軌道には2個，p軌道には6個，d軌道には10個，f軌道には14個の電子を収容できる．

したがってスピン量子数を考慮に入れると表2-4に示すように，K殻，L殻，M殻は，各々2，8，18個の電子を収容できることになる．同様に，N殻，O殻，P殻は，それぞれ32，50，72個の電子を収容しうる（表2-5）．

表2-4 電子のいろいろな状態の量子数と電子数

主量子数 n	1	2			3		
方位量子数 l	0	0	1	0	1		2
磁気量子数 m	0	0	-1　0　+1	0	-1　0　+1		-2　-1　0　+1　+2
スピン量子数 s	$+\frac{1}{2}$ $-\frac{1}{2}$	$+\frac{1}{2}$ $-\frac{1}{2}$	$+\frac{1}{2}+\frac{1}{2}+\frac{1}{2}$ $-\frac{1}{2}-\frac{1}{2}-\frac{1}{2}$	$+\frac{1}{2}$ $-\frac{1}{2}$	$+\frac{1}{2}+\frac{1}{2}+\frac{1}{2}$ $-\frac{1}{2}-\frac{1}{2}-\frac{1}{2}$		$+\frac{1}{2}+\frac{1}{2}+\frac{1}{2}+\frac{1}{2}+\frac{1}{2}$ $-\frac{1}{2}-\frac{1}{2}-\frac{1}{2}-\frac{1}{2}-\frac{1}{2}$
軌道の種類	1s	2s	2p	3s	3p		3d
lの値における最大電子数	2	2	6	2	6		10
nの値における最大電子数 ($2n^2$)	2	8		18			

b. フントの規則と原子の構成原理

縮退している軌道に複数の電子が入る場合には，いろいろな場合が考えられる．たとえば，6個の電子が存在する炭素原子の電子配置について考えてみよう．電子は低いエネルギー準位からなる軌道に対をなして入っていくから4個の電子は1sおよび2s軌道に入り，残りの2個は3つの縮退した2p軌道の何れかに入る．1つの軌道を1つの箱で示し，そこに入る電子を矢印で示し，電子スピンを矢印の方向で区別すると，2つの電子が3つの軌道に入ることになるから，次のように3つの可能性が存在する．

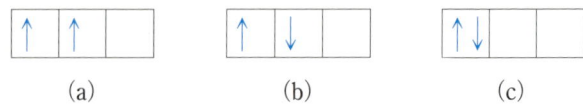

(a)　　　　　　　(b)　　　　　　　(c)

ドイツの物理学者フント（F. Hund）は，実験結果を整理して，「2つ以上の軌道をもつ副殻に入る電子は，各々の電子スピンが同じ方向で別々に軌道に入る」という**フントの規則**を見出した。この規則から，上記の3つの可能性の中で最も安定な電子配置は (a) の場合と結論できる。

これまでのことを要約すると，原子の電子配置は，次の規則によって決まるので，それを**原子構成原理**という。

電子は次の原則に従って原子のもつ軌道に配置される。
原則　1．エネルギー準位の低い軌道から順番に配置される。
　　　2．同じ軌道には，スピン量子数の異なる電子が1個ずつ，2個まで収容される（**パウリの排他原理**）。
　　　3．同じエネルギー準位の軌道に複数個の軌道が存在するとき，まず別々の軌道に同じスピン量子数の電子が1個ずつ収容されてから，反対のスピン量子数の電子が収容される（**フントの規則**）。

フント（1896 ～ 1997）
(Friedrich Hermann Hund)
ドイツの物理学者。
原子・分子の研究者。

主量子数1のK殻には1個の軌道すなわち1s軌道だけしか存在しないので，パウリの排他原理に従い，2個までしか電子を収容できない。電子が1個からなる水素原子では1個の電子が，電子が2個のヘリウム原子では2個の電子が1s軌道に収容され，その電子配置は各々 $1s^1$ および $1s^2$ のようにその**軌道に存在する電子の数を右肩に付して**表される*。

主量子数が2のL殻には1個の2s軌道と3個の2p軌道があり，最大8個の電子を収容できる。しかし，s軌道とp軌道は少しエネルギーが異なるので，上記の原則1と2に従い，原子番号3のLi原子と4のBe原子では，2個の電子がK殻に入り，収容できなかった余分の電子は2s軌道に収容される（図2-7参照）。原子番号5のB原子からはp軌道へ電子が入るが，原子番号7のN原子までの原子の電子は，フントの規則に従う。その結果，図2-7に示すように同じスピン量子数をもつ電子スピンが別の2p軌道に入り，原子番号8の酸素原子から反対のスピンをもつ電子を収容しはじめ，原子番号10のNe原子では2p軌道が完全に埋まった電子配置となる。

量子数が3のM殻でも同様に，原子番号11のNa原子と12のMg原子では，K殻とL殻に収容できなかった電子は3s軌道に収容され，原子番号13のAl原子から原子番号18のAr原子までの原子では電子はフントの規則を保ちながら3p軌道に収容される。ここまでは，L殻の電子配置と同じであるが，M殻には，さらに5個の3d軌道がある。しかし，N殻の4s軌道の方がM殻の3d軌道よりもそのエネルギー準位が低いから（図2-5参照），

* HとHe原子の電子配置
1s
$_1$H：[↑]　$1s^1$　$_2$He：[↑↓]　$1s^2$

矢印の方向は慣例として↑を先に書くことになっている。

表 2-5　元素の電子配置

周期	原子番号	元素	K (1s)	L (2s)	L (2p)	M (3s)	M (3p)	M (3d)	N (4s)	N (4p)	N (4d)	N (4f)	O (5s)	O (5p)	O (5d)	O (5f)	P (6s)	P (6p)	P (6d)	P (6f)	Q (7s)
1	1	H	1																		
1	2	He	2																		
2	3	Li	2	1																	
2	4	Be	2	2																	
2	5	B	2	2	1																
2	6	C	2	2	2																
2	7	N	2	2	3																
2	8	O	2	2	4																
2	9	F	2	2	5																
2	10	Ne	2	2	6																
3	11	Na				1															
3	12	Mg				2															
3	13	Al	[Ne] ネオン構造 $(1s^22s^22p^6)$			2	1														
3	14	Si				2	2														
3	15	P				2	3														
3	16	S				2	4														
3	17	Cl				2	5														
3	18	Ar	2	2	6	2	6														
4	19	K							1												
4	20	Ca							2												
4	21	Sc						1	2												
4	22	Ti						2	2												
4	23	V						3	2												
4	24	Cr	[Ar] アルゴン構造 $(1s^22s^22p^63s^23p^6)$					5	1												
4	25	Mn						5	2												
4	26	Fe						6	2												
4	27	Co						7	2												
4	28	Ni						8	2												
4	29	Cu						10	1												
4	30	Zn						10	2												
4	31	Ga						10	2	1											
4	32	Ge						10	2	2											
4	33	As						10	2	3											
4	34	Se						10	2	4											
4	35	Br						10	2	5											
4	36	Kr	2	2	6	2	6	10	2	6											
5	37	Rb							‥	‥			1								
5	38	Sr							‥	‥			2								
5	39	Y									1	‥	2								
5	40	Zr									2	‥	2								
5	41	Nb	[Kr] クリプトン構造 $(1s^22s^22p^63s^23p^63d^{10}4s^24p^6)$								4	‥	1								
5	42	Mo									5	‥	1								
5	43	Tc									6	‥	1								
5	44	Ru									7	‥	1								
5	45	Rh									8	‥	1								
5	46	Pd									10	‥	‥								
5	47	Ag									10	‥	1								
5	48	Cd									10	‥	2								
5	49	In									10	‥	2		1						
5	50	Sn									10	‥	2		2						

第一遷移元素: Sc–Cu
第二遷移元素: Y–Ag

（■：典型元素，□：遷移元素）
（☐：ランタノイド，アクチノイド）
Zn, Cd, Hgは遷移元素としても分類される。

周期	原子番号	元素	K	L		M			N				O				P				Q
			1s	2s	2p	3s	3p	3d	4s	4p	4d	4f	5s	5p	5d	5f	6s	6p	6d	6f	7s
5	51	Sb				クリプトン構造					10	‥	2	3							
	52	Te									10	‥	2	4							
	53	I									10	‥	2	5							
	54	Xe	2	2	6	2	6	10	2	6	10	‥	2	6							
6	55	Cs	2	2	6	2	6	10	2	6	10	‥	2	6	‥	‥	1				
	56	Ba	2	2	6	2	6	10	2	6	10	‥	2	6	‥	‥	2				
	57	La	2	2	6	2	6	10	2	6	10	‥	2	6	1	‥	2				
	58	Ce	2	2	6	2	6	10	2	6	10	2	2	6	‥	‥	2				
	59	Pr	2	2	6	2	6	10	2	6	10	3	2	6	‥	‥	2				
	60	Nd	2	2	6	2	6	10	2	6	10	4	2	6	‥	‥	2				
	61	Pm	2	2	6	2	6	10	2	6	10	5	2	6	‥	‥	2				
	62	Sm	2	2	6	2	6	10	2	6	10	6	2	6	‥	‥	2				
	63	Eu	2	2	6	2	6	10	2	6	10	7	2	6	‥	‥	2				
	64	Gd	2	2	6	2	6	10	2	6	10	7	2	6	1	‥	2				
	65	Tb	2	2	6	2	6	10	2	6	10	9	2	6	‥	‥	2				
	66	Dy	2	2	6	2	6	10	2	6	10	10	2	6	‥	‥	2				
	67	Ho	2	2	6	2	6	10	2	6	10	11	2	6	‥	‥	2				
	68	Er	2	2	6	2	6	10	2	6	10	12	2	6	‥	‥	2				
	69	Tr	2	2	6	2	6	10	2	6	10	13	2	6	‥	‥	2				
	70	Yb	2	2	6	2	6	10	2	6	10	14	2	6	‥	‥	2				
	71	Lu	2	2	6	2	6	10	2	6	10	14	2	6	1	‥	2				
	72	Hf	2	2	6	2	6	10	2	6	10	14	2	6	2	‥	2				
	73	Ta	2	2	6	2	6	10	2	6	10	14	2	6	3	‥	2				
	74	W	2	2	6	2	6	10	2	6	10	14	2	6	4	‥	2				
	75	Re	2	2	6	2	6	10	2	6	10	14	2	6	5	‥	2				
	76	Os	2	2	6	2	6	10	2	6	10	14	2	6	6	‥	2				
	77	Ir	2	2	6	2	6	10	2	6	10	14	2	6	7	‥	2				
	78	Pt	2	2	6	2	6	10	2	6	10	14	2	6	9	‥	1				
	79	Au	2	2	6	2	6	10	2	6	10	14	2	6	10	‥	1				
	80	Hg	2	2	6	2	6	10	2	6	10	14	2	6	10	‥	2				
	81	Tl	2	2	6	2	6	10	2	6	10	14	2	6	10	‥	2	1			
	82	Pb	2	2	6	2	6	10	2	6	10	14	2	6	10	‥	2	2			
	83	Bi	2	2	6	2	6	10	2	6	10	14	2	6	10	‥	2	3			
	84	Po	2	2	6	2	6	10	2	6	10	14	2	6	10	‥	2	4			
	85	At	2	2	6	2	6	10	2	6	10	14	2	6	10	‥	2	5			
	86	Rn	2	2	6	2	6	10	2	6	10	14	2	6	10	‥	2	6			
7	87	Fr	2	2	6	2	6	10	2	6	10	14	2	6	10	‥	2	6	‥	‥	1
	88	Ra	2	2	6	2	6	10	2	6	10	14	2	6	10	‥	2	6	‥	‥	2
	89	Ac	2	2	6	2	6	10	2	6	10	14	2	6	10	‥	2	6	1	‥	2
	90	Th	2	2	6	2	6	10	2	6	10	14	2	6	10	‥	2	6	2	‥	2
	91	Pa	2	2	6	2	6	10	2	6	10	14	2	6	10	2	2	6	1	‥	2
	92	U	2	2	6	2	6	10	2	6	10	14	2	6	10	3	2	6	1	‥	2
	93	Np	2	2	6	2	6	10	2	6	10	14	2	6	10	5	2	6	‥	‥	2
	94	Pu	2	2	6	2	6	10	2	6	10	14	2	6	10	6	2	6	‥	‥	2
	95	Am	2	2	6	2	6	10	2	6	10	14	2	6	10	7	2	6	‥	‥	2
	96	Cm	2	2	6	2	6	10	2	6	10	14	2	6	10	7	2	6	‥	‥	2
	97	Bk	2	2	6	2	6	10	2	6	10	14	2	6	10	8	2	6	‥	‥	2
	98	Cf	2	2	6	2	6	10	2	6	10	14	2	6	10	10	2	6	‥	‥	2
	99	Es	2	2	6	2	6	10	2	6	10	14	2	6	10	11	2	6	‥	‥	2
	100	Fm	2	2	6	2	6	10	2	6	10	14	2	6	10	12	2	6	‥	‥	2
	101	Md	2	2	6	2	6	10	2	6	10	14	2	6	10	13	2	6	‥	‥	2
	102	No	2	2	6	2	6	10	2	6	10	14	2	6	10	14	2	6	‥	‥	2
	103	Lr	2	2	6	2	6	10	2	6	10	14	2	6	10	14	2	6	1	‥	2

第三遷移元素 ランタノイド（57–71）

第四遷移元素 アクチノイド（89–103）

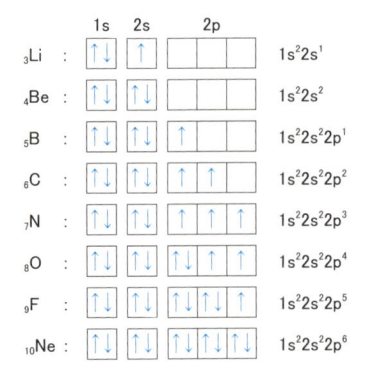

図 2-7 原子番号 3(Li)から 10(Ne)の原子の電子配置

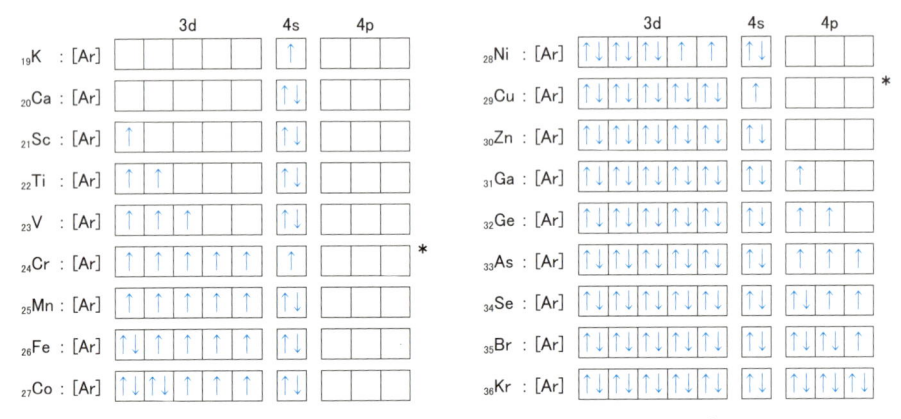

図 2-8 原子番号 19(K)から 36(Kr)の原子の電子配置*

* 原子番号 19〜36 の元素では，K 殻，L 殻，および M 殻部分の電子配置は Ar 元素の電子配置と一致するので K〜M 殻部分を [Ar] と表し，K：[Ar]4s, Ca：[Ar]4s² という表示が用いられる（2.4.1 参照）。

図 2-8 に示すように，原子番号 19 の K 原子では 19 番目の電子，次の Ca 原子では，19 番目と 20 番目の電子が 4s 軌道に収容される。原子番号 21 の Sc 原子から 30 の Zn 原子までの 10 個の原子の電子は 5 個の 3d 軌道に入り，続いて，原子番号 31 の Ga 原子から 36 の Kr 原子までの原子の電子が 4p 軌道に収容される。ここで，原子番号 24 の Cr 原子と 29 の Cu 原子の電子配置に例外があることに注意しよう。その原因は，5 個の d 軌道に電子が入った d^5 と d^{10} ではエネルギー的に安定化がおこるので，4s 軌道が埋まる前により安定な $3d^5$ または $3d^{10}$ の電子配置をとるのである。

N 殻には 4s 軌道，4p 軌道に加えて 4d 軌道や 4f 軌道があるが，4d 軌道は 5s 軌道よりも高いエネルギー準位の軌道であり，4f 軌道にいたっては 6s 軌道より高いエネルギー準位の軌道であるから，4d 軌道は O 殻の 5s 軌道，4f 軌道は P 殻の 6s 軌道に電子が収容された後に電子が収容される。このようにして，作られた原子の電子配置をまとめて表 2-5 に示す。

<u>演習 2-12</u> 次の原子の電子配置を書け。

(a) $_6$C　(b) $_{26}$Fe　(c) $_{56}$Ba　(d) $_{19}$K　(e) $_{80}$Hg

解答
演習 2-12　図 2-7，図 2-8，表 2-5 参照

演習2-13 次の電子配置を示す元素は何か。

(a) $1s^2$ (b) $1s^22s^22p^6$ (c) $1s^22s^22p^63s^2$ (d) $1s^22s^22p^63s^23p^5$
(e) $1s^22s^22p^63s^23p^63d^24s^2$ (f) $1s^22s^22p^63s^23p^63d^{10}4s^2$

演習2-14 次の問に答えよ。

(a) 酸素原子の電子配置を下記の箱に記入せよ。

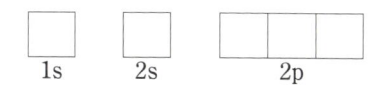

□　□　□□□
1s　2s　　2p

(b) 炭素原子の電子配置を下記の箱に記入せよ。

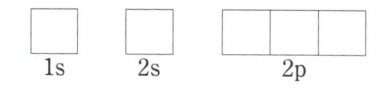

□　□　□□□
1s　2s　　2p

2.4 元素の周期性

2.4.1 周期表とその背景

1869年ロシアの化学者メンデレーエフは，当時知られていた63種類の元素を原子量の順序に並べると，元素の性質が順に変わり，また類似した性質が周期的に現れるという法則を発見し，それをもとにつくった周期表から未知の元素の原子量や性質まで予言した。周期表の横の行を周期，縦の列を族とよぶ。メンデレーエフが作った周期表は幾度か修正されたのち，1989年に定められた7周期18族[*1]からなるものが，現在でも国際的な周期表として使われている（見返し参照）。

さて，見返しにある周期表を見よう。周期表は，軌道のエネルギー準位と電子配置をもとに，主量子数（n）が同じで最外殻にs軌道あるいはp軌道をもつ元素を同一周期におき，同一の方位量子数（l）や磁気量子数（m）からなる元素は同一族にあるように組み立てられている。第1周期の元素は，$n = 1$（K殻）の元素，すなわち$1s^1$の水素（H）と$1s^2$のヘリウム（He）である。水素は1個の電子をもつ元素として1族に，2個の電子をもつヘリウムは安定な電子配置をとっている元素であるから18族に分類する。

第2周期は$n = 2$（L殻）の元素で，[He]$2s^1$のリチウム（Li）にはじまり[He]$2s^22p^6$のネオン（Ne）で終わる8個の元素からなる[*2]。その際，最外殻電子が2s軌道に1個存在するLiと2個存在するベリリウム（Be）は，それぞれ1族と2族に分類し，最外殻に2p軌道をもつホウ素（B）からネオンまでの残りの6個は13族から18族に配置されている[*3]。なお，これらの元素の電子配置は，K殻部分はヘリウムと同じ電子配置をとるので[He]で表し，その後にL殻部分の電子配置を書くことにより表示する。以下の記述における[Ne]や[Ar]などの表示も同様の意味である。

*1 18族は同一周期の最安定元素すなわち希ガスを置くように定められている。

*2 LiやBe元素では，K殻部分の電子配置はHe元素の電子配置と一致するのでK殻部分を[He]と括弧をつけて表し，Li：[He]2s，Be：[He]$2s^2$という表示が用いられる。

*3 3族から12族までを飛ばして13族から18族に配置されているのは，3d軌道のエネルギー準位と4s軌道のエネルギー準位とが逆転しており，3d軌道をもつ10種の元素が第4周期の4s軌道をもつ2元素の次に配置されているからである。

解答
演習2-13
(a) He (b) Ne (c) Mg (d) Cl
(e) Ti (f) Zn

演習2-14

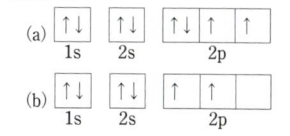

(a) [↑↓] [↑↓] [↑↓][↑][↑]
　　1s　 2s 　　　2p

(b) [↑↓] [↑↓] [↑][↑][ ]
　　1s　 2s 　　　2p

第3周期は，$n = 3$（M殻）に電子が存在する $[Ne]3s^1$ のナトリウム（Na）から $[Ne]3s^23p^6$ のアルゴン（Ar）までの8個の元素を第2周期と同じように分類する。M殻という点では3d軌道をもつ10種の元素も，第3周期に含まれるべきであるが，図2-5に示したように，3d軌道のエネルギー準位は4s軌道と4p軌道との間にあるので，第4周期が始まり，$[Ar]4s^1$ のカリウム（K）と $[Ar]4s^2$ のカルシウム（Ca）が1族と2族を占め，3d軌道に電子を有する $[Ar]3d^14s^2$ のスカンジウム（Sc）から $[Ar]3d^{10}4s^2$ の亜鉛（Zn）までの10個の元素が，それぞれ，3族から12族に分類され，4p軌道に電子をもつ残りの6種の元素が13族から18族に入り第4周期が終了する。第4周期になって初めて1族から18族まで，すべての族が元素でみたされた周期になる。

第5周期は第4周期の場合と同じく，4d軌道のエネルギー準位は5s軌道と5p軌道との間にあるので，$[Kr]5s^1$ のルビジウム（Rb）に始まり，$[Kr]4d^{10}5s^2$ のカドミウム（Cd）などが入り，$[Kr]4d^{10}5s^25p^6$ のキセノン（Xe）（18族）で終了する。この周期は4f，5dが同じ周期に続くべきであるが，いずれのエネルギー準位も6sと6pとの間にあるので，第5周期は終了する。

第6周期では，$[Xe]6s^1$ のセシウム（Cs）と $[Xe]6s^2$ のバリウム（Ba）が1族と2族を占め，5d軌道に電子が1個存在する $[Xe]5d^16s^2$ のランタン（La）の後，セリウム（Ce）からルテチウム（Lu）まで，4f軌道をもつ14種の元素が続き，その後に5d軌道，最後に6p軌道がうまるので，第6周期には32種の元素が配置されている。そうなると32族となるべきであるが，$[Xe]5d^16s^2$ のランタン（La）とその後の14個の原子は全て良

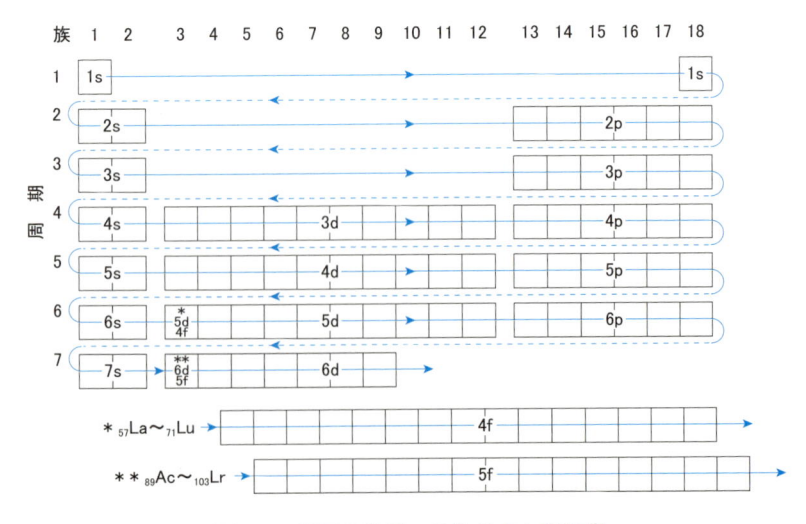

図2-9 電子の軌道への入り方と周期表

く似た性質であるためランタノイドとして3族にひとまとめに収容され，結局18族で収まるように整理されている．第7周期も第6周期と同じで，7s軌道に電子を持つ原子番号87のフランシウム（Fr）から始まり，原子番号88のラジウム（Ra）の後，6d軌道に電子を収容するアクチニウム（Ac）に続いて，5f軌道に電子を収容する14個の原子が続くが，ランタノイドの場合と同様に，アクチノイドとしてまとめられている．

以上の説明にしたがって電子の軌道へのはいり方を簡単にまとめたものを図2-9に示す．

演習2-15 周期表の第3周期にはM殻に電子をもつ元素が並んでいるが，3d軌道の電子をもつ元素が含まれていない．その理由を述べよ．

演習2-16 次の原子番号の元素の元素記号およびその電子配置を書き，同じ族に属する元素を選び出せ．
原子番号：3, 6, 14, 17, 19, 35

演習2-17 周期表の第4周期の元素の正しい配列になっているものを選び，選んだ理由を書け．
(a) 4p → 3s → 3d (b) 4s → 4p → 4d
(c) 4s → 4d → 4p (d) 4s → 3d → 4p

2.4.2 周期表と元素の分類

前節に示したように，外殻に入る電子配置を考慮して，7周期，18族からなる周期表が作られている．周期表の縦に並んだ同族群元素（これを同族元素という）は，それを構成する原子の軌道の大きさは違うが，最外殻の電子の電子配置や内殻のd軌道やf軌道電子の電子配置は同じである．これから化学の事象を知ることによって明らかになっていくが，同族元素の化学的性質はよく似ており，元素の性質は，主に，最外殻にある電子の電子配置によって特徴づけられている．このことを考慮して最外殻電子は価電子といわれている．

a. 典型元素と遷移元素

元素は，電子配置を考慮して，典型元素と遷移元素に大別される．典型元素は周期表の1, 2族および13〜18族の元素をいい，原子番号が増加するにつれて最外殻のs軌道，続いてp軌道に電子が配置されるのに対し，遷移元素は3〜12族に属し，価電子の電子数は1〜2個のまま，内殻のd軌道または内々殻のf軌道に電子が配置されている．

典型元素の場合は原子番号が増えるにつれて価電子の数が増え，周期が

解答
演習2-15
軌道のエネルギーは3d軌道が4s軌道より高いから（図2-5）
演習2-16
$_3$Liと$_{19}$K，$_6$Cと$_{14}$Si，$_{17}$Clと$_{35}$Br
演習2-17
(d) エネルギーの低→高の順（図2-5）

* 典型元素と遷移元素は前見返しを参照。

変わればその繰り返しとなるので，元素の特徴に周期律が典型的に現れる。価電子が1個の1族元素の単体は，水素を除くといずれも軽い金属で，水と反応して水素を発生し，1価の陽イオンに変化してアルカリ性の水溶液を生じるから，水素を除いた元素をアルカリ金属という。2族元素の原子は2価のイオンになりやすい。BeとMgを除いた2族の元素はアルカリ土類金属という。価電子が7個の17族の元素はハロゲンといい，電子をもらって陰イオンになりやすい性質をもつ元素群である。最外殻電子が8個からなる元素の単体は希ガスといわれ，極めて安定な物質である。

遷移元素は，価電子の電子数が1～2個のままで，原子番号の増加にともない d 軌道または f 軌道の電子が増えるだけであるから，典型元素の場合と異なり，同族元素が似ているのみならず，となりあった元素の単体ともよく似た性質を示しているものもあり，周期性はあまりはっきりしない。遷移元素の単体はすべて金属で，電気や熱をよく導く性質がある。

b. 金属性と非金属性

* 金属元素と非金属元素は前見返しの周期表を参照。

電気や熱を通すのは遷移元素だけではない。ナトリウムやカリウムなどのように典型元素の単体の中にも，金属としての性質を示すものもある。したがって，典型元素は金属性を示す元素（金属元素）とハロゲン元素のようにその単体は導電性に乏しく，絶縁体である元素（非金属元素）とに分類される。1族[*1]，2族の典型元素および3族から12族までの遷移元素は金属元素であり，13族から右へ進むと金属元素から非金属元素へ移行する。ただし，13から15族までの元素は周期によって移行する境界線元素の族は変化する[*2]。移行が始める第2周期13族のホウ素と第6周期17族のアスタチン（At）とを結ぶ境界線上の元素[*3]およびゲルマニウム（Ge）とアンチモン（Sb）は条件によって導電性を示すから半金属元素（メタロイド）として分類されている[*4]。それよりも左側はすべて金属元素，右側は非金属元素である。

*1 H は除く。

*2 第2周期では13族，第3周期では14族から非金属へ移行する。

*3 14族のケイ素，15族のヒ素，16族のテルル。

*4 メタロイドは見返しの周期表にははっきり示されていないが，半導体の原料となる元素であり，物質科学の展開に極めて重要な元素である。

2.4.3 イオンとその生成

原子は正電荷を帯びた陽子の数と負電荷を帯びた電子の数が等しいため原子全体として電気的に中性である。しかし，何らかの原因により原子が電子を放出したり受け取ったりすると，原子は電荷を帯びた状態になる。電子を失ったものを陽イオンといい，電子を受け取ったものを陰イオンという[*4]。イオン形成の際に失った電子の数または余分に得た電子の数をイオンの価数といい，その価数を元素記号の右肩にその数と電荷をあらわす＋または－を付けて表す。たとえば，ナトリウムイオンは Na^+，マグネシ

*4
$M \xrightarrow{-e^-} M^+$ （陽イオン）
$M \xrightarrow{+e^-} M^-$ （陰イオン）

表 2-6　主な陽イオンと陰イオン

	イオンの名称	イオン式		イオンの名称	イオン式
陽イオン	水素イオン	H^+	陰イオン	酸化物イオン	O^{2-}
	ナトリウムイオン	Na^+		塩化物イオン	Cl^-
	カリウムイオン	K^+		臭化物イオン	Br^-
	マグネシウムイオン	Mg^{2+}		硫化物イオン	S^{2-}
	アルミニウムイオン	Al^{3+}		水酸化物イオン*	OH^-
	カルシウムイオン	Ca^{2+}		硫酸イオン*	SO_4^{2-}
	バリウムイオン	Ba^{2+}		炭酸水素イオン*	HCO_3^-
	鉄(Ⅱ)イオン	Fe^{2+}		炭酸イオン*	CO_3^{2-}
	鉄(Ⅲ)イオン	Fe^{3+}		硝酸イオン*	NO_3^-
	銀イオン	Ag^+		酢酸イオン*	CH_3COO^-
	アンモニウムイオン*	NH_4^+		リン酸イオン*	PO_4^{3-}

＊印は多原子イオン

ウムイオンは Mg^{2+}，塩化物イオンは Cl^- のように書く。イオンにはこの例のように，ただ1つの原子でできた単原子イオンのほかに，複数の原子からなる原子団が全体として電荷を持つ多原子イオンがある。主なイオンとそのイオン式を表2-6に示す。

　原子を陽イオンにする場合，原子核からの引力に逆らって電子を無限遠まで引き離すためのエネルギーを外部から加える必要がある。中性原子から電子1個を取り去って，1価の陽イオンにするのに必要な最小エネルギーを第1イオン化エネルギー $E_i(\mathrm{I})$ という。さらに1価の陽イオンから2個目の電子を取り去るのに必要なエネルギーを第2イオン化エネルギー* $E_i(\mathrm{II})$ といい，以下同様に第3 $E_i(\mathrm{III})$，第4 $E_i(\mathrm{IV})$ などのイオン化エネルギーが定義される。単にイオン化エネルギーというときには第1イオン化エネルギーをさす。イオン化エネルギーは原子のもつ電子の出しにくさを示す値で，イオン化エネルギーの小さい原子ほど陽イオンになりやすい。

$$M \xrightarrow{E_i(\text{イオン化エネルギー})} M^+ + e^- \quad E_i = E(M^+) - E(M)$$

　リチウム原子 Li，ナトリウム原子 Na，カリウム原子 K などの1族の原子はイオン化エネルギーが小さく，電子を失って陽イオンになりやすい。これは，Na原子の例（図2-10）から明らかなように，その最外殻に1個

＊ イオン化エネルギーは元素のもつ外殻電子の数により，複数のイオン化エネルギーが定義されている。

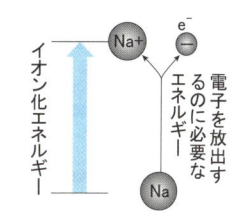

Naは第1イオン化エネルギーだけであるが，第2族の元素には第2イオン化エネルギー，第3族の元素ではさらに第2イオン化エネルギーが存在する。
$Mg \rightarrow Mg^+ \rightarrow Mg^{2+}$

第3周期の典型元素のイオン化エネルギー

元素	E_i / kJ mol^{-1}
Na	496
Mg	738
Al	578
Si	786
P	1012
S	1000
Cl	1251
Ar	1521

$_{11}Na \longrightarrow {}_{11}Na^+ + e^-$

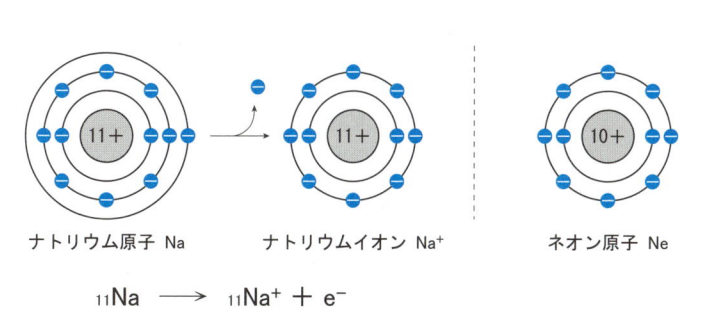

図2-10　ナトリウム原子が陽イオンになるしくみ

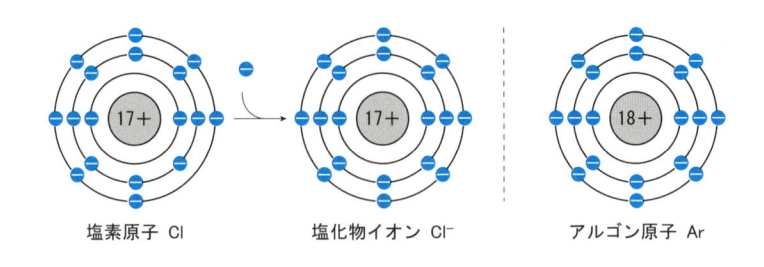

塩素原子 Cl   塩化物イオン Cl⁻   アルゴン原子 Ar

$$_{17}\text{Cl} + e^- \longrightarrow {}_{17}\text{Cl}^-$$

図2-11 塩素原子が陰イオンになるしくみ

*1 元素 X の電子親和力 A は元素の原子を構成する原子 X が X⁻ になるときに放出されるエネルギーと定義するから
$$E\text{ea} = \Delta E = -(E_{X^-} - E_X)$$
（例）塩素原子

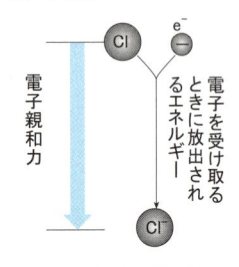

電子親和力

電子を受け取るときに放出されるエネルギー

第3周期の典型元素の電子親和力

元素	$E\text{ea}$ / kJ mol⁻¹
Na	53
Mg	0 >
Al	43
Si	134
P	72
S	200
Cl	349
Ar	0 >

*2 原子 X のエネルギー準位によるイオン化エネルギー E_i と電子親和力 $E\text{ea}$

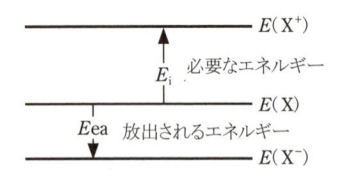

$E(X^+)$
E_i 必要なエネルギー
$E(X)$
$E\text{ea}$ 放出されるエネルギー
$E(X^-)$

解答
演習2-18
電子を放出したり，取り入れたりして安定な ₁₀Ne や ₁₈Ar などの希ガス元素と同じ電子配置となるから。

ある電子を放出すると安定なネオンと同じ電子配置になるからである。

中性の原子が電子をとり入れてイオンになるときにはエネルギーが放出されることが多い。中性の原子が電子を取り入れて1価の陰イオンになるときに放出されるエネルギー（ΔE）をその原子の電子親和力（$E\text{ea}$）という。電子親和力は，原子の陰性の強さを比較するのに用いられ，電子親和力の大きい原子ほど陰イオンになりやすく，生成した陰イオンは安定である。

$$\text{M} + e^- \longrightarrow \text{M}^- + \Delta E \; (= E\text{ea}) \; (\text{電子親和力})^{*1}$$

最外殻の電子配置が $3s^23p^5$ をとる塩素原子の電子親和力は大きい。これは，Cl 原子は電子を受け入れると，図2-11 に示すように，安定なアルゴン Ar と同じ電子配置 $3s^23p^6$ になるので，Cl⁻ になりやすいことを示している。

$2s^22p^6$ や $3s^23p^6$ のように最外殻の電子配置が ns^2np^6 をとる希ガス原子の電子親和力は負の値となる。これは原子が電子を取り入れて陰イオンになるにはエネルギーを供給することが必要で，陰イオンに大変なりにくいことを示している。

その他にもいろいろな元素が存在するが，希ガスの原子と同じ電子配置をとりやすい原子が，最外殻電子を放出して陽イオンになったり，電子を受けとって陰イオンになったりすることが考えられる*2。

演習2-18 Na⁺, Mg²⁺, Cl⁻ が安定な状態として存在できる理由を電子配置を用いて説明せよ。

2.4.4 イオンの生成における元素の周期性

2.4.1で解説したように，元素を原子番号の順に並べると，性質のよく似た元素が一定の間隔で周期的にあらわれる。同様に，原子のイオン化エネルギーを原子番号順に示すと，元素のイオン化エネルギーも周期的に変

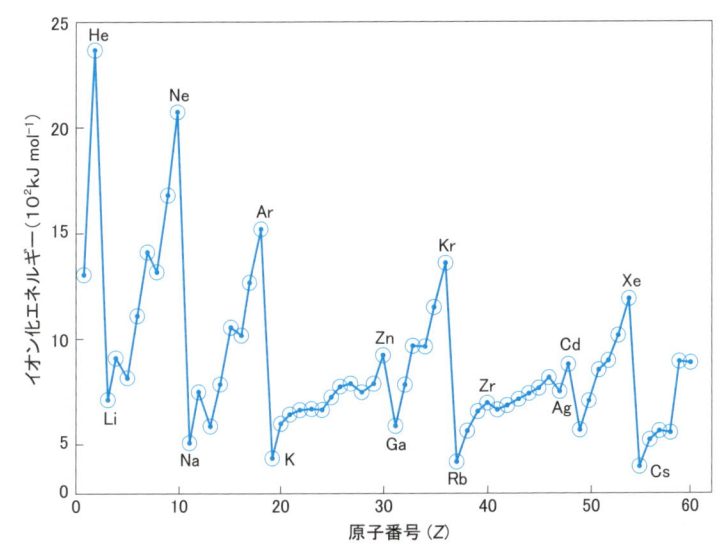

図2-12 イオン化エネルギーと原子番号との関係

化していることがわかる（図2-12）。最外殻の電子配置が $1s^2$ や ns^2np^6 をとる希ガスの元素のイオン化エネルギーはいずれも極大値を示す。これらの電子配置では最外殻の電子は安定な状態にあり，電子が取れにくいことを示している。これに対し，最外殻の電子配置が ns^1 のアルカリ金属では極小値を示している*。これは ns^1 にある1個の電子が放出されて安定な希ガス構造となりやすいことを示している（図2-10）。

原子の電子親和力を原子番号順に示すとやはり周期性が観測される（図2-13）。最外殻の電子配置が ns^2np^6 をとる希ガスの元素はいずれも負の値を示す。このことから，ヘリウム，ネオン，アルゴンのように $1s^2$ や ns^2np^6 の電子配置をもつ原子は陰イオンになるのが困難であることがわか

* 低エネルギーで陽イオンになる。

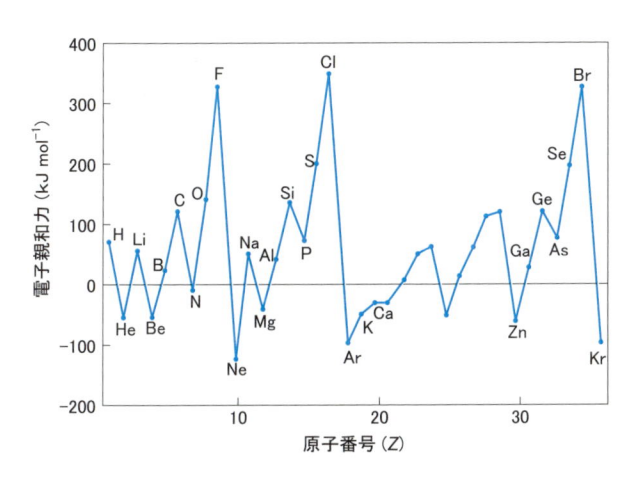

図2-13 電子親和力と原子番号の関係

る。これに対し，ns^2np^5 の電子配置のハロゲン原子では極大値を示す。これはハロゲン原子が1個の電子を受け入れ，ns^2np^6 のより安定な電子配置の陰イオンになりやすいことを示している（図2-11）。

演習2-19 Mg原子とCl原子とではどちらのイオン化エネルギーが小さいか。

演習2-20 次の元素を電子親和力の大きいものから減少する順に配列せよ。I, O, F, Br, Cl

演習2-21 次の電子配置原子をイオン化エネルギーの小さいものから大きいものへ並べ，元素記号で答えよ。
(a) $1s^22s^22p^63s^23p^1$ (b) $1s^22s^22p^63s^23p^6$ (c) $1s^22s^22p^63s^23p^5$
(d) $1s^22s^22p^63s^1$

コラム 原子半径とイオン半径

原子やイオンの大きさは原子の種類によってどの程度異なるのだろうか？

原子の大きさに関しては，古くから関心がもたれ，多くの研究者によって推定された。大きさは原子半径で表され，ほぼ 10^{-8} cm（10^{-10} m）のオーダーであるから，原子半径や結合距離を示す単位として，10^{-8} cm を1オングストローム（1 Å）* という単位が用いられていた。最近はSI単位で表されるようになり，nmやpmが用いられている。pmで示した原子半径を次表に示す。

* 1Å = 0.1 nm = 100 pm

原子半径 (pm)

Li	Be	B	C	N	O	F	Ne
152	112	85	77	75	73	72	71
Na	Mg	Al	Si	P	S	Cl	Ar
186	160	143	118	110	103	100	86
K	Ca	Ga	Ge	As	Se	Br	Kr
227	197	135	122	120	119	114	112
Rb	Sr	In	Sn	Sb	Te	I	Xe
248	215	167	140	140	142	133	131
Cs	Ba						
265	222						

希ガスのように1原子分子の場合には，その原子半径を直接決定する事ができるが，多くの原子は化学結合しているので，その半径を見積もることは困難である。金属単体の場合は金属結合で，それぞれ密に充填した結晶構造をとるので，金属結合の半分が原子半径とされている。非金属元素で多原子分子を作る場合には，共有結合半径が原子半径とされている。原子半径にも，イオン化エネルギーの時に見られたように，周期性が存在する。

解答
演習2-19
  Mg原子，図2-12参照
演習2-20
  Cl, F, Br, I, O, 図2-13参照
演習2-21
  Na Al Cl Ar

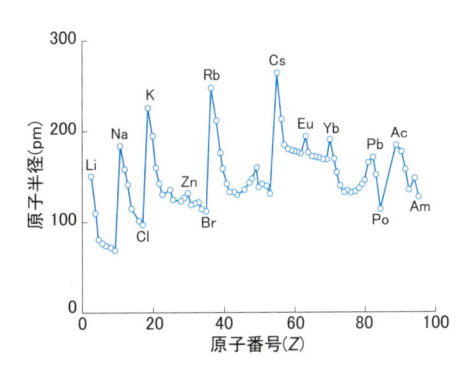

原子半径の周期性

同一周期に注目すると、族番号が大きくなるにつれて原子半径は減少する。これは、族番号が大きくなるにつれて原子核の陽電荷が大きくなるから、電子の内殻軌道が収縮し、その影響によって価電子の軌道も収縮するためである。

同一族に注目すると、K殻、L殻、M殻と主量子数が大きくなるにつれて価電子の軌道が拡がるから、周期表の周期番号が大きくなるほどすなわち下ほど、元素の原子半径は大きくなる。

原子からイオンになった場合その半径は当然変化する。イオンの場合、その半径はイオン半径というが、陽イオンになった場合は、核からの引きつけが大きくなるので収縮し、陰イオンでは、逆に増大する。これらのことは、次表に示すイオン半径をそれぞれの対応する原子半径と比較すると明白である*。

イオン半径 (pm)

Li^+	Be^{2+}	B^{3+}	N^{3-}	O^{2-}	F^-
59	27	12	171	140	133
Na^+	Mg^{2+}	Al^{3+}	P^{3-}	S^{2-}	Cl^-
102	72	53	212	184	181
K^+	Ca^{2+}	Ga^{3+}	As^{3-}	Se^{2-}	Br^-
138	100	62	222	198	196
Rb^+	Sr^{2+}				I^-
149	116				220
Cs^+	Ba^{2+}				
170	136				

* 原子とそのイオンの大きさの比較
 i) フッ素とその陰イオン

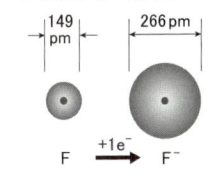

 ii) リチウムとその陽イオン

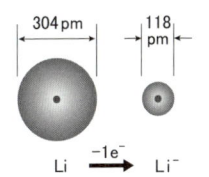

2.5 分子と結合

2.5.1 分子と共有結合

第1章で述べたように，19世紀初頭，ドルトンは「物質は原子というそれ以上分けられない粒子からなる」という原子説を提案した。この説を用いて，実験的に見出されていた「定比例の法則」（化合物をつくる成分元素の質量比は一定）や「倍数比例の法則」（2種の元素が複数の化合物を作るとき，一方の元素の一定量と化合する他方の元素の質量比は簡単な整数比となる）などの多くの化学現象を説明することができた。しかし，2体積の水素と1体積の酸素から2体積の水ができるという量的関係を説明することはできなかった。ドルトンのように物質は1個の原子からなっているとすると，1体積の水しかできないはずである。そうでない限り，図2-14(a)のように，酸素原子が2つに割れることとなり，原子の定義に一致しない。この不一致を解決するため，アボガドロは，「同温, 同圧では, 同体積の気体には同数の粒子が含まれていて, 水素や酸素のような気体は, 2個の原子が組み合わさった分子からなる」という分子説を提案した。この仮説によって図2-14(b)に示すように，矛盾なく上記の量的関係を説明した。1909年ペランによって原子が結合している分子の実在が実験によって確認され，アボガドロの説は，仮説ではなくアボガドロの法則として，広く利用されるようになった。

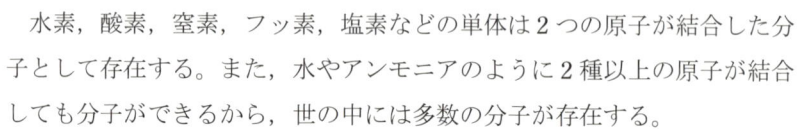

水素，酸素，窒素，フッ素，塩素などの単体は2つの原子が結合した分子として存在する。また，水やアンモニアのように2種以上の原子が結合しても分子ができるから，世の中には多数の分子が存在する。

なお，ヘリウム，ネオンなど18族に属する元素は原子自身が安定に存

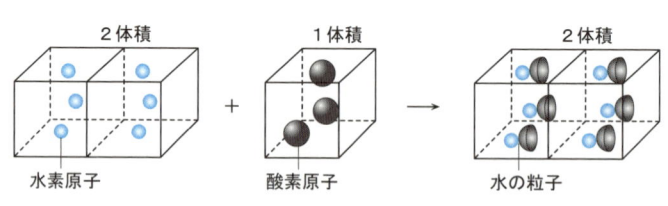

アボガドロ（1776〜1856）
（Amedio Carlo Avogadro）
イタリアの物理・化学者。1811年，分子説を提唱。

現在，分子の存在はいうまでもなく，それを構成する原子の存在も特殊な電子顕微鏡で実測されている。

(a) 気体の粒子が原子そのものであるとしたとき

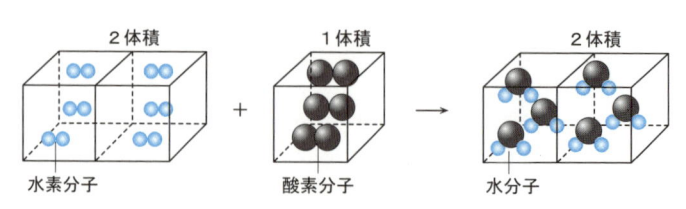

(b) 気体の粒子が分子からできているとしたとき

図2-14 分子説の提案

```
        53 pm
```

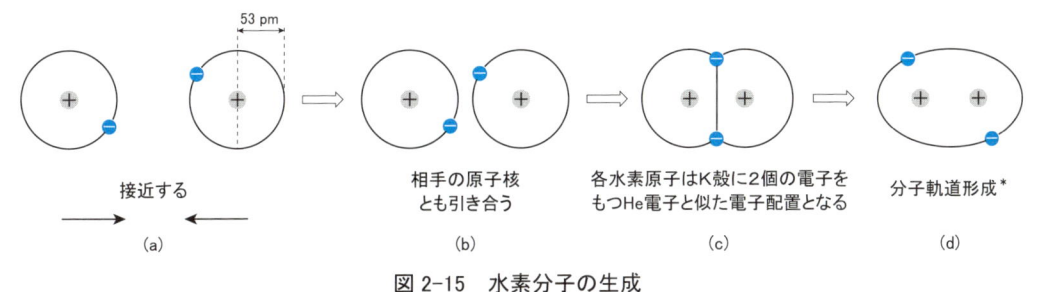

図中注記:
(a) 接近する
(b) 相手の原子核とも引き合う
(c) 各水素原子はK殻に2個の電子をもつHe電子と似た電子配置となる
(d) 分子軌道形成*

図 2-15　水素分子の生成

在し,「物質を構成する最小単位」を分子という定義にも付合するから, 単原子分子といわれている。

さて, このような分子は, どうして分子として安定に存在できるのだろうか。

まず2個の水素原子からなる水素分子について考えてみよう。K殻に1個電子をもつ水素原子の場合, それらがある距離以内に接近すると図2-15に示すように2つの電子は両方の原子核の影響を受けるようになる。そうなると, 各電子には相手の原子核からの引力が働きますます接近するが, 同時に, 原子核や電子の相互間の反発力も働くのでそれらが釣り合ってある一定の間隔に至ったところで平衡に達する。この状態では, 電子軌道に重なりが生じるので, 各々のH原子の原子核は相手の電子を自分の軌道に収容したような状態になる。

その結果, 電子のスピンが逆であれば, 両方の原子核のそれぞれの電子軌道に電子を共有することになり, それぞれの水素原子は形の上では安定なヘリウムと同じ電子配置となるので安定化して分子が生じる。このように, 相手の原子とそれぞれの電子を共有することで生じる結合を共有結合といい, 共有される2つの電子は共有電子対といわれている。2つの水素原子が接近して共有結合を作る様子を図2-16に示す。原子間距離が74 pmになったとき, 435 kJ mol^{-1}の安定化がおこり分子が生成する。

* 共有結合にあずかった電子は, 2つの原子核を結ぶ軸の周りに対称に分布する回転楕円体（ラグビーボール）状の軌道上を動く。この軌道はσ分子軌道と呼ばれる。

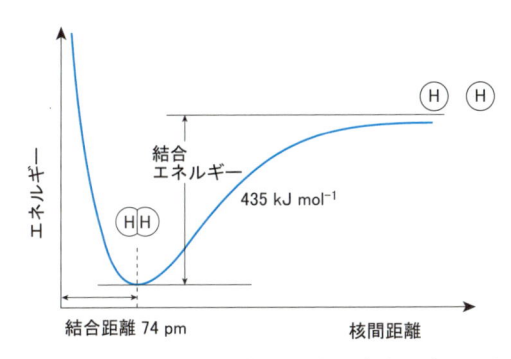

図 2-16　2つの水素原子から水素分子を形成する時のエネルギー図

*1 2.4.2 参照。

このように，水素原子単独では安定な状態で存在しないが，2個の原子が結合して生じた分子は安定に存在し，それらが集まって単体すなわち水素という物質が生じる。

塩素原子の最外殻の電子（価電子）*1 配置は $3s^2 3p^5$ であるので，3つある 3p 軌道のうちの1つの軌道だけは電子が1個しか入っていない状態である。塩素原子はこのように 3p 軌道に対になっていない電子をもつので，2つの原子が接近すると水素原子の場合と同様に，両方の電子は共有電子対を作ることによって Ar と同じ電子構造となり，安定な塩素分子を形成する。なお，塩素原子には電子が対になっている軌道が3つ存在するので，2つの塩素原子が結合して生じた塩素分子には，電子が対になった計6個の軌道が存在する。このように共有結合にあずからない電子対を<u>非共有電子対</u>（または<u>孤立電子対</u>）という。また，次式のように元素記号の周りに最外殻電子の数を点で表した式を電子式という。

$$:\ddot{\mathrm{Cl}}\cdot\ +\ \cdot\ddot{\mathrm{Cl}}: \longrightarrow :\ddot{\mathrm{Cl}}:\ddot{\mathrm{Cl}}:$$

水（H_2O），アンモニア（NH_3）およびメタン（CH_4）のように，異なった種類の原子の間でも共有結合を形成できる。その際，以下の電子式に示すように複数の原子と共有結合することによって，それぞれの原子核の周りは希ガスと同じ電子配置になり安定した分子を構成する*2,3。

$$H\cdot\ +\ H\cdot\ +\ \cdot\ddot{O}\cdot \longrightarrow H:\ddot{O}:H$$

$$H\cdot\ +\ H\cdot\ +\ H\cdot\ +\ \cdot\ddot{N}\cdot \longrightarrow H:\ddot{N}:H\atop H$$

$$H\cdot\ +\ H\cdot\ +\ H\cdot\ +\ H\cdot\ +\ \cdot\dot{C}\cdot \longrightarrow {H\atop H:C:H\atop H}$$

$$H\cdot\ +\ \cdot\ddot{\mathrm{Cl}}: \longrightarrow H:\ddot{\mathrm{Cl}}:$$

*2 共有結合の形成に際し，He と同じ電子数になって安定化している水素原子以外は，結合している原子は，Ne や Ar などと同様に8個の外殻電子（価電子）となって安定化するという考えが提案され，8隅説（オクテット説）として，広く認められている。

*3 ○，□，△，×，●などは，電子の授受をわかりやすくするための形式的なものである。実際の分子では共有電子対か非共有電子対かの区別はあっても，それ以上の区別はないことに注意しよう。実は，共有電子対の2つの電子がどちらの原子からきたのか区別できないことが安定な共有結合の一因である。

演習2-22 窒素1体積と水素3体積から2体積のアンモニア（NH_3）が得られる。この実験結果を用いて，窒素や水素は原子で存在するのでなく分子で存在することを示せ。

演習2-23 次の化合物の電子式を書け。
(a) NH_3 (b) HCl (c) CH_3F

2.5.2 分子式と分子量

分子は，ヘリウムやネオンなど18族に属する単原子分子を除くと，すべて複数の原子からなるので，分子を化学式で表すには，成分元素の記

解答
演習2-22
原子からなるとすれば
$N + 3H \longrightarrow NH_3$
となり，2体積のアンモニアは生じないが，分子からなるとすると
$N_2 + 3H_2 \longrightarrow 2NH_3$
となり，実験結果が説明できる。

演習2-23
(c) $H:\overset{H}{\underset{H}{\ddot{C}}}:\ddot{F}:$

号を並べて示し，その右下に，それぞれの数を付記する。これは分子式といわれている。例えば，水素分子は H_2，水分子は H_2O，二酸化炭素分子は CO_2，砂糖の分子は $C_{12}H_{22}O_{11}$ である。

原子に原子量が存在したように，分子にも分子量が存在する。分子は複数の原子が結合したものであるから，分子量は分子を構成している原子量の総和，いい換えると，分子を構成する原子の原子量にその原子の個数をかけた数値の合計で表される。たとえば，水分子の分子量は $(1 \times 2) + (16 \times 1) = 18$ と表される。原子量は ^{12}C を 12 として決めた原子の相対質量であるから，分子量も相対質量である。例えば，水分子のモル質量はその分子量 18 に $g\ mol^{-1}$ をつけて $18\ g\ mol^{-1}$ である。

演習 2-24 次の分子のモル質量を求めよ。ただし，H=1，C=12，O=16，S=32 とする。

(a) C_6H_6 (b) CH_3OH (c) H_2SO_4

演習 2-25 シュウ酸（$C_2H_2O_4$）が 16.5 g ある。(a) シュウ酸の分子量はいくらか。(b) このシュウ酸は何モルか。(c) このシュウ酸の分子数はいくらか。(d) シュウ酸中の炭素は何パーセントか。

ある分子（化合物）の分子式を決めるためには，その化合物の分子量と成分元素の質量とが必要である。化合物中の成分元素の質量を各元素の原子量で割ると，各成分元素の物質量が得られる。その比をとると物質量の比，すなわち，その化合物に含まれる原子の数の比が求まる。得られる比をもっとも簡単な整数の比で示したものを組成式という。分子式は組成式の整数倍であるから，組成式の式量*をもとめ，次の関係から整数が求まる。

（組成式の式量）× n ＝ 分子量

例えば，その組成式が AB_2C（A, B, C は元素記号を示す）と決まったら，$A_nB_{2n}C_n$ が分子式である。

* 元素・原子の原子量や分子の分子量と同様に ^{12}C 原子を基準にして，組成式やイオン式で表される物質の相対質量を表したものを式量という。

例題 2-8 炭素，水素，酸素からできている化合物（分子量 46）の各元素の質量は，炭素 2.40 mg，水素 0.60 mg，酸素 1.60 mg であった。この化合物の分子式を求めよ。ただし，H = 1.0, C = 12, O = 16 とする。

（答）組成式を $C_xH_yO_z$ として，各元素の質量を原子量で割り，最も簡単な整数比で表すと

$$x : y : z = \frac{2.40}{12} : \frac{0.60}{1.0} : \frac{1.60}{16} = 0.2 : 0.6 : 0.1$$

$$= 2 : 6 : 1$$

解答
演習 2-24
(a) $78\ g\ mol^{-1}$ (b) $32\ g\ mol^{-1}$
(c) $98\ g\ mol^{-1}$
演習 2-25
(a) 90, (b) 0.18 mol,
(c) 1.1×10^{23} 個, (d) 26.7 %

したがって，組成式は C_2H_6O である。題意より分子量は 46 であり，求めた組成式の式量は 46 であるから

$$46 \times n = 46 \text{ より } n = 1$$

したがって，分子式は C_2H_6O である。

演習2-26 リンと酸素とからなる 10.15 g の化合物（分子量 284）がある。その化合物を分析したところリンと酸素の質量はそれぞれ 4.43 g と 5.72 g であった。この化合物の分子式を求めよ。ただし，O = 16，P = 31 とする。

2.5.3 多重共有結合

前節で示したように，原子は他の原子と電子対を共有して結合を形成するが，原子間に生じる共有電子対は 1 対とは限らない。窒素原子や酸素原子では，次に示すようにそれぞれ電子を出し合い，窒素の場合は 3 個の共有電子対を，酸素の場合は 2 個の共有電子対を生じることによって，各原子が希ガス（Ne）と同じ 8 電子配置をとり安定化しうる。したがって，窒素分子を構成する各々の窒素原子は 6 個の電子（3 対の共有電子対）を共有し，酸素分子を構成する各々の酸素原子は 4 個の電子（2 対の共有電子対）を共有して分子を構成する。このように，複数の共有電子対で生じた結合は多重結合といわれ，2 対の共有電子対が存在する時は二重結合，3 対の共有電子対が存在する時は三重結合という。

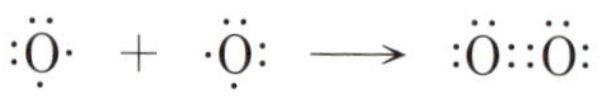

:Ö· + ·Ö: ⟶ :Ö::Ö:
酸素（二重結合）

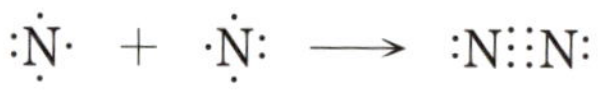

:N⋮ + ⋮N: ⟶ :N⋮⋮N:
窒素（三重結合）

電子式で示した一対の共有電子対（：）のかわりに，価標という 1 本線で（―）で示した化学式を構造式*（表 2-7）という。

* 構造式に非共有電子対も添えて表記することも多い。

表 2-7 分子の電子式と構造式

分子	水素	塩化水素	水	アンモニア	メタン	二酸化炭素	窒素
電子式	H:H	H:C̈l:	H:Ö:H	H:N̈:H の上下にH	H:C:H の上下にH	:Ö::C::Ö:	:N⋮⋮N:
構造式	H-H	H-Cl	H-O-H	H-N-H の上にH	H-C-H の上下にH	O=C=O	N≡N

解答
演習2-26
P_4O_{10}

演習 2-27 次の化合物の電子式を書け。
  (a) N_2 (b) Cl_2 (c) HCN

2.5.4 配位共有結合

分子の中の非共有電子対が他の陽イオンとの結合に使われて，生じた化学結合を配位共有結合という。これまでに説明した通常の共有結合とは異なり，一方の原子だけが結合をつくる電子を供給することにより生じる結合である。図 2-17 に示すようにアンモニア分子や水分子には非共有電子対が存在する。したがって水素イオン H^+ が存在すると，それらの分子は非共有電子対を H^+ に供給し，配位共有結合を形成してアンモニウムイオンやオキソニウムイオンが生じる。

なお，配位共有結合で生じた O–H 結合や N–H 結合は，その結合の生成する仕組みは共有結合と異なるが，生じた結合は通常の共有結合と同じであるから，他の O–H 結合や N–H 結合と区別できない。

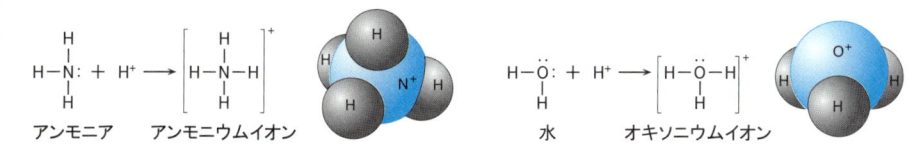

図 2-17 配位共有結合の生成

演習 2-28 次の化合物の電子式を書け。
  (a) SO_2 (b) HNO_3

2.5.5 共有結合の極性

a. 結合の極性

水素分子 H_2 や塩素分子 Cl_2 のように，同じ種類の原子が共有結合している場合，共有電子対は両方の原子に平等に共有されているが，水素原子と塩素原子が結合して生じる塩化水素 HCl の場合，共有電子対を作っている水素原子と塩素原子とに共有電子対を引きつける強さに違いがあり，水素原子より塩素原子の方がその強さが大きいから，H 原子はいくらか正の電荷を帯び，Cl 原子はいくらか負の電荷を帯びるようになる（図 2-18）。このように共有電子対のかたよりをもつ分子を極性分子という。水やアンモニアも極性分子である。それに対し，酸素や窒素分子のように共有電子対にかたよりのない分子を無極性分子という*。

* 直線形分子である二酸化炭素分子のように C–O 結合に極性があっても，分子全体として極性をもたない分子は無極性分子である（2.6.1 参照）。

解答

演習2-27
  (a) :N⋮⋮N:
  (b) :C̈l:C̈l:
  (c) H:C⋮⋮N:

演習2-28
  (a) :Ö::S̈:Ö: (b) H:Ö:N⁺:Ö:
                       :Ö:⁻

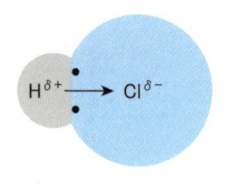

図 2-18　HCl の共有電子対のかたよりと極性[*1]

b. 電気陰性度による極性評価

原子が他の原子と共有結合を形成する際に，結合に関与する電子を引き付ける能力を電気陰性度という。これは，アメリカのノーベル賞化学者ポーリング[*2]によって，色々な結合の結合エネルギーを基に考案されたもので，希ガスを除くとイオン化エネルギーが最も大きい（電子を引きつけていることを意味する）フッ素の電気陰性度を 4.0 と定め，それを基に共有結合した際の電子の引き付ける能力を各原子につけて割り付けた値である。その値を表 2-8 に示す。表から明らかなように，周期表の同一周期では右に行くほど大きく，同一族では周期表の上にあるほど大きい。

*1　2 個の電荷 $+q$ と $-q$ が距離 l 離れているとき，これを電気双極子といい，双極子モーメント $m = ql$ は大きさと方向をもつベクトル量となる。このような永久双極子をもつ分子を極性分子という。双極子モーメントを図で示す場合には下記のように正電荷から負電荷の方向に矢印を引き，その長さでモーメントの大きさを表すと便利なことが多い。

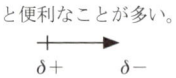

*2　ポーリングは結合エネルギー $D(A-B)$，$D(A-B)$ および $D(A-B)$ を電子ボルト単位で見積り，次式によって電気陰性度の値 (χ) を見積った。

$$|\chi_A - \chi_B| = \{D(A-B) - \frac{1}{2}[D(A-A) + D(B-B)]\}^{1/2}$$

ポーリング (1901 ～ 1994)
(Linus. C. Pauling)
アメリカの化学者。
1954 年ノーベル化学賞
1962 年ノーベル平和賞

表 2-8　元素の電気陰性度（ポーリングの値）

1	2	3	4	5	6	7	8	9	10	11	12	13	14	15	16	17	18
H 2.1																	He
Li 1.0	Be 1.5											B 2.0	C 2.5	N 3.0	O 3.5	F 4.0	Ne
Na 0.9	Mg 1.2											Al 1.5	Si 1.8	P 2.1	S 2.5	Cl 3.0	Ar
K 0.8	Ca 1.0	Sc 1.3	Ti 1.5	V 1.6	Cr 1.6	Mn 1.5	Fe 1.8	Co 1.9	Ni 1.9	Cu 1.9	Zn 1.6	Ga 1.6	Ge 1.8	As 2.0	Se 2.4	Br 2.8	Kr
Rb 0.8	Sr 1.0	Y 1.2	Zr 1.4	Nb 1.6	Mo 1.8	Tc 1.9	Ru 2.2	Rh 2.2	Pd 2.2	Ag 1.9	Cd 1.7	In 1.7	Sn 1.8	Sb 1.9	Te 2.1	I 2.5	Xe
Cs 0.7	Ba 0.9	La-Lu 1.0-1.2	Hf 1.3	Ta 1.5	W 1.7	Re 1.9	Os 2.2	Ir 2.2	Pt 2.2	Au 2.4	Hg 1.9	Tl 1.8	Pb 1.9	Bi 1.9	Po 2.0	At 2.2	Rn
Fr 0.7	Ra 0.9	Ac 1.1	Th 1.3	Pa 1.4	U 1.4	Np-No 1.4-1.3											

電気陰性度は，炭素と水素の C-H 結合や O-H 結合など各種の結合における共有電子対のかたより（分極）を推察する手がかりを与える点で意義深い数値である。例えば，C-H 結合では若干炭素原子の方にかたよっている程度であるので極性結合とは言い難いが，O-H 結合はかなり電子が酸素原子に引き付けられているから極性結合である。したがってその差が大きいほど電荷のかたよりが大きくイオン性が大きくなる事を示している。特に，ナトリウムと塩素のように電気陰性度の差が大きい場合には，次節に示すように，電子対を共有するのでなく，電子が一方の原子から大きい

電気陰性度をもつ原子の方へ移って Na^+ イオンと Cl^- イオンになる。

したがって，電気陰性度の差から分極した共有結合におけるイオン性を見積もる試みが行われた。共有結合におけるイオン性の割合（部分イオン性）を百分率で示したものを表2-9に示す。

表2-9 電気陰性度の差と結合イオン性（％）

x_A-x_B	イオン性	x_A-x_B	イオン性	x_A-x_B	イオン性	x_A-x_B	イオン性
0.2	1	1.0	22	1.8	55	2.6	82
0.4	4	1.2	30	2.0	63	2.8	86
0.6	9	1.4	39	2.2	70	3.0	89
0.8	15	1.6	47	2.4	76	3.2	92

演習2-29　次の共有結合は極性をもつか，それとも無極性かを決定せよ。さらに，極性の大きくなる順序に示せ。
(a) Cl-Cl 結合　(b) C-O 結合　(c) B-O 結合　(d) N-O 結合

2.5.6 イオン結合

a. イオン結合の生成条件

塩化ナトリウム（NaCl）は食塩として良く知られている。その結合が次式に示すようにNaとClとの共有電子対による結合とすると，塩素原子はアルゴンと同じ電子配置となるが，ナトリウム原子の最外殻には2個しか電子がなく，安定な電子位置でないので共有結合の形成は困難である。したがって，ナトリウム原子と塩素原子が結合するには他の方法による結合が考えられねばならない。

$$Na\cdot + \cdot\ddot{Cl}{:} \longrightarrow Na{:}\ddot{Cl}{:}$$

先に，ナトリウムイオン（Na）は最外殻の電子を放出して希ガス構造のナトリウムイオン（陽イオン）になることを示した。一方，塩素原子（Cl）は電子をもらって希ガス構造の塩化物イオン（陰イオン）になることを示した。NaとClとが存在する場合，それら原子の間で電子のやり取り（電子移動）が起こり，生じた Na^+ と Cl^- との間の静電気的引力によって結合する方がエネルギー的に安定になる[*1]。このように，1つの原子の最外殻電子を他の原子に与えた結果生じた陽イオンと陰イオンとの静電気引力によって生じる結合をイオン結合という。このようなイオン結合は，2つの原子間だけで起こるのでなく，3原子以上でも起こることが知られている。たとえば，塩化カルシウム（$CaCl_2$）もイオン結合性の化合物である[*2]。イオン結合で生じた化合物は電荷を通して集合し，通常，高融点の固体としてさらに安定化する。その具体例として，NaClの場合を欄外図に示す。固体状態では導電性はないが，融解した状態ではイオンが自由に動けるの

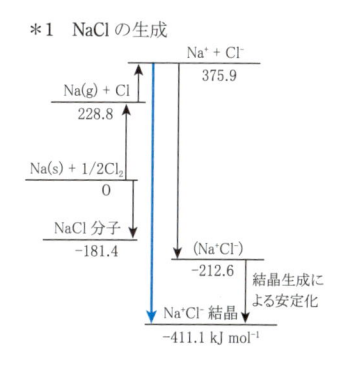

[*1] NaCl の生成

$Na^+ + Cl^-$　375.9
$Na(g) + Cl$　228.8
$Na(s) + 1/2Cl_2$　0
NaCl 分子　-181.4
(Na^+Cl^-)　-212.6
Na^+Cl^- 結晶　-411.1 kJ mol^{-1}
結晶生成による安定化

[*2] $CaCl_2$ の生成

$Ca + Cl_2 \longrightarrow Ca^{2+} + {:}\ddot{Cl}{:}^- + {:}\ddot{Cl}{:}^-$
↓イオン結合
$CaCl_2$

解答
演習2-29
Cl-Cl < N-O < C-O < B-O 結合の順
Cl-Cl は無極性，他は極性

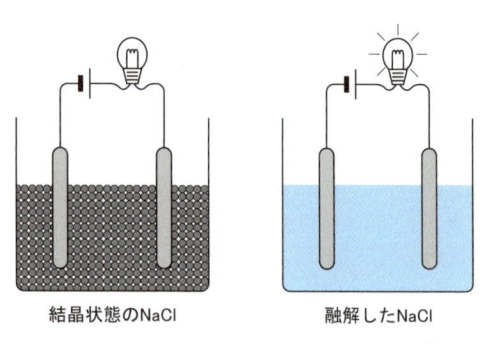

図 2-19　NaCl の導電性

で電気を導くようになる（図 2-19）。

イオン結合でできた化合物は，通常，陽イオンと陰イオンが交互に並んだ結晶として存在するから，そのような化合物は電気的に中性になるようにイオンの数を組み合わせ，最も簡単な組成式で表される。その際，組成式は陽イオンから先に書き，名前は陰イオンから先に読む。たとえば，Mg^{2+} と 2 個の Cl^- から得られる化合物は $MgCl_2$ と表し，塩化マグネシウムと読み，Ca^{2+} と O^{2-} とのイオン結合で生じる化合物 CaO は酸化カルシウムとよむ*。組成の質量は式量といわれ，各成分の原子量の和で示す。

* 付録「化合物の読み方・書き方」参照。

b. 多原子イオンと構成原子の電子配置

イオンの中には，アンモニウムイオン（NH_4^+）や水酸化物イオン（OH^-）などのように 2 個以上の原子が共有結合してできている多原子イオンもある。その場合も，共有結合している原子はいずれも電子を放出するかまたは受け取って，以下に示すようにそれぞれの原子核の周りは希ガスと同じ電子配置になりイオンとなっている。

肥料になる硝酸カリウム，硫酸アンモニウム，リン酸カルシウムは，それぞれ硝酸イオン（NO_3^-），硫酸イオン（SO_4^{2-}），リン酸イオン（PO_4^{3-}）を陰イオンとしてもつが，以下に示すように，各々の原子核の周りは希ガスと同じ電子配置になっている。

2.6 分子構造とそのかたち

2.6.1 分子のかたちと極性

前述（2.5.5）のように2種の原子が共有電子対をつくるとき，その2種の原子に共有電子対を引きつける強さに差があると生じる共有結合に双極子モーメントが生じて極性分子となる。しかし，二酸化炭素のように，3つの原子が直線状に結合した場合には，炭素原子の両側が酸素原子であるので，2つのCO結合の双極子の方向が逆になるため，極性は打消し無極性分子となる（図2-20）。

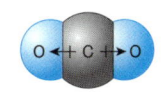

図2-20 二酸化炭素分子の形

水分子は2個の水素原子が1個の酸素原子と共有結合を作ったものである。その構造を H−O−H と直線状に書くと，二酸化炭素の場合と同様に2つの H−O 結合の双極子が逆方向であるので無極性分子であるように思える。一方，2個の水素原子と共有電子対をつくる酸素原子の2つの 2p 軌道（$2p_x$ 軌道と $2p_y$ 軌道）は直交しているので，H_2O はその2つの O−H 結合のなす角（結合角）が $90°$ である折れ線分子とも考えられる（図2-21）。

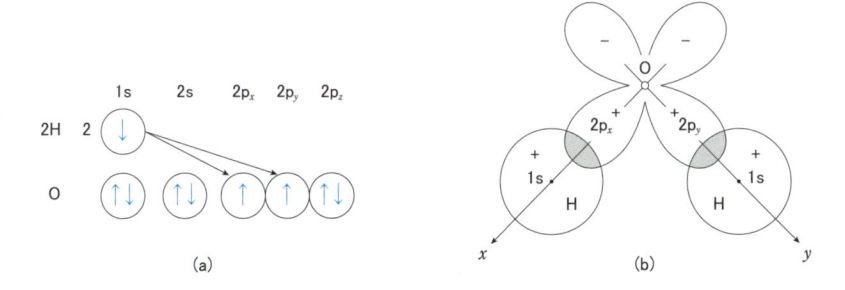

図2-21 水素と酸素の電子配置 (a) と予想される水分子の形 (b)

これに対し，実測値は図2-22に示すように ∠H−O−H = $104.5°$ であり，$90°$ より少し開いた形になっている。したがって，水分子は折れ線型をしており双極子の存在する極性分子である。

アンモニアは，窒素原子の互いに直交する3つの 2p 軌道が3個の水素原子の 1s 軌道と重なりあって生じた分子で，H−N−H 結合の結合角も $90°$ であることが予想される。これに対して，実測された結合角は

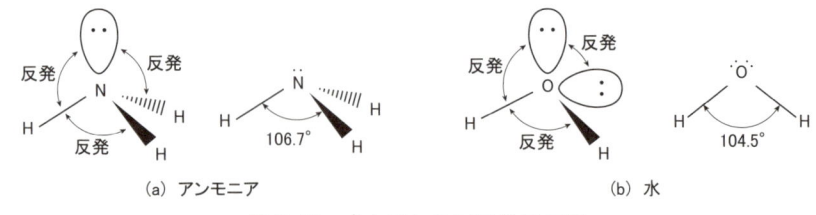

(a) アンモニア　　　　　　　　　　　(b) 水

図 2-22　水とアンモニア分子の形

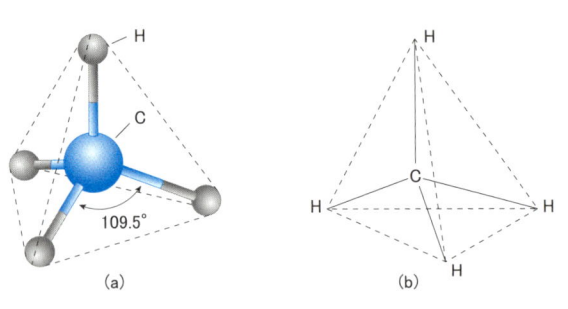

図 2-23　メタンの分子構造 (a) と正四面体 (b)

106.7°である。アンモニアは非共有電子対を上に向けた三角錐型の極性分子である（図 2-22）。

炭素原子は 4 個の水素原子と結合し，CH_4 と表されるメタン分子となる。メタンは図 2-23 に示すように，4 つの水素原子が炭素原子を中心とした正四面体の各頂点に配置された分子で結合角は 109.5°である*。この構造は炭素原子の電子配置から予測される構造とは異なるが，次節に示すような混成軌道によって生じた分子構造である。したがって，分子全体としては双極子モーメントをもたない無極性分子である。

このような構造をとる限り，各々の結合が極性結合であったとしても相殺されるので無極性分子になるはずである。メタンの 4 個の H が Cl に変わった四塩化炭素 CCl_4 は，個々の C－Cl 結合には極性があるが，メタンと同様に正四面体構造をとっているため個々の結合の極性は打ち消されるので無極性分子であり，一方，3 つの H が Cl に変わったクロロホルム $CHCl_3$ は極性分子である（図 2-24）。

＊　分子の中心原子の周りは 8 個の価電子になると安定化するという 8 偶説が示すように共有電子対か非共有電子対の 4 つの電子対に囲まれている。その際，電子対間の反発の大きさに違いがあり，
　非共有電子対－非共有電子対＞
　非共有電子対－共有電子対＞
　共有電子対－共有電子対
になっているから，分子の立体構造が異なるという理論が提案されている。この理論によると，CH_4 では炭素原子の周りは同じ共有電子対であるから電子対の反発が最小になる正四面体構造であるが，アンモニアは非共有電子対と共有電子対の反発が加わるから，正四面体からずれ，水ではさらに非共有電子対と非共有電子対との反発が加わるので，正四面体からのすれは NH_3 より大きくなり，共有電子対の作る結合角は 104.5°に減少する。この理論は分子構造と結合角の関係がよく説明でき，原子殻電子対反発理論といわれている。

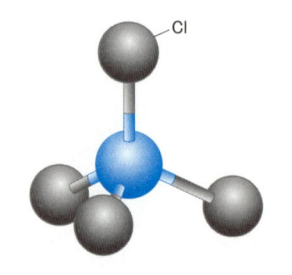

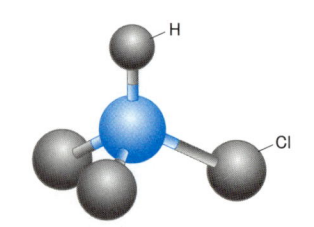

(a) 四塩化炭素　　　　　　　　　　　(b) クロロホルム

図 2-24　四塩化炭素とクロロホルム分子の形

このように，3個以上の原子からなる分子の場合，単に結合の極性だけからでは分子の極性を判断するのは困難であり，分子の3次元構造を考慮しなくしてはならない。

2.6.2　sp^3 混成軌道

　メタンや四塩化炭素の分子構造は，構造解析によって炭素原子を中心においた正四面体構造をしていることが明らかになっている。炭素原子の外殻電子の電子配置が $(2s)^2(2p_x)(2p_y)$ *1 であることを考慮すると，4つの原子と等価な共有電子対を作ることは考えにくいことである。分子が正四面体構造をとるためには，4つの外殻電子が同じエネルギー準位になるような電子配置をとり，それが他の原子と共有結合することで安定な分子を形成していると考えられねばならない。

　ポーリングは，$(2s)^2(2p_x)(2p_y)$ の電子配置をしている炭素原子は $2p_x$ と $2p_y$ とだけを使った共有結合よりも，2s軌道と2p軌道に存在する4つの電子が電子配置を組み換えて4つの共有結合をつくる方がより安定な分子になることを理論的に明らかにした。このような電子配置の組み替えを軌道の混成といい，2種類以上の軌道が混じり合って新たに生じた軌道を混成軌道という。図2-25に示すように，炭素原子は，(単一)原子の状態では外殻電子は最も安定な電子配置 $(2s)^2(2p_x)(2p_y)$（これを基底状態という）をとっているが，化学結合する際は2s軌道に存在する2つの電子の内の1つが高いエネルギー準位の軌道に移動(これを昇位という)して $(2s)$ と $(2p_x)(2p_y)(2p_z)$ となり（エネルギーの高くなった状態を励起状態という），それが混成軌道を作ることによって正四面体の中心から頂点に向いた，形，大きさ，エネルギー準位の等しい4つの軌道となっている*²。この軌道を sp^3 混成軌道という。sp^3 混成軌道はp軌道と似ているが，片方に大きく膨らんだ形をしている（図2-26）。したがって，膨らんだ部分では反応に関与する相手の原子の原子軌道との重なりも大きくなり，安定化も大きいので結合も強くなる。こうして生じたメタンは炭素の4個の sp^3 混成軌道と4個の水素のs軌道の重なりで正四面体構造をもつ分子となる（図2-23）。

*1　$2s^2 2p^2$ と表してきたが，p軌道はそれぞれ方向が異なるので，方向を考慮する必要がある時はこのように表示する。

*2　4個の電子はこれら4つの等価な軌道に1つずつ配置される。ここで，正四面体角(109.5°)は，空間を中心（炭素原子）から4つの等価な直線で区切るときに，これらの直線が互いに最も離れる角度であることに注意しよう。このことによって，各軌道に配分される電子間の反発が最小限に抑えられる（エネルギーが最小）ことになる。

図2-25　炭素原子の sp^3 混成軌道の形成過程

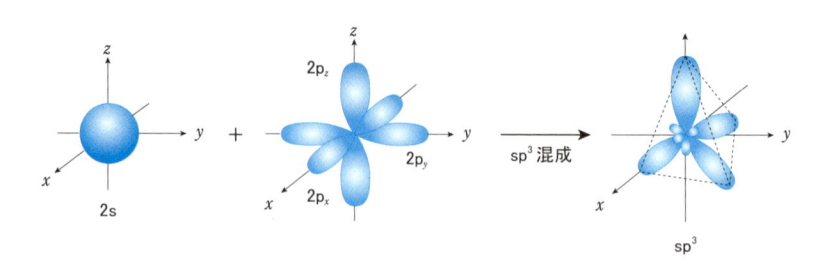

図 2-26 炭素原子の sp^3 混成と混成軌道

　炭素原子は，混成軌道を用いて炭素-炭素結合の形成が可能であり，さまざまな有機化合物が存在する原因となっている。炭素原子の sp^3 混成軌道同士の結合により形成されたエタンやプロパンはその簡単な例である（図 2-27）*。

* C-C 結合距離は通常 1.54 Å（0.154 nm）である。

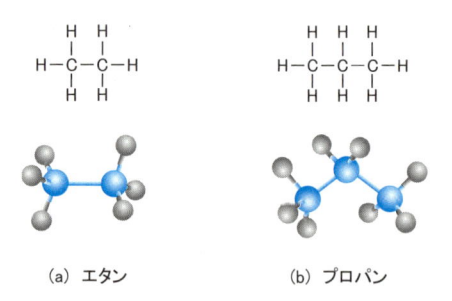

(a) エタン　　(b) プロパン

図 2-27 sp^3 混成軌道の結合で生じたエタンとプロパン

　sp^3 混成軌道による共有結合は炭素原子だけに特有なものではない。窒素原子の基底状態の外殻電子の電子配置は $(2s)^2(2p_x)(2p_y)(2p_z)$，酸素原子の基底状態は $(2s)^2(2p_x)^2(2p_y)(2p_z)$ であり，窒素原子と酸素原子はいずれも sp^3 混成軌道を考えなくてもその 2p 軌道と水素原子との共有結合で説明できそうであるが，前述のようにアンモニアや水の結合角は 90° より大きく，正四面体構造のメタン分子の結合角（109.5°）に近い値をとることから sp^3 混成軌道をとって結合していると考えられている。アンモニアや水がメタンと違う点は図 2-28 に示すように，結合していない非共有電子対が存在することである。非共有電子対の軌道は共有電子対の軌道と比べて空間的に拡がりをもつので，非共有電子対同士あるいは共有電子対との間に負電荷間反発が働くためその間の角度が大きくなり，その反動として非共有電子対の存在するアンモニアでは結合角が 109.5° から 106.7° へ，2 個の非共有電子対が存在する水では，さらに狭く 104.5° になったものと考えられている。

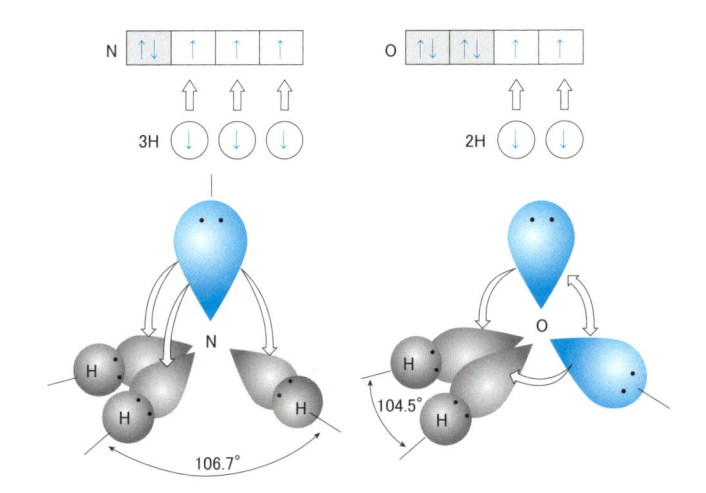

図 2-28 窒素原子や酸素原子の sp³ 混成軌道の結合で生じたアンモニアと水分子

これまでに説明してきた共有結合では，その軌道が重なる方向が結合軸と一致し，結合軸周りに対称な電子雲を形成する。このような結合が σ 結合とよばれ，この結合にあずかる電子は σ 電子とよばれる[*1]。

2.6.3 sp² および sp 混成軌道

原子が共有結合を作る際には，前述の sp³ 混成軌道の他に s 軌道と 2 つの p 軌道（p_x と p_y としよう）との混成で生じる sp² 混成軌道や，s と p（p_x とする）の 2 つの軌道が混成した sp 混成軌道がある。その軌道の形を図 2-29 に示す。sp² 混成軌道は正三角形の重心から頂点へ伸びた軌道，sp 混成軌道は直線状で反対方向に伸びた軌道となる[*2]。

sp² の混成軌道で結合してできる分子の典型的な例は BH_3，BCl_3 や BF_3 である[*3]。3 族元素のホウ素原子は $(1s)^2(2s)^2(2p)$ の電子配置をしているが，図 2-30 に示すように 2s 軌道にある 2 個の電子の内の 1 個が空いている 2p 軌道の 1 つに昇位し，3 つの等価な sp² 混成軌道となり，水素原子，

[*1] 非共有電子対の電子は n 電子とよばれる。

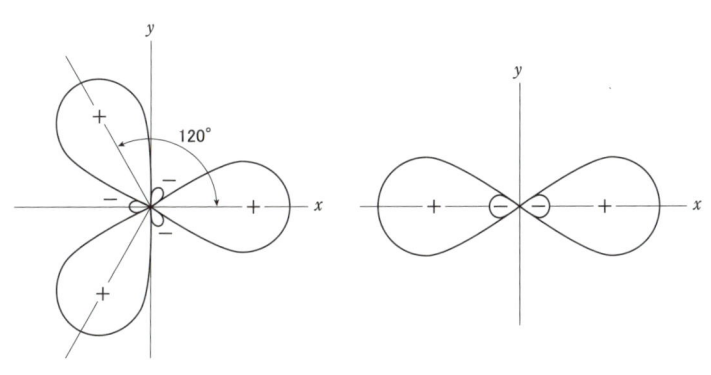

[*2] sp² 混成軌道と sp 混成軌道では，それぞれ xy 平面を 3 等分（120°角），x 軸方向を 2 等分（180°角）して，生じる軌道軸が互いに最大に離れる方向を向いていること，すなわち混成軌道に 1 個ずつ入る電子の反発が最小に抑えられていることがわかる。

[*3] BH_3 は反応性に富む不安定な化合物であり，安定な二量体の B_2H_6（ジボラン）となる。

図 2-29 sp² 混成軌道と sp 混成軌道

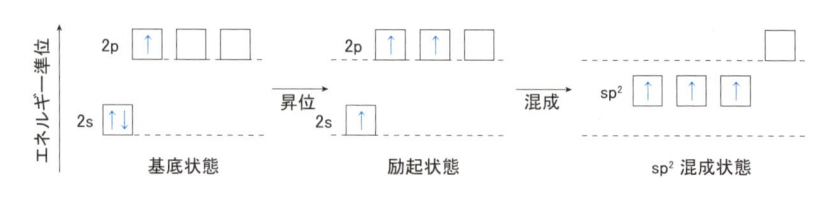

図 2-30　ホウ素原子（B）の sp^2 混成軌道の形成

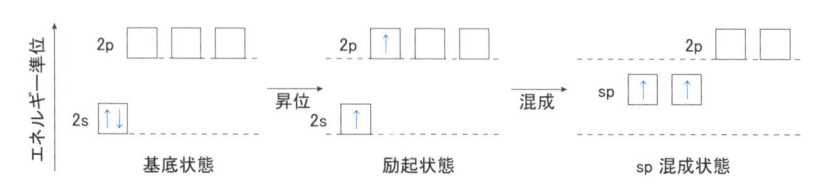

図 2-31　ベリリウム原子（Be）の sp 混成軌道の形成

塩素原子やフッ素原子と共有結合することが知られている。これらのホウ素化合物では 1 つの 2p 軌道は空いたままである。

　sp の混成軌道で生じた化合物は BeH_2 や $BeCl_2$ である。Be の最外殻にある 2 個の電子は，2s 軌道だけに収まった電子配置をとっているが，結合をつくる時は 2s 軌道の一方の電子が 2p 軌道へ昇位して，2 つの sp 混成軌道をつくり，その電子が H 原子の 1s 軌道や Cl 原子の 2p 軌道にある電子と共有電子対を作って生じた分子である（図 2-31）。

2.6.4　π 結 合

　炭素原子は，sp^3 混成軌道を通して結合することを示したが，共有結合する相手の原子の数と電子配置により，$(2s)^2(2p_x)(2p_y)$ の電子配置から $(2s)(2p_x)(2p_y)(2p_z)$ の電子配置となったのち，$(2s)(2p_x)(2p_y)$ の 3 つの軌道から等価な 3 つの sp^2 混成軌道を作る場合もある。エチレン（C_2H_4）がその例である。エチレンの炭素原子は，図 2-32 に示すように 3 つの sp^2 軌道のうち 2 つは水素原子と共有結合を形成し，残りの 1 つは，もう片方の炭素原子の sp^2 軌道と結合を形成する。これらの結合は結合の方向と軌

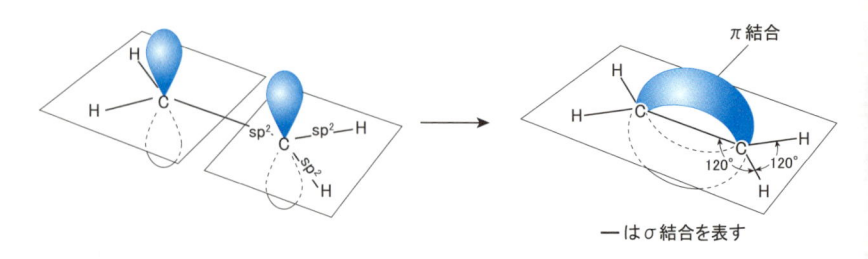

図 2-32　sp^2 混成軌道によるエチレンの分子構造と二重結合の形成

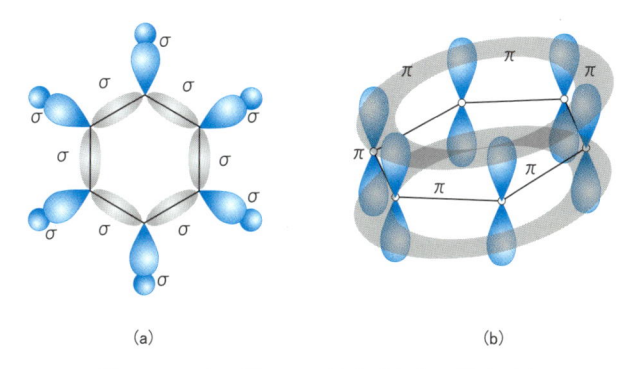

図 2-33　ベンゼンの σ 結合 (a) と π 結合 (b)

道の方向が一致しているので σ 結合を形成しているが，sp² 混成軌道をもつ 2 つの炭素原子には，2p_z 軌道に不対電子が存在している。この不対電子の軌道は，図 2-32 に示すように互いに平行して C−C 結合軸に直交しているから σ 結合は生じないが，一方の p_z 軌道と他方の p_z 軌道が重なり，違った種類の結合をつくる。このような結合は π 結合とよばれている。π 結合は σ 結合と違って結合の方向と軌道の方向が垂直であるので，軌道の重なりも少なく，結合も弱い。したがって，エチレン($CH_2=CH_2$)の炭素原子間の結合は σ 結合と π 結合からなる二重結合[*1]である。

　炭素原子の 3 つの sp² 混成軌道のうちの 1 個だけが水素原子と共有結合を作り，残りの 2 つの軌道が同じ sp² 軌道の電子配置をしている別の炭素原子と両隣りで共有結合を作ると，図 2-33(a) に示すように 6 個の炭素原子が 120° の結合角で結合した正 6 角形の炭素骨格をもつ環状分子が生じる。この場合も，各炭素原子には正六角形の分子面に垂直な p 軌道が残っているが，p 軌道は未混成のまま上下面で重なりあって π 結合を形成する（図 2-33(b)）。

　こうして生じた分子がベンゼン（C_6H_6）である。この π 結合に関与する電子（これを π 電子という）は 3 個の π 結合を作っているが，その場合，両隣のいずれの炭素原子とも π 結合の形成が可能であるから，両隣の炭素原子と同じ確率で結合している。これをベンゼンの 6 個の結合に割り振ると，1 つの結合あたり 0.5 の π 結合となるから炭素間の結合は σ 結合を加えて 1.5 結合となる[*2]。エチレンの二重結合のように 2 つの炭素原子間に固定された二重結合でないから，このような π 結合をした π 電子は非局在化電子とよばれ，ベンゼンの構造式は次のように略記される。二重結合と一重結合が交互した式 (a) や (b) は，いずれでもあり，いずれでもない，両者は区別できない。この状況は共鳴と呼ばれ，孤立した 3 つの二重結合よりも安定化されている。また，しばしば (c) のようにも表される。

[*1] C=C 結合距離は通常 1.33 Å（0.133 nm）であり，C−C 結合距離の 1.54 Å（0.154 nm）よりも短い。

[*2] ベンゼン環の隣り合う C−C 結合間距離は 1.40 Å で，一重結合（1.54 Å）と二重結合（1.33 Å）の間の値をとる。

(a) (b) (c)

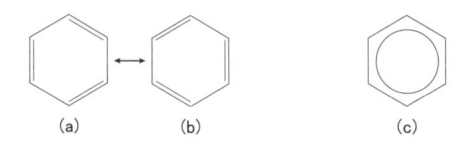

炭素原子には結合相手の原子の電子配置により $(2s)(2p_x)(2p_y)(2p_z)$ の電子配置となったのち 2s と $2p_x$ とで 2 つの等価な sp 混成軌道を作って結合する場合も知られている。典型的な例はアセチレン（C_2H_2）である。アセチレンは図 2-34 に示すように，炭素原子の 2 個の sp 軌道のうちの 1 つは水素原子ともう 1 つは隣接する炭素原子と σ 結合を作っている。残りの $2p_y$ と $2p_z$ 軌道に存在する 2 つの電子は，それぞれ隣接する炭素原子の $2p_y$ 軌道と $2p_z$ 軌道と 2 個の π 結合を形成している。したがって，アセチレン（CH≡CH）の炭素原子間の結合は，1 つの σ 軌道と 2 つの π 結合とによって形成された三重結合[*1]である。

*1 C≡C 結合距離は 1.19 Å（0.119 nm）であり，C＝C 結合距離の 1.33 Å（0.133 nm）よりもさらに短い。

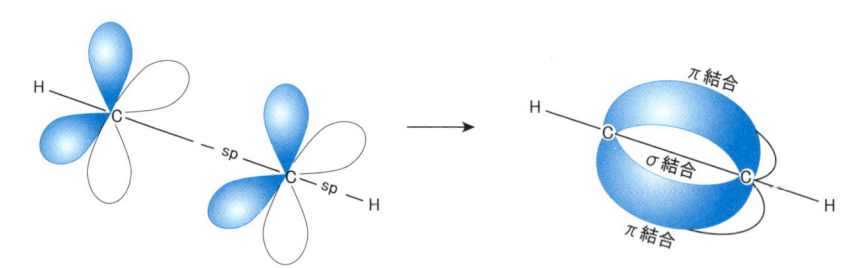

図 2-34　アセチレンの σ 結合と 2 つの π 結合による三重結合の生成

2.7 分子のかたちと異性体

2.7.1 分子の化学的表示法

1.3 に示したように，単体や化合物は特有の物性をもつ純粋な物質である。単体や化合物を構成する分子は分子式で表される。都市ガスの主成分であるメタンの分子式は CH_4，燃料用アルコールとして用いられるメタノールの分子式は CH_4O と表される。分子式からは分子を作っている原子の組成はわかるが，分子がどんな性質をもっているかを推論できない。メタノールには水酸基（−OH）というグループが存在していて，分子の特性を示しているから，その水酸基を分子式から切り離し，分子の特徴がわかるようにすると，分子式は CH_3OH となる。このように元素記号を用いて，その特徴を表した化学式を示性式という。示性式を用いると，メタノール[*2]はメタン CH_4 の 1 個の水素原子が水酸基によって置き換えられたものであることが明らかである。H_2O の水は HOH, となり，C_2H_6O のエタノールは CH_3CH_2OH となる。エタノールとジメチルエーテルとは同じ分子式

*2　メタノールの分子構造

C_2H_6O で表されるが，示性式で示すと，ジメチルエーテルは CH_3OCH_3 であり，エタノールと区別できるようになる。このように化学式は同じであるが，示性式が異なる分子を異性体という[*1]。

*1 異性体の分子構造
ジメチルエーテル
エタノール

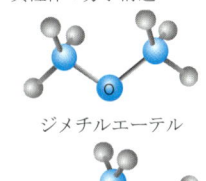

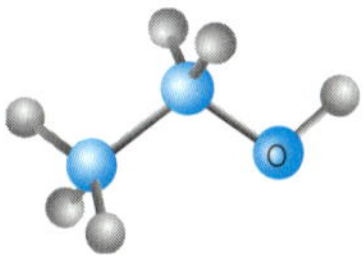

示性式でも分子の構造は良くわからない。分子の中でそれを構成する原子どうしがどのように結びついているかを示すため，結合している各原子を元素記号とそれを結び付ける線で表す化学式がある。これを構造式という。構造式には，C−H 結合のような結合は CH のように線を省略している場合と，結合を表す線の方向を示した場合がある。図 2-35 にその例を示す。

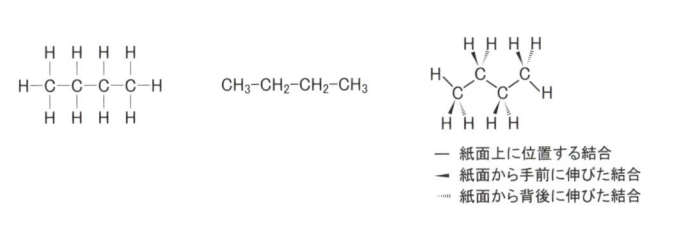

— 紙面上に位置する結合
▶ 紙面から手前に伸びた結合
⋯⋯ 紙面から背後に伸びた結合

図 2-35　ブタン[*2] の表記法

*2 ブタンの分子構造

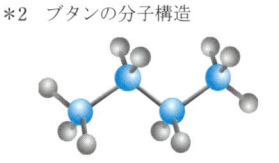

構造式で書くと，C_4H_{10} の分子式のブタンに，構造の異なる異性体が存在する事が明白になる（図 2-36）。この例のように，分子中の原子の結合順序の違いによる異性体を構造異性体または位置異性体という。

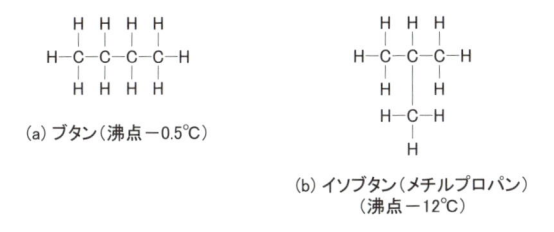

(a) ブタン（沸点 −0.5℃）

(b) イソブタン（メチルプロパン）
（沸点 −12℃）

図 2-36　ブタンの構造異性体

2.7.2　立体異性体

分子は，それを構成する原子の結合順序が同じであっても。その空間配置の違いによってさまざまな構造をとることができる。そのような構造をとるために生じる異性体を立体異性体といい，幾何異性体や鏡像異性体（光学異性体）がある。

a．幾何異性体

σ 結合の場合は，その結合を形成する電子は，原子核間に筒状に分布しているから，σ 結合は結合軸にそって自由回転が可能であるが，π 結合が加わり，二重結合を形成するようになったものは，π 電子が結合軸の上下

にあるので，結合を切断することなしには回転できない。このために二重結合に結合した原子または原子団は，空間的に固定された配置をとることになる。例えば，1,2-ジクロロエチレンの場合には図2-37に示すように，Cl原子が平面内で同一方向に存在する分子と反対方向にある場合が分子が存在する[*1]。このように，二重結合に対する置換基の相対位置の違いから生じる異性体は幾何異性体といわれ，置換基が同じ側にあるものを シス (*cis*) 異性体，反対側にあるものを トランス (*trans*) 異性体という。

[*1] 1,2-ジクロロエタンの場合はC−C結合の周りを回転できるから幾何異性体は存在しない

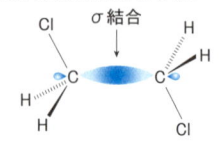

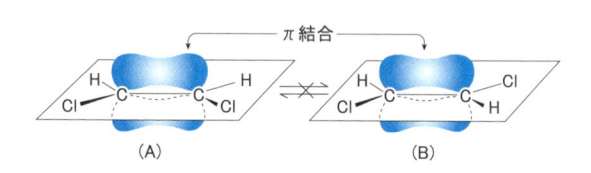

図2-37　1,2-ジクロロエチレンの幾何異性体

シスとトランスの違いは，とくに生体反応では重要で，一方は有益であるが，一方は有毒になるものもある。例えば，シス体のマレイン酸は有毒であるが，トランス体であるフマル酸は細胞のエネルギー生成に関わる物質の中間体である。

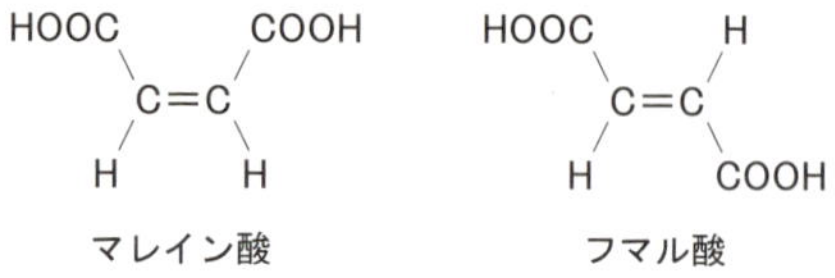

マレイン酸　　　　フマル酸

b. 鏡像異性体

メタンは図2-23に示したように，正四面体の中心に炭素原子が存在した立体構造からなる分子である。いまその3つの水素が，それぞれ，R(CH_3などのような原子団)，NH_2およびCOOHで置き換わったアミノ酸という分子の立体構造に注目すると，右手と左手のように鏡像の関係にある空間配置が可能である（図2-38）[*2]。

[*2] 右手とその鏡像。

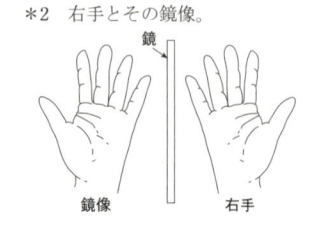

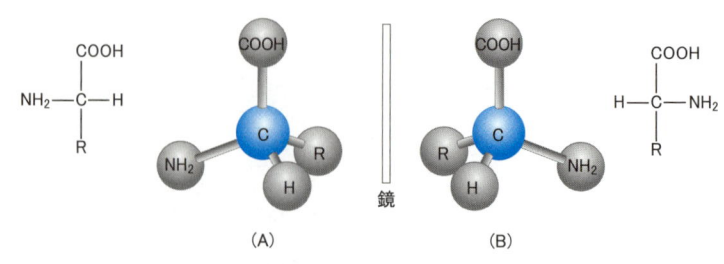

図2-38　アミノ酸の構造式とその三次元構造で示した鏡像体：
(A) L体または *S* 体　(B) D体または *R* 体

置換基（−R）が他の3つの基のどれかと同じでないかぎり，AとBは右手と左手のように，取り替えることのできない別分子である。このような一対の化合物をたがいに鏡像異性体*という。

* エナンチオマーともいう。

中心炭素はキラル中心または不斉炭素という。キラルは掌(てのひら)の意味である。このように異性体は原子の結合状態が同じであるから，化学的性質は同じであるのみならず，融点，沸点，密度など物理的な性質は区別できないが，ある一平面に振動する光（これを偏光という）を，鏡像異性体の溶液に通すと，AとBは偏光面をちょうど同じだけ反対方向に回転させる旋光性（光学活性）を有する点が異なっている。鏡像異性体は，旋光性（光学活性）が異なっている異性体であるので，光学異性体ともいわれている。光学異性体は偏光面を右に回転させるもの右旋性，左に回転させるものを左旋性という。一方，図2-38の(A)の立体構造をもつものを左手の化合物と呼び，LまたはSで表し，(B)の構造を右手の化合物と呼び，DまたはRで表す。これらの立体構造と旋光性の左右とは直接の関係がないことを注意しておきたい。実際，天然のアミノ酸はすべて左手の化合物（LまたはS）であるが，多くは右旋性である。

分子がD-体であるかL-体であるかの差異は物性面では大きな変化はないように見えるが，生体内での反応や機能発現では大きな差異がある。たとえば，昆布のうまみや「味の素」はL-グルタミン酸ナトリウム（図2-36(A) R=CH_2CH_2COONa）によるが，その鏡像体であるD-体(B)の方には味がない。

2.8 その他の結合

2.8.1 金属結合

金属原子の電子配置を見ると，典型元素も遷移元素も最外殻はs軌道であり，1〜2個の電子しかないので，周りの同種の原子と共有結合をつくるには明らかに電子が不足している。したがって，2原子間に共有結合が生じても安定化がおこる電子配置ではない。それでは，金属原子どうしを結びつけている原因は何だろう。金属原子のイオン化エネルギーは小さく価電子は離れやすいので，金属原子はその価電子を出し合って安定化しようとする。原子軌道から飛び出た価電子は，希ガス構造をもつ金属イオン（陽イオン）間を特定の軌道に拘束されることなく自由に動き回り，陽イオンの共有電子のような状態になる。このように自由に動きまわる価電子を自由電子といい，自由電子が金属イオンを結びつけている結合を金属結合という。したがって，金属原子は，周りに存在する多数の金属原子と価

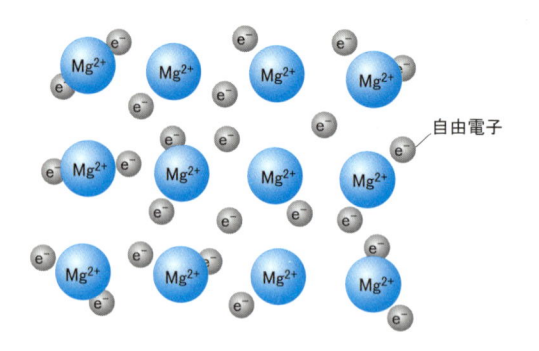

図 2-39　金属結合の概念図

電子を出し合い，それらを共有することにより，共有結合に似た結合を形成している。金属結合は自由に動き回る電子により生じた結合であるから，共有結合のような方向性はない。金属マグネシウムの例を図 2-39 に示す。この価電子は，特定の原子に固定されることなく，金属全体に広がっている。一般に，典型元素の金属は軟らかくて，低融点である。これに対し，遷移元素の金属は内殻に存在する d 軌道の電子の一部が自由電子になるので，金属結合は強く，かたくて高融点である。

2.8.2　ファンデルワールス力*（分子間相互作用）

a）分散力（ロンドン分散力）

窒素，酸素，メタンはいずれも双極子を持たない無極性分子であり，常温，常圧では空間を自由に飛び回っている。そのような気体も，冷却していくと，液体や固体に変化する。このように液体や固体になるのは，無極性分子にも分子間に引き合う力が働いていることを示している。無極性なのにどうして引き合うのだろうか？　そのような力はどこからくるのだろうか？

分子は原子の結合からなり，それぞれの原子の中は正電荷をもつ原子核のまわりを負電荷を持つ電子が動き回っている。したがって，無極性分子であっても，ある瞬間をとらえれば，電子のかたよりによってわずかではあるが電荷のかたより，すなわち双極子が生じる。その瞬間的な双極子の発生が分子間の静電的相互作用を誘起する。したがって無極性分子集団の

＊　ファンデルワールス力は分散力と双極子-双極子力に分類できる。

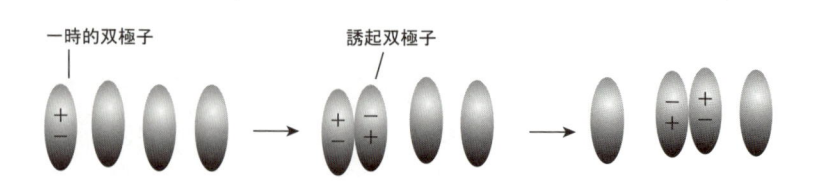

図 2-40　分散力の概念図

表 2-10　無極性分子からなる物質の沸点に対する電子数の影響

希ガス		ハロゲン			炭化水素		
	電子数	沸点 (℃)		電子数	沸点 (℃)		電子数	沸点 (℃)
He	2	−269	F_2	18	−188	CH_4	10	−161
Ne	10	−246	Cl_2	34	−34	C_2H_6	18	−88
Ar	18	−186	Br_2	70	59	C_3H_8	26	−42
Kr	36	−152	I_2	106	184	C_4H_{10}	34	0

中でも，電子の揺らぎによって一時的に双極子が生じると，隣接分子に双極子を誘起し，両者に引力が生じる。このように誘起双極子間の引力が多くの分子に伝播する。このような，誘起双極子によって生じる分子間引力を分散力あるいはロンドン分散力という。

誘起双極子は，一般に電子の数の多い分子ほど大きい。電子の数が多い分子は陽子の数も多いことであり，それは分子量が大きいことと対応する。言い換えると，分子量が大きいほど，誘起双極子は大きくなり，分散力は大きいと考えられる。無極性分子の分子量と分散力の尺度となる沸点との関係を表 2-10 に示す。分子量と共に沸点は高くなっており，分散力の起源が誘起双極子にあることを裏付けている。分散力の大きさは 0.05 kJ mol^{-1} から 40 kJ mol^{-1} の範囲で，その大きさは電子の分極しやすさ（電子のかたよりやすさ）に依存している。

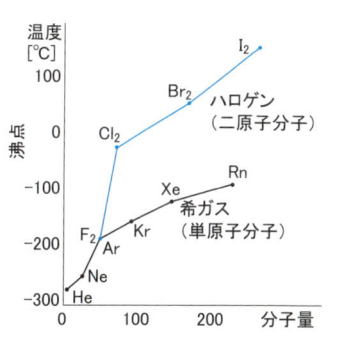

分散力の強さは距離が大きくなると，急速に減少する[*1]。したがって，気体中のように，平均の分子間距離が分子の大きさに比べて，はるかに大きい場合は，その引力は極めて小さくなる。分子が，気体分子が互いに引き合う力がないかのように振る舞うのはこのためである。

無極性分子の分子量と沸点の関係

[*1] 分散力のエネルギー V(r) は距離 (r) の 6 乗 (r^6) に反比例する。

$$V(r) = -\frac{C}{r^6} \quad (C:定数)$$

したがって

分散力 $= \frac{6C}{r^7}$ となる。

b）双極子 − 双極子力（双極子相互作用）

極性分子は分子自身に電荷のかたよりがあり，分子固有の双極子（これを永久双極子という）をもっている。したがって，極性分子が接近すると，近接分子間にその双極子に基づく静電相互作用が働くようになる。このような極性分子間の引き合う力を双極子 - 双極子力[*2]という。極性分子では，ファンデルワールス力に加えて，このような引力が加わるので，無極性分子よりは分子間に働く引力は大きいので，極性分子の沸点は無極性

[*2] これは双極子 - 双極子相互作用といわれている。

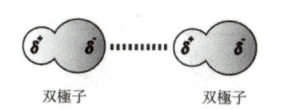

表 2-11　極性分子と無極性分子からなる物質の沸点の比較

極性分子			無極性分子		
	電子数	沸点 (℃)		電子数	沸点 (℃)
CO	14	−192	N_2	14	−196
PH_3	18	−88	SiH_4	18	−112
AsH_3	50	−62	GeH_4	50	−90
ICl	70	97	Br_2	70	59

*1 双極子相互作用のエネルギー V(r) は距離 (r) の 3 乗に反比例する。

$$V(r) = -\frac{C}{r^3} \quad (C:定数)$$

したがって

双極子-双極子力 $= \dfrac{3C}{r^4}$ となる。

分子よりも高い。同じ電子数からなる極性分子と無極性分子の沸点の比較を表 2-11 に示す。

双極子 - 双極子力の強さも距離が大きくなると，急速に減少する[*1]。したがって，無極性分子の場合と同様に，気体の状態では，極性分子も引き合う力がないかのように自由に動き回っている。

2.8.3 水素結合

水素原子がフッ素，酸素，窒素のように電気陰性度の大きい原子と結合するときには，電気陰性度の差が大きいので，大きな極性をもった結合が生じる。その結果，δ+ を帯びた水素原子は，図 2-41 のように隣接する分子の δ− を帯びた原子との間に静電的引力が働き，その非共有電子対の方向に引き寄せられる。このように δ+ を帯びた水素原子を介して直線上に働く分子間力を水素結合という。

$$X^{\delta-} — H^{\delta+} \cdots : Y^{\delta-} —$$

$$X=N, O, F \qquad Y=N, O, F$$

図 2-41 水素結合の概念図

部分正電荷の水素原子は非常に小さいので，電荷が集中しており，隣接分子の非共有電子対に接近できる。したがって，水素結合を通して生じた分子間引力は前節で示したような双極子 - 双極子力よりも大きくなる。その大きさは 10〜40 kJ mol^{-1} であり，これが水の異常に高い沸点や融点の原因である[*2]。

水素結合に対する理解を深めるために水と氷について触れておく。水分子は図 2-22 に示すように，酸素原子の 4 つの sp^3 結合のうち 2 つに水素原子が σ 結合し，他の軌道は非共有電子対が占めている。2 つの σ 結合は極性結合で，共有電子対は酸素原子側にかたよっている。したがって，水素原子は δ+，酸素原子は δ− になっているから，水素原子は隣接した水分子の非共有電子対に引き寄せられて O−H⋯O で示すような水素結合が生

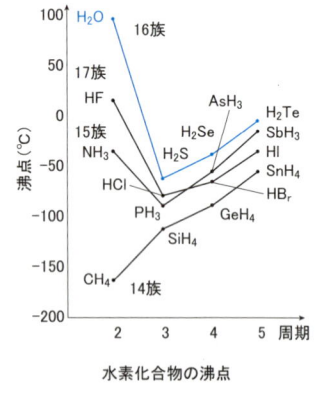

*2　14 属，15 属，16 属，17 属の元素の水素化合物の沸点と周期との関連が示されている。周期が早い元素の方が電子数が少なくなるから，沸点は下がるはずである。ところが，水素結合を形成する H$_2$O，NH$_3$，HF の沸点は高くなっている。特に水の沸点は異常に大きい。

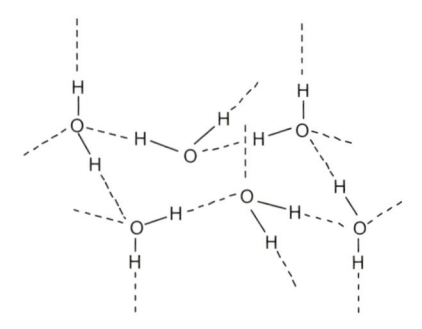

図 2-42　水，氷の中で水 6 分子がとる部分構造

じる。水には 2 個の水素原子があり，酸素原子には 2 つの非共有電子対があるので，水や氷では，多くの水分子が水素結合によって，酸素を中心に四面体角の方向に繋がった部分構造を形成している（図 2-42）。水ではこの構造ができたり壊れたりしているが，氷はこの構造が固定されて結晶となったものである。

O−H 結合をもつアルコールの沸点が分子量のわりに高いこと（例えばメタノール：CH_3OH，分子量 32，沸点 65℃，融点 −98℃）も同じ原因である。

水素結合は，水とエタノール C_2H_5OH，水とショ糖 $C_{12}H_{22}O_{11}$ のような異なる分子の間でも起こる。

2.8.4 疎水結合

メタン CH_4, エタン CH_3CH_3, プロパン $CH_3CH_2CH_3$ のような炭化水素は，無極性分子であり，水分子とのファンデルワールス力すなわち分散力や双極子 - 双極子力による弱い引力はあるものの，水素結合を形成しないので，水との親和性は小さい。そのように水に対して親和性の小さい性質を疎水性といい，炭化水素のような物質を疎水性物質という。これに対し，メタノール CH_3OH, エチルアミン $CH_3CH_2NH_2$, 酢酸 CH_3COOH のように OH 基，NH_2 基，COOH 基（基とは化合物に含まれる原子団）*をもつ化合物は，水分子との水素結合や双極子 - 双極子力によって水とよく混ざり合う。このような性質を親水性といい，親水性を示す物質を親水性物質という。

疎水性物質が水に溶けないで，水中で相互に集合して，安定化しているとき，その安定化を一種の結合とみなし疎水結合という。疎水結合の本質は水分子の特性に起因する。水分子は，液体でも水素結合によって部分的に図 2-42 に示した構造をとっている。したがって，疎水性分子が混入するとき，分子が水分子間に割り込むことができず，排除されるが，界面活性剤として使われている下記のような分子は長い炭化水素基があっても親水基が結合しているから少しは分子が水に溶解する。しかし，ある濃度を超えると図 2-43 のように疎水基の部分が集って疎水結合を形成し，外側が親水基で被われた球形微粒子になる（コラム「界面活性剤」参照）。

* 水に対し親和性をもつ原子団は親水基，水とまざりあわないような原子団は疎水基という。

$CH_3-CH_2-CH_2-CH_2-CH_2-CH_2-CH_2-CH_2-CH_2-CH_2-CH_2-CH_2-\overbrace{O-SO_2^-\ Na^+}$

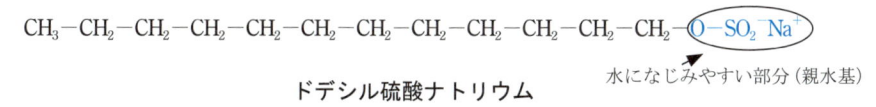

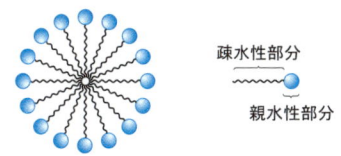

ドデシル硫酸ナトリウム

水になじみやすい部分（親水基）

疎水性部分
親水性部分

図 2-43　疎水結合で作られた球状微粒子の平面図

コラム　界面活性剤

「水と油」は混ざり合わず，仲の悪い譬えのように用いられる。この間を取り持つ仲介役が「界面活性剤」である。界面活性剤は，通常，長い炭化水素鎖（疎水基または親油基）の末端に親水基が結合した分子である。疎水基は油とまざり，親水基は水とまざるので1つの分子の中に両方の相反する部分があるので，仲介役を果たす特性が表れる。代表的な例は石けんで下記のような分子からなる。その他，台所の洗剤やシャンプーなど，色々な界面活性剤が作られている。

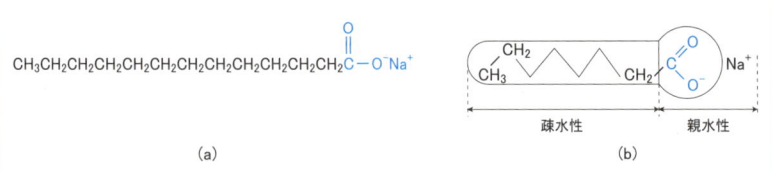

$CH_3CH_2CH_2CH_2CH_2CH_2CH_2CH_2CH_2CH_2CH_2C(=O)-O^-Na^+$

(a)　　　　　　　　　　　(b)

石けんの構造式（a）と石けん分子の概念図（b）

このような分子は，下図に示したように，濃度が低い時には水中に溶けているが，濃度が増加すると，水の表面（水—空気界面）に集まり，親水基を内側（水側）に，疎水基を外側（空気側）に向けて配向するようになる。このために，水の表面張力は劇的に減少し，水に溶けない油や色素のような物質との親和性が増大する。さらに，ある濃度（臨界ミセル濃度（cmc）という）を超えると，水中で疎水基の部分が集まり親水基を外殻とした集合体（ミセル）を形成する（2.8.4参照）。

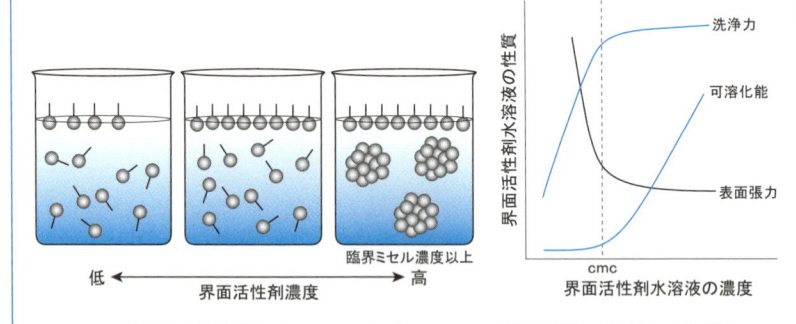

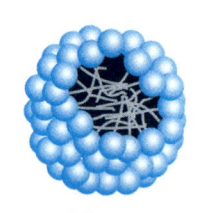

球形ミセルの実体
内部は疎水性で油などを溶解する。

界面活性剤濃度とミセル形成

界面活性剤水溶液の性質とcmc

そのような状態になると，表面張力は一定になるが，油などを溶解する能力（これを可溶化力という）や汚れを落とす洗浄力は濃度と共に急速に上昇する。

界面活性剤のもつこのような性質は，洗濯・洗浄のほか，化粧，起泡・消泡，乳化・分散，帯電防止，消毒などのために広く日常生活で用いられている。

章末問題

2-1 次の文の空欄に適当な語句を埋めて文を完成せよ。

原子は（ a ）と（ b ）とからできている。（ a ）は，（ c ）と（ d ）とからなる。（ c ）と（ d ）の質量はほぼ同じで，（ b ）の約1840倍である。したがって，原子の質量は（ c ）と（ d ）の数で決まる。（ c ）の数と（ d ）の数とを加えたものを（ e ）という。それに対し，（ c ）の数を原子番号という。ボーアモデルでは，（ b ）は（ a ）の外側周囲に存在し，エネルギーの異なる軌道上にある。内側に存在する最もエネルギーの低い軌道から，順次，（ f ）殻，（ g ）殻，（ h ）殻といわれている。その殻は，それぞれ（ i ）個，（ j ）個，18個の電子を収容する。

2-2 酸素分子1個の質量は何gか。ただし，酸素の原子量は16.0，アボガドロ定数は $6.02 \times 10^{23}\,\mathrm{mol}^{-1}$ とせよ。

2-3 ダイヤモンド1カラット（200 mg）に含まれる炭素原子数を概算せよ。

2-4 水（H_2O）の密度を $1\,\mathrm{g\,cm^{-3}}$ として，水1分子の占める体積を概算せよ。

2-5 次の電子配置を持つ原子は何か答えよ。
(a) $1s^2 2s^1$ (b) $1s^2 2s^2 2p^2$ (c) $1s^2 2s^2 2p^5$ (d) $1s^2 2s^2 2p^6 3s^1$

2-6 次の原子の電子配置を書け。
(a) Be (b) N (c) Na (d) Cl (e) Ca

2-7 次の元素の中で原子半径が最も大きいものはどれか。そう考える理由とともに答えよ。（コラム「原子半径とイオン半径」p. 46 参照）
(a) F (b) Li (c) C (d) O

2-8 プロパン（図 2-27）の両端の炭素原子間の直線距離を計算せよ。ただし，C－C 距離 = 0.154 nm，∠C－C－C = 109.5° とせよ。

2-9 ポリエチレンを引き伸ばしたとき，炭素鎖がすべてトランス配座になるとして，ポリエチレン分子1gを繋ぎ合わせた全長はどれ位になるか，概算せよ。（章末問題 2-8 の解答を参考にせよ）

第3章

物質の状態

物質は，通常，固体，液体，気体のいずれかの状態*で存在する（図3-1）。水に注目すると周りの温度でその状態は変わり，常温では液体であるが，0 ℃以下の場合は氷すなわち固体，100 ℃以上になると水蒸気になる。固体，液体，気体のいずれの状態になるかは物質を構成する原子，イオン，分子のような粒子の間に働く粒子間引力の大きさと粒子の持つ運動エネルギーのバランスに依存する。

* 固体，液体，気体を物質の三態という。

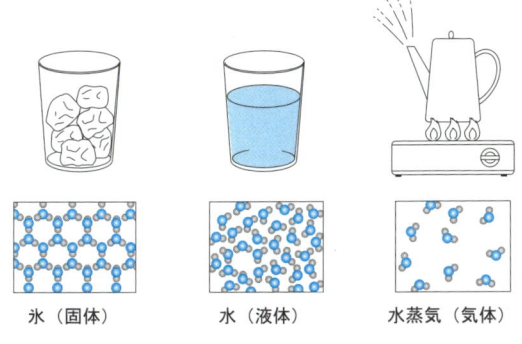

氷（固体）　　水（液体）　　水蒸気（気体）

図 3-1　水の三態と分子レベルで見た状態

3.1　気　　体

3.1.1　気体の運動と圧力

気体中の粒子は液体や固体物質中にある粒子と異なり，粒子間の距離が大きく個々の粒子は非常に速い速度で空間を自由きままに飛び回っている。したがって，気体には固有のかたちがなく，どんな容器に入れても容器一杯に拡がり，異なる種類の気体ともどのような割合でも均一に混ざり合う。また，気体の物理的性質はどの方向にも等しく，その体積は加えられた外力や温度によって大きく変化する。気体にはこのような特性があり，

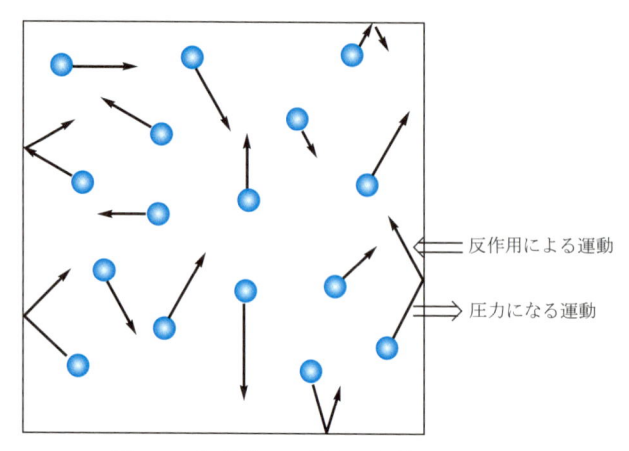

図 3-2　気体粒子の運動と気体の圧力

容器の中ではその構成成分である粒子はお互い同士あるいは壁にたえず衝突している。容器の壁にぶつかった粒子の壁にもたらす力が気体の圧力の原因である（図 3-2）。

気体が圧力を示す例を示そう。ゴム風船の中にドライアイスの小片を入れるとドライアイスは昇華＊して二酸化炭素の気体となるので、気体が逃げないように風船の口を止めて置くと風船はだんだん膨らんでくる。これは、ドライアイスが昇華することで二酸化炭素の気体分子の数が増え、それらが大きな力でゴム風船の壁にぶつかり、圧力を生じるからである。風船はどんどん膨らみ、ドライアイスの量が多過ぎると最後には破裂してしまう。

＊　固体を加熱した時、液体になることなく気体になる現象。

3.1.2　気体の圧力とその表示

圧力とは、気体を構成する粒子が器壁に与える単位面積当りの力である。その大きさは次式のように示される。

$$圧力 = \frac{力}{単位面積}$$

ここで力と圧力の単位に注目してみよう。SI 単位系では 1 N の力が 1 m^2 の面積にかかる力を圧力の単位として Pa（パスカル）が用いられている。したがって、$1\,\text{Pa} = 1\,\text{N m}^{-2} = 1\,\text{kg m}^{-1}\text{s}^{-2}$ ＊となる。

＊　$\dfrac{1\,\text{kg m}\cdot\text{s}^{-2}}{1\,\text{m}^2}$ を書きかえた式。

1600 年前半までは、アリストテレスの真空否定論が広く支持されていたが、1643 年に、ガリレオの門下生でイタリアの物理学者であったトリチェリは、一端を閉じたガラス管に水銀で満たして、図 3-3 に示すように、水銀槽の中に逆さに立てたところ、管の上部に空所ができたが、逆さに立てられた管の中の水銀の大部分は下に落ちることなく、管の中に残った。トリチェリはこの現象を周囲の空気が容器中の水銀の表面に圧力をかけ、

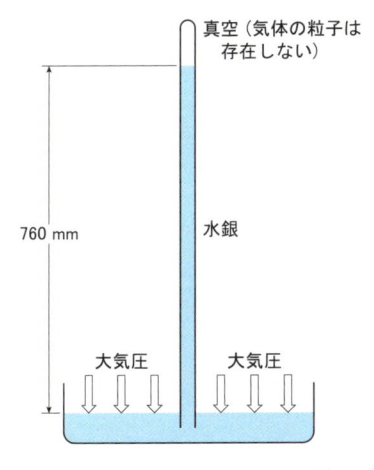

図 3-3 トリチェリの真空[*1]

それが管の中の水銀柱を支えていると考えた。さらに水銀槽に水を入れ，上部に空所のできたガラス管を下端が水の層に来るまで引き上げると，水が管を上昇し，空所をみたすことを見い出した。この現象は，空所は何も無い空間すなわち真空の存在を示したもので，トリチェリの真空とよばれている。

その後，水銀柱の高さは外気の圧力に比例することが見い出されたので，圧力を表す単位として，水銀柱の高さが用いられるようになり，水銀柱 760 mm を 1 気圧とする圧力表示単位が広く利用されるようになった。水銀柱 1 mm を支える圧力を 1 mmHg と表し，トリチェリの業績に敬意を表して 1 Torr（トル）とよぶ。この単位を用いると 1 気圧は 760 Torr である。

圧力の表示単位として Pa, atm, mmHg (Torr) の 3 種が用いられている。したがって，その間の変換はきわめて大切である。

水銀の密度は $13.6 \text{ g cm}^{-3} = 1.36 \times 10^4 \text{ kg m}^{-3}$ であるので 1 m² の面にかかる力，すなわち大気の圧力は重力加速度 $g = 9.8 \text{ m s}^{-2}$ を考慮すると以下のように算出できる。

$$\begin{aligned}
1 \text{ atm} &= 0.760 \text{ m} \times 1.36 \times 10^4 \text{ kg m}^{-3} \times 9.80 \text{ m s}^{-2} \\
&= 1.013 \times 10^5 \text{ kg m}^{-1} \text{s}^{-2} \\
&= 1.013 \times 10^5 \text{ Pa } [*2] \\
&= 101.3 \text{ kPa}
\end{aligned}$$

[*1] トリチェリの真空の作り方

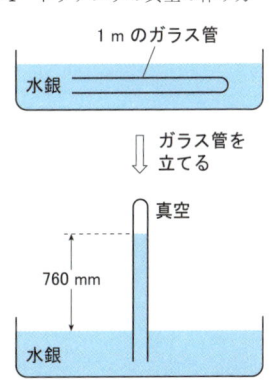

[*2] $10^2 \text{Pa} = 1 \text{ hPa}$ である。天気予報では hPa がよく用いられる。
1 atm = 1013 kPa

例題 3-1 2.75 atm は何 Torr か計算せよ。

（答） 1 atm = 760 mmHg = 760 Torr であるから

$$2.75 \text{ atm} \times \frac{760 \text{ Torr}}{1 \text{ atm}} = 2090 \text{ Torr}$$

> **例題 3-2** 化学実験室の気圧計が 740 mmHg をさしている。この圧力を atm および Pa 単位で示せ。
>
> （答）1 atm = 760 mmHg であるから
>
> $$740 \text{ mmHg} \times \frac{1 \text{ atm}}{760 \text{ mmHg}} = 0.974 \text{ atm}$$
>
> 1 atm = 101.3 kPa であるから
>
> $$740 \text{ mmHg} \times \frac{101.3 \text{ kPa}}{760 \text{ mmHg}} = 98.6 \text{ kPa}$$

演習3-1 90 kPa を Torr および atm を用いて示せ。

演習3-2 750 mmHg を Pa, atm, Torr 単位で表せ。

3.1.3 気体の圧力と体積

一定質量の気体を容器に入れて圧力を加えていくと収縮する。17世紀にイギリスの物理学者ボイルは気体の圧力と体積の関係を調べ，温度（T）が一定であれば，一定質量の気体の体積（V）は加えた圧力（p）に反比例して変化することを見出した（ボイルの法則）(図 3-4)。

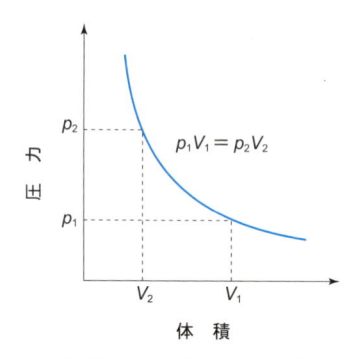

図 3-4 一定温度での気体の圧力と体積との関係

この関係を数式で示すと $pV =$（一定）であるから，圧力 p_1 のとき体積が V_1 であった気体の圧力が p_2 になったときにその体積が V_2 になったとすると，次の関係が成り立つ。

$$p_1 V_1 = p_2 V_2$$

> **例題 3-3** 圧力 101.3 kPa の気体の体積が 3 dm³ である時，温度一定下で圧力を 151.95 kPa にするとその体積はいくらになるか答えよ。
>
> （答）温度が一定の場合，$p_1 V_1 = p_2 V_2$ が成り立つので
>
> $$V_2 = \frac{p_1 V_1}{p_2} = \frac{101.3 \times 3}{151.95} = 2 \text{ dm}^3$$

解答
演習3-1
　675 mmHg, 0.89 atm
演習3-2
　100 kPa（有効数字を考慮して）
　0.987 atm　750 Torr

例題 3-4 容積 2.5 dm³ のタンクに，圧力 44 atm の酸素が入っている。それを，同じ温度で容積 5.5 dm³ の容器につめかえると圧力はどうなるか答えよ。

(答)　温度が一定の場合，$p_1 V_1 = p_2 V_2$ が成り立つので

$$p_2 = \frac{p_1 V_1}{V_2} = \frac{44 \times 2.5}{5.5} = 20 \text{ atm}$$

演習3-3　圧力が 101.3 Pa で 50.0 dm³ の気体がある。同じ温度で圧力が 303.9 Pa になると体積はいくらになるか。

演習3-4　3 気圧で 1 dm³ の気体がある。温度はそのままで，圧力が 1 気圧になると何 dm³ の気体になるか。

3.1.4 気体の体積と温度の関係

気体の入った風船を暖めると図 3-5 のように風船は膨張し，冷やすと収縮する。

フランスの物理学者シャルルは気体の体積と温度との関係を調べ，圧力を一定に保っておけば一定質量の気体の体積は温度を上げると増大することを明らかにした（シャルルの法則）。フランスの物理学者ゲーリュサックはその変化をさらに詳しく調べ，1 ℃上昇するごとに 0 ℃のときの体積 V_0 の 1/273.15 ずつ増加することを見出した（図 3-6）。

したがって，t ℃のときの体積を V とすると

$$V = V_0 + V_0 \left(\frac{t}{273.15} \right) = V_0 \left(1 + \frac{t}{273.15} \right)$$

この式から $t = -273.15$ ℃では体積が理論上 0 になる。

1848 年イギリスの物理学者ケルビンは -273.15 ℃（絶対零度）を基準に選び，セルシウス温度目盛りと同じ刻みで目盛った温度目盛りを絶対温度目盛りとすることを提唱した。

$$T = t + 273.15$$

シャルル（1745 ～ 1823）
(J. A. C. Charles)
　フランスの物理学者。

ゲーリュサック（1778 ～ 1850）
(J. L. Gay-Lussac)
　フランスの化学者，物理学者。

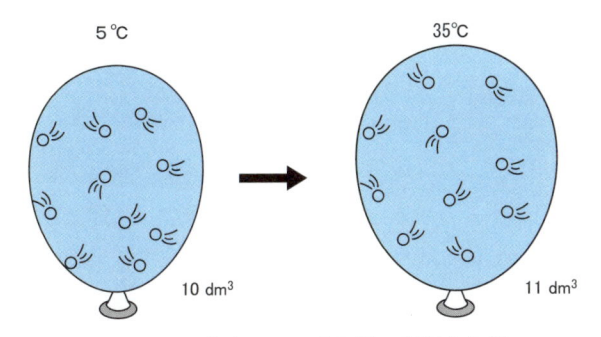

図 3-5　温度変化による風船の膨張と収縮

解答
演習3-3
　16.7 dm³
演習3-4
　3 dm³

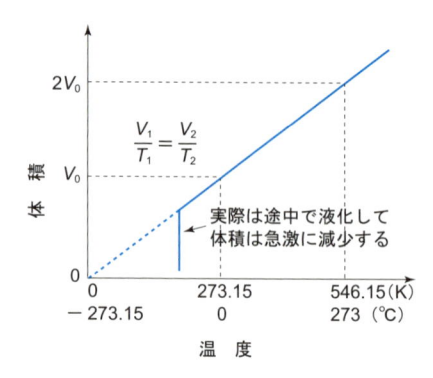

図 3-6 一定圧力での気体の体積と温度との関係

絶対温度の単位はケルビン（K）で表す。絶対温度を用いると，シャルルの法則は次のように表される。圧力が一定のとき，一定量の気体の体積 V は絶対温度 T に比例する。

$$V = cT \quad (c：比例定数)$$

したがって，圧力一定の条件下で，はじめに温度 T_1 で体積 V_1 であったものが温度 T_2 で体積 V_2 になった場合，次の関係が成り立つ。

$$\frac{V_1}{T_1} = \frac{V_2}{T_2} \quad （または V_1 T_2 = V_2 T_1）$$

> **例題 3-5** 27 ℃で体積 2.0 dm³ の気体の体積を圧力を変えないで 1.5 dm³ にするには，その気体の温度を何℃にすればよいか答えよ。
>
> （答）圧力が一定の場合，$V_1 T_2 = V_2 T_1$ が成り立つので
>
> $$T_2 = \frac{V_2 T_1}{V_1} = \frac{1.5 \times (273.15 + 27)}{2} = 225.11 \text{ K}$$
>
> $$= (225.11 - 273.15)℃ = -48 ℃$$

> **例題 3-6** 気温 −3 ℃のところでスキーをしている時，体温 37 ℃の人に吸い込まれた 400 cm³ の空気は肺では何 cm³ になるか。
>
> （答）圧力が一定の場合，$V_1 T_2 = V_2 T_1$ が成り立つので
>
> $$V_2 = \frac{V_1 T_2}{T_1} = \frac{400 \times (273.15 + 37)}{273.15 - 3}$$
>
> $$= 459 \text{ cm}^3$$

演習 3-5 30℃で 50.0 cm³ の気体が 45.0 cm³ に収縮した。その間，圧力は不変とすると気体の温度は何℃であったか。

演習 3-6 −10℃のスキー場でスキーをしている時，300 cm³ の空気を吸った。その人の体温が 36℃のとき，肺に入った空気は何 cm³ になっているか。

解答
演習3-5
　−0.32℃
演習3-6
　352 cm³

3.1.5 ボイル・シャルルの法則（理想気体の法則）

ボイルの法則とシャルルの法則をまとめると，一定量の気体の圧力と体積と温度との関係は次式のようにまとめられる。

$$\frac{p_1 V_1}{T_1} = \frac{p_2 V_2}{T_2} = a \ (\text{定数})^{*1}$$

すなわち，気体の体積は圧力に反比例し，絶対温度に比例することがわかる（ボイル・シャルルの法則または理想気体の法則）。

圧力と温度が一定のとき，気体を構成する粒子間に特別な力が作用していない気体（これを理想気体^{*2}という）の場合には体積は物質量に比例する^{*3}。したがって，物質量が1モルの時の定数aをRとすると，nモルではaはnRになるから

$$\frac{pV}{T} = nR \quad \text{すなわち} \quad pV = nRT$$

となる。この式は，気体nモルについての，温度，圧力，体積などの相互関係を表す式であるので理想気体の状態方程式といわれ，Rは気体定数といわれている。

気体1モルの体積は，標準状態（273.15 K（0℃），1気圧（1.013×10^5 Pa））では，気体の種類によらず 22.4 dm^3（22.4 L）を占めることが知られているので，この値を上式に入れてRを計算すると

$$R = 1 \times 22.4 / 273.15 = 0.082 \ \text{dm}^3 \, \text{atm} \, \text{mol}^{-1} \, \text{K}^{-1}$$

となる。ただし，Rの値はpとVにどのような単位の値を用いるかで異なることは注意すべきである。たとえば，SI単位で示すと圧力はPa，体積はm^{3}となるから

$$R = 1.013 \times 10^5 \times 22.4 \times 10^{-3} / 273.15 = 8.31 \ \text{Pa m}^3 \, \text{mol}^{-1} \, \text{K}^{-1}$$
$$= 8.31 \ (\text{Nm}^{-2}) \, \text{m}^3 \, \text{mol}^{-1} \, \text{K}^{-1} = 8.31 \ \text{J} \, \text{mol}^{-1} \, \text{K}^{-1}$$

となる^{*4}。

*1 圧力p_1，体積V_1の状態にある一定量の気体を一定温度T_1の下で圧力をp_2に変えたときの体積V'とすると$p_1V_1=p_2V'$となる。引き続きp_2を一定にして温度をT_1からT_2にすると$V'/T_1 = V_2/T_2$となる。両式からV'を消去すると$p_1V_1/T_1=p_2V_2/T_2$となる。

*2 完全気体ということもある。

*3 アボガドロの法則「気体の種類にかかわらず，同温，同圧，同体積の気体の中には，同数の分子が存在する。」は「同温，同圧では気体の体積は分子数に比例する。すなわち物質量に比例する」と言い換えることができる。

*4 $R = 8.31 \ \text{kPa dm}^3 \, \text{mol}^{-1} \, \text{K}^{-1}$もよく利用される。

例題 3-7 ピストンシリンダーに 303.9 kPa, 25℃の気体が 8 dm^3 入った容器がある。100℃, 10 atm になった時の気体の体積はどれだけの体積になっているか。

（答） 与えられているデータを整理すると

$p_1 = 303.9$ kPa, $T_1 = (25 + 273.15)$ K $= 298.15$ K, $V_1 = 8$ dm^3

$p_2 = 10$ atm, $T_2 = (100 + 273.15)$ K $= 373.15$ K, $V_2 = ?$

ボイル・シャルルの法則 $p_1V_1/T_1 = p_2V_2/T_2$ を使えばよいが，圧力の単位が異なる。どちらかに合わせる事が必要である。

303.9 kPa × (1 atm / 101.3 kPa) = 3 atm

$$V_2 = 8 \text{ dm}^3 \times \frac{3 \text{ atm}}{10 \text{ atm}} \times \frac{373.15 \text{ K}}{298.15 \text{ K}} = 3.0 \text{ dm}^3$$

演習3-7　101.3 kPa，25℃で 4 dm^3 の容器に入った気体がある。100℃，3 atm での体積を求めよ。

（ヒント）圧力の単位を同じにして計算する。

例題3-8　ピストンシリンダーの中に 27℃，88 Torr の二酸化炭素が 250 cm^3 入っている。この気体の標準状態での体積を求めよ。また，二酸化炭素の物質量を求めよ。

（答）　$p_1V_1/T_1 = p_2V_2/T_2$ であるので

$V_2 = p_1V_1T_2/T_1p_2 = (88/760)(250)(273.15)/(273.15+27)(1)$
$= 26.3 \text{ cm}^3$

物質量 $n = pV/RT$ であるので

$n = (88/760)(250/1000)/0.082(273.15+27) = 0.0012 \text{ mol}$

演習3-8　容器に 27℃，810 Torr の窒素が 250 cm^3 入っている。この量の窒素は標準状態（0℃，1 気圧）での体積を求めよ。

例題3-9　14.0 g の窒素ガス試料（21.0℃，720 mmHg）がある。この試料の体積を求めよ。ただし，N = 14.0 とする。

（答）　$V = nRT/p$，窒素ガス（N$_2$）の分子量は 28.0 であるので

$V = (14.0/28.0)(0.082)(273.15+21.0)/(720/760) = 12.7 \text{ dm}^3$

演習3-9　39.95 g のアルゴンガス（30℃，810 Torr）がある。この試料の体積を求めよ。ただし，Ar = 39.95 とする。

例題3-10　ある気体 1.8 g の体積は，27℃，750 mmHg で 1.01 dm^3 であった。この気体の分子量を求めよ。

（答）　理想気体の状態方程式 $pV = nRT$ を変形して求める。

　　　分子量 M の物質 w g の物質量は $n = w/M$ mol となるから，$pV = nRT$ は $pV = (w/M)RT$ となる。

　　　$R = 0.082 \text{ dm}^3 \text{ atm mol}^{-1}\text{K}^{-1}$ を用いるとすると，算出にあたり，圧力を mmHg より atm に変換しておかなくてはならない。

$p = 750 \text{ mmHg} = (750/760) \text{ atm}$

$w = 1.8 \text{ g}, \ T = (273.15+27) \text{ K}$，であるから

解答
演習3-7
　1.67 dm^3
演習3-8
　242.5 cm^3
演習3-9
　23.3 dm^3

$$\frac{750}{760} \times 1.01 = \frac{1.8}{M} \times 0.082 \times (273.15 + 27)$$

これより $M = 44.4$

（別解）　標準状態（0℃，1気圧）の体積 V_0 をボイル・シャルルの法則で求め，22.4 dm³ の質量を求める方法。

$$\frac{750 \times 1.01}{273.15 + 27} = \frac{760 \times V_0}{273.15} \text{ より } V_0 = 0.907 \text{ dm}^3$$

22.4 dm³ の質量を M g とすると

$$0.907 : 22.4 = 1.8 : M$$

これより $M = 44.4$

演習3-10　ある気体 1.0 g の体積は，27℃，1.5 atm で 82.0 cm³ であった。この気体の分子量を求めよ。

（ヒント）$R = 0.082$ dm³·atm mol⁻¹K⁻¹ を用いるためには 82.0 cm³ を dm³ に変換して算出する。

3.1.6　分圧の法則

　気体の圧力は，これを構成する粒子の容器への衝突によって生じる力であるから，体積を同じにしておくと，一定温度下では気体の粒子の数を2倍にすれば圧力は2倍になる。その際，増やすのは同じ種類の気体でなくても良い。このように違った気体の混合体の場合，各々の成分気体が示す圧力を分圧とよび，その全体の圧力は各々の気体が示す分圧の和[*]となる。それを全圧という。

　ドルトンは混合気体の示す圧力（p）は分圧（p_a）の和になることを明かにした（分圧の法則）。たとえば4種類の気体物質（A，B，C，D）の混合気体の全圧を p，各々の気体成分の分圧を p_A，p_B，p_C，p_D とすると

$$p = p_A + p_B + p_C + p_D$$

の関係式が成り立つ。

　理想気体の状態方程式を用いると，各成分気体の分圧はそれぞれの物質量を n_A，n_B，n_C，n_D とすると

$$p_A = n_A RT/V$$
$$p_B = n_B RT/V$$
$$p_C = n_C RT/V$$
$$p_D = n_D RT/V$$

となるので

[*]　分圧と全圧の関係

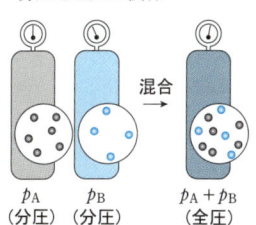

$$p = \frac{(n_A + n_B + n_C + n_D)RT}{V}$$

と表せる。

気体全体のモル数を n とすると, $n = n_A + n_B + n_C + n_D$ であるので

$$p = \frac{(n_A + n_B + n_C + n_D)RT}{V} = \frac{nRT}{V}$$

となる。

注目する物質 A の物質量 (n_A) の全物質の物質量 (n) に対する割合を, 物質 A のモル分率 (x_A) といい, x_A は次式で表される。

$$x_A = \frac{n_A}{n}$$

したがって

$$x_A + x_B + x_C + x_D = 1$$

となる。このモル分率を用いると各成分の分圧はそれぞれ

$$p_A = n_A RT/V = x_A p$$
$$p_B = n_B RT/V = x_B p$$
$$p_C = n_C RT/V = x_C p$$
$$p_D = n_D RT/V = x_D p$$

で表される。分圧は全圧にモル分率を掛けたものである。

> **例題 3-11** 水 1.0 g とベンゼン (C_6H_6) 1.0 g を 5.0 dm³ の容器中で蒸発させ, 573.15 K に加熱したときの気体の全圧と各成分気体の分圧を求めよ。その際のベンゼンのモル分率はいくらになるか。
>
> **(答)** $p = nRT/V = (w/M)RT$ * であるので
>
> $p_{H_2O} = (1.0/18)(0.082)(573.15)/5.0 = 0.52$ atm
>
> $p_{C_6H_6} = (1.0/78)(0.082)(573.15)/5.0 = 0.12$ atm
>
> 全圧は各成分気体の分圧の和であるから
>
> $p = p_{H_2O} + p_{C_6H_6} = 0.52 + 0.12 = 0.64$ atm
>
> モル分率: $x_{ベンゼン} = \dfrac{n_{ベンゼン}}{n_{ベンゼン} + n_{水}} = \dfrac{分圧}{全圧} = \dfrac{0.12}{0.64} = 0.19$

* 例題 3-10 の答参照。

> **演習 3-11** 27°C に保たれている 500 cm³ のガラス容器に, 0.100 mol の水素と, 0.400 mol の窒素の混合気体が入っている。この容器内部の圧力はいくらか。

解答
演習 3-11
24.6 atm

> **例題 3-12** 1 気圧の空気の各成分の分圧が $p_{N_2} = 593.0$ Torr, $p_{O_2} = x$ Torr,

$p_\text{Ar} = 7.0$ Torr, p(その他) $= 0.2$ Torr のとき，酸素の分圧を Torr, 気圧を Pa 単位で求めよ．

(答) $p = 593.0 + x + 7.0 + 0.2 = 760$ Torr であるので

$p_{\text{O}_2} = 760 - 600.2 = 159.8$ Torr
$= (159.8/760)$ atm $= 0.210$ atm
$= 0.210$ atm $\times \dfrac{1.013 \times 10^5 \text{Pa}}{1 \text{ atm}} = 2.13 \times 10^4$ Pa

演習3-12 27℃に保たれている 500 cm³ のガラス容器に，0.100 mol の水素と，0.400 mol の窒素の混合気体が入っている．窒素の分圧はいくらか．

3.1.7 実在気体と理想気体

理想気体の状態方程式から判断すると，1 mol の気体については pV/RT の値は常に 1 でなければならない（図3-7 青線）．しかし，私たちの身の周りの各種実在気体 1 mol の pV/RT と p との関係を示すと図3-7 の黒線のようになる．

水素ガスや窒素ガスのような実際の気体（実在気体）では，p を変化させると pV/RT は 1 からずれることがわかる．実在気体のずれの程度は気体の種類によって異なる．

オランダの物理学者ファンデルワールスは，気体の粒子自身の体積と粒子間に働く引力を考慮して理想気体の状態方程式を実在気体に適用できるように修正した．いま，1 モルの気体の圧力を p_1，そのとき体積を V_1 としよう．温度 T のときの理想気体では

$$p_1 V_1 = RT$$

が成り立つが，実在気体では気体の粒子には粒子自身の占める体積がある

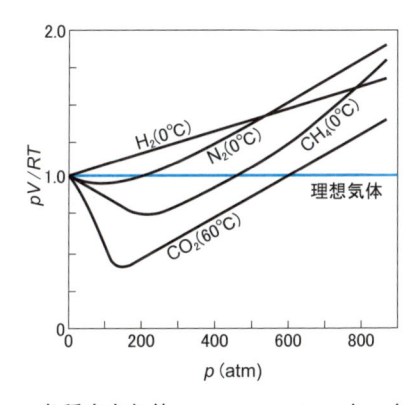

図 3-7 各種実在気体 1 mol の pV/RT と p との関係

解答
演習3-12
19.7 atm

から，気体粒子の運動する空間の容積は減少する。したがって，粒子1モルの占める体積をbとすると，1 molの気体粒子の実際に運動できる空間は容器の体積Vよりもbだけ少ない。したがって

$$V_1 = V - b$$

となる。

また，圧力は気体粒子の衝突によって与えられる単位面積にかかる力であるが，実在の気体では気体粒子間に働く引力を考えなくてはならない。容器の内部にある粒子では周囲の粒子からの引力は釣り合っているが，器壁に近い位置にある粒子では釣り合いが破れ，粒子には内部に引き戻されるような力が働いている。このため粒子が壁に衝突する力は弱められ，測定される圧力pはp_1より小さい。したがって

$$p_1 = p + p'$$

で表される。ここでp'は粒子間の引力のために表れた補正項で内部圧とよばれ，分子密度の二乗に比例する。したがって，p'は体積の二乗に反比例することになり，その比例定数をaとすると，次の関係が成り立つ。

$$p_1 = p + \frac{a}{V^2}$$

このように体積，圧力の項に修正を加えると気体の状態方程式は次式のように変形できる。

$$p_1 V_1 = \left(p + \frac{a}{V^2}\right)(V - b) = RT$$

この式はファンデルワールスの状態方程式といわれ，a, bは気体の種類によって異なる定数である。いろいろな気体に対するaとbの値を表3-1に示す。

表3-1 ファンデルワールス定数

気体	a ((dm^3)^2 atm mol^{-2})	b (dm^3 mol^{-1})
He	0.03412	0.02370
H$_2$	0.2444	0.02661
N$_2$	1.390	0.03913
O$_2$	1.360	0.03183
CO$_2$	3.592	0.04267
NH$_3$	4.170	0.03707
H$_2$O	5.464	0.03049
H$_2$S	4.431	0.04287
Xe	4.194	0.05105

3.2 液体

3.2.1 液体の特性

液体では，それを構成する粒子（原子，イオン，分子）間に気体に比べると強い引力（これを凝集力という）が働いているので，粒子は気体の粒子のように独立して行動できず束縛された状態にあるが，固体のようにその位置は固定されてはいない（図3-8）。したがって，液体を構成する粒子は集団となって動き回ることができるから，気体と同様に容器に応じて形をかえることができる。しかし，常に表面や界面[*1]を形成する点が気体と異なる（図3-9）。

[*1] 一般に混ざり合わない2つの相（液体－液体，気体－液体，固体－液体，固体－固体，気体－固体）の境界面を界面と言い，とくに気体－液体，気体－固体の界面を気体側からみて，表面という場合が多い。

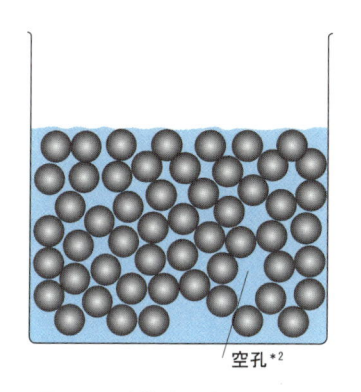

図 3-8 液体中の粒子の配列　　空孔[*2]

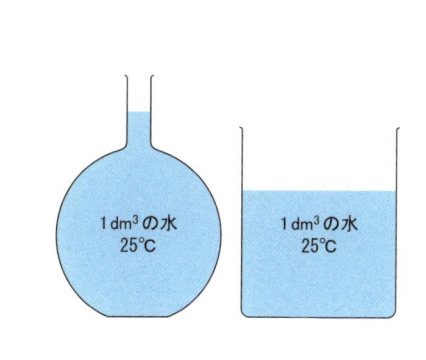

図 3-9 液体の流動性

[*2] 粒子は絶えず移動するので，空孔も時々刻々位置が変わるから空孔は観測できない。

気体の場合には同じ容器に二種類以上の気体を導入しても均一に混ざり合うが，液体では水とアルコールのように均一に混ざり合って大気層と接した表面を作る場合のほかに，水と油のように混ざり合わないために表面のほかに界面を作る場合もある。

液体の粒子は凝集力により互いに引き合い，部分的に秩序構造を作っているので粒子間の平均距離は気体の粒子間よりはるかに小さい。したがって，その密度[*3]は気体よりはるかに大きく，圧縮した場合の体積変化率（圧縮率という）は気体より小さい。

[*3] 密度は単位体積あたりの質量 $g\ cm^{-3}$ または $kg\ m^{-3}$ 単位で表される。

液体が混ざり合う場合も，それを構成する粒子の移動（拡散）によって混ざりあうが，隣接粒子と衝突しながらの移動であるから，気体のように粒子間に空間がある場合に比べて移動速度は著しく遅い。

3.2.2 蒸気圧

水やアルコールをビーカーに入れて放置しておくと，液体は飛散して容器は空になる。液体を構成する分子はまとまって行動しているが，その粒

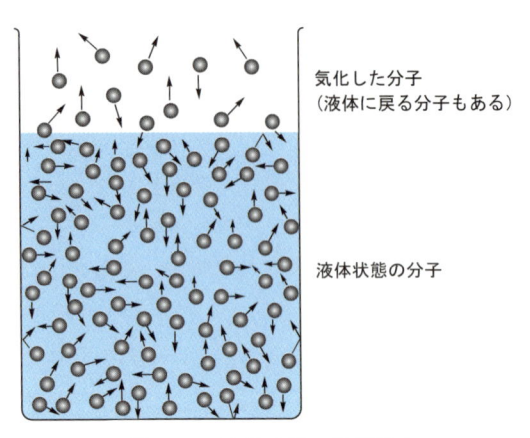

図 3-10　液体分子の移動速度

子を個々に注目して見るとある分子は速く，ある分子はゆっくりといろいろな速度で動いている（図 3-10）。したがって，速く動いている分子の中には凝集力に打ち勝って表面から気相の方へ飛び出し，気体となって自由に運動するものがある。このように液相から気相へ移っていく現象を気化または蒸発という。

密閉した容器の中に液体（たとえば，水やアルコール）を入れても，蒸発によって生じた気体粒子は外部へ逃げられないので蒸気として液体表面上の空間をみたし，液面に気体としての圧力が生じる。気体と液体が共存（気－液平衡）する際の気体の圧力を蒸気圧という。気化した粒子は常に気相にとどまるのでなく，液面近くの気体粒子には液体からの粒子間引力により再び液体に戻るものが存在する。また，飛び出した粒子の中には，液面近くに存在する気体粒子に跳ね返されて液相にもどるものも存在する。このように気体粒子が液体になるのを凝縮という。気化する粒子の数と凝縮する粒子の数が等しくなると，見かけ上は変化のない平衡状態となる*。その際，気体粒子がおよぼす圧力を飽和蒸気圧あるいは単に蒸気圧ともいう。温度が上昇すると粒子はより多くの熱エネルギーを受け取るので，液相から飛び出す粒子の数は増加する。その結果，気相中の分子数が増加するので飽和蒸気圧は増大する。蒸気圧は物質固有のもので，いろいろな純物質の蒸気圧を表 3-2 に，その蒸気圧と温度の関係を図 3-11 に示す。

飽和蒸気圧が 1 気圧（760 mmHg）になるような温度では，液体の表面のみならず内部からも蒸発が起こるようになる。この現象を沸騰といい，この温度を沸点という。沸点は物質固有の値である。

1 気圧で，1 モルの純液体が蒸発するのに必要なエネルギー値を液体のモル蒸発熱（蒸発の潜熱）という。モル蒸発熱も物質固有の値である。

液体の蒸発は身近な生活でも利用されている。液体が蒸発する際には周

* 平衡状態に達したときの粒子の気化と凝縮。

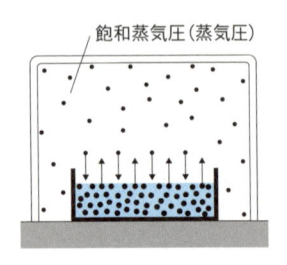

飽和蒸気圧（蒸気圧）

表 3-2　純物質の蒸気圧と沸点

物　質	温度（℃）	圧力（kPa）	沸点（℃）[*1]
水（H_2O）	0	0.61	100
	10	1.23	
	20	2.34	
	30	4.24	
メタノール（CH_3OH）	20	12.96	84.7
エタノール（CH_3CH_2OH）	20	5.84	78.3
ジエチルエーテル（$CH_3CH_2OCH_2CH_3$）	20	58.49	34.5
1-ブタノール（$CH_3CH_2CH_2CH_2OH$）	20	4.16	117.3
n-ヘキサン（$CH_3CH_2CH_2CH_2CH_2CH_3$）	20	16.13	68.7
アセトン（CH_3COCH_3）	20	24.54	56.5
酢　酸（CH_3COOH）	29.5	2.67	118.1
ベンゼン（C_6H_6）	20	10.74	80.1
ナフタレン（$C_{10}H_8$）	20	7×10^{-3}	218.0
臭　素（Br_2）	20	23.3	58.3

[*1] 101.3 kPa の時の温度。

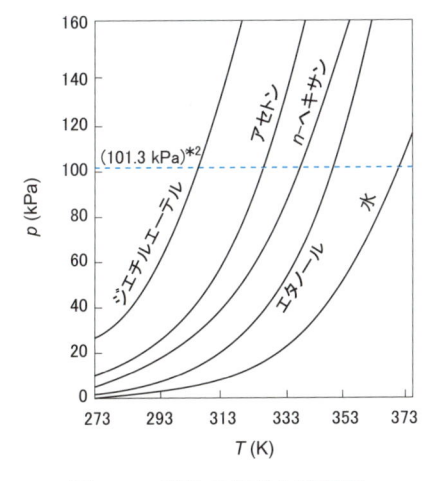

図 3-11　液体の温度と蒸気圧

[*2] 101.3 kPa = 1 気圧

りから熱を吸収する必要があるから，蒸発がおこれば周囲の熱エネルギーは減少する。この原理を利用したのが夏の打ち水で，事実，夏に庭に打ち水をすると，撒いた水が蒸発するときに周りから熱を奪い温度が下がるので涼しく感じられるようになる。その他，注射のときのアルコール消毒で感じられる冷涼感や冷蔵庫やエアコンによる冷却も液体粒子の蒸発による熱の吸収を利用したものである。

> **発展** 飽和蒸気圧と温度
>
> 　飽和蒸気圧と温度との間には，次の関係が成立する。これは，クラウジウス・クラペイロンの式といわれている。
>
> $$\frac{dp}{dT} = \frac{\Delta H}{T(V_g - V_l)}$$
>
> ここでΔHはモル蒸発熱，V_gおよびV_lは気体および液体粒子1モルが占める体積を示す。
>
> 　液体の1モルの占める体積は，気体のモル体積に比べて非常に小さいので，$(V_g - V_l) \fallingdotseq V_g$と仮定して，蒸気を理想気体とみなせば$V_g = RT/p$とおけるから
>
> $$\frac{dp}{dT} = \frac{\Delta H}{TV_g} = \frac{p\Delta H}{RT^2}$$
>
> と変形できる。これを積分すると
>
> $$\ln p = \frac{-\Delta H}{RT} + 定数$$
>
> となる。この式から蒸気圧が算出できる。

3.2.3　溶液とその濃度

a. 溶媒と溶質

　砂糖や食塩は水に溶けて透明な溶液になる。砂糖や食塩のように溶けた物質を溶質とよび，水のように溶かした液体を溶媒という。溶質は砂糖や食塩のような固体とは限らない。酒や炭酸水に見られるように溶質が液体（アルコール）や気体（二酸化炭素）の場合もある。溶質には砂糖のように分子の状態で溶解する物質と食塩のようにイオンに電離して溶解する物質がある。前者は非電解質，後者は電解質といわれている。

　酒やビールのラベルには含まれているアルコール量が表示されている。溶液を取り扱う際，溶質がどの程度溶解しているかを知ることが必要であり，それを示すのが濃度である。溶解する溶質の量は溶媒の量を多くすれば増えるので，溶液の中に存在する溶質の質量だけを示しても意味がない。一定量の溶媒または溶液に溶解している溶質の量で表すことが望ましい。

　その際の溶質量の表示法に，質量を用いる場合とmol単位で表した物質量を用いる場合がある。溶液濃度を表すには3種類の濃度（質量パーセント濃度，モル濃度，質量モル濃度）がよく利用されている。

b. 質量パーセント濃度

質量パーセント濃度は，溶液（溶質 + 溶媒）の質量（g）に対する溶質の質量（g）を百分率（パーセント）で表した濃度で，その単位記号は％である。

$$質量パーセント濃度 = \frac{溶質の質量（g）}{溶液の質量（g）} \times 100$$

たとえば，90 g の水に 10 g の水酸化ナトリウム（NaOH）を溶解して得られる水溶液の質量は 100 g であり，その中で溶質の量は 10 g であるから，次式にしたがって 10 ％の水溶液となる。

$$\frac{10}{10+90} \times 100 = 10\ \%$$

この濃度は溶媒と溶質の質量だけに依存し，溶質の化学構造や分子数には無関係に決定できるから日常生活では広く利用されている。たとえば，生理食塩水や酒には質量パーセント濃度が記載されている。

> **例題 3-13** 質量パーセント濃度 1％の生理食塩水を調製するには，どのようにすればよいか答えよ。
> **（答）** 質量パーセント濃度 1％の生理食塩水 1000 g（1 kg）には食塩が 10 g 含まれているので，水 990 g に食塩 10 g を溶解させて調製する。

演習 3-13 次の溶液の濃度を質量パーセント濃度で表せ。
(1) 300 g の水に 18 g のグルコースを溶解した水溶液
(2) 250 g の水に 34 g のアンモニアを溶解した水溶液

c. モル濃度

モル濃度は，溶液 1 dm^3（1 L）あたりに含まれる溶質をその物質量（mol モル）で表した濃度で，その単位は mol dm^{-3} または mol L^{-1} で表される。たとえば，40.0 g の NaOH（分子量 40）を水に溶解して 1 dm^3 の溶液にしたときの濃度が 1 mol dm^{-3} である。NaOH 20.0 g を 1 dm^3 の溶液にした場合には，NaOH の物質量は（20.0/40.0）mol すなわち 0.5 mol が 1 dm^3 に溶解していることになるから，その溶液のモル濃度は 0.5 mol dm^{-3} となる。

モル濃度を活用するに際に留意すべき事は，溶質が溶けている溶液の体積が 1 dm^3 であって，溶質を溶かした溶媒の体積が 1 dm^3 ではない点である。

解答
演習 3-13
(1) 5.7％ (2) 12.0％

$$\text{モル濃度 (mol dm}^{-3}) = \frac{\text{溶質の物質量(mol)}}{\text{溶液の体積(dm}^3)}$$

> **例題 3-14** 9.8 g の硫酸（H_2SO_4，分子量 98）を水に溶かして 250 cm³ とした溶液のモル濃度を求めよ。
>
> （答）モル濃度（mol dm⁻³）＝ 溶質の物質量（mol）/ 溶液の体積（dm³）であるので
>
> 硫酸のモル濃度 ＝ (9.8 / 98) / (250 / 1000) ＝ 0.4 mol dm⁻³

演習 3-14 各溶液のモル濃度を求めよ。

(1) 39.2 g のリン酸（H_3PO_4）を水に溶かして 500 cm³ とした時の溶液。ただし，H = 1.0，O = 16，P = 31 とする。

(2) 73.6 g のエタノール（C_2H_6O）を水に溶かして 1500 cm³ にした水溶液。

モル濃度の決まった溶液では，以下の例題に示すように，その体積を測定するだけで物質量を見積もることが可能である。

> **例題 3-15** 2.0 mol dm⁻³ の塩酸 100 cm³ がある。この水溶液に含まれる塩化水素（HCl）の物質量はいくらか。また，その質量を求めよ。ただし，H = 1.0，Cl = 35.5 とする。
>
> （答）モル濃度（mol dm⁻³）＝ 溶質の物質量（mol）/ 溶液の体積（dm³）であるので
>
> HCl の物質量（mol）＝ モル濃度（mol dm⁻³）× 溶液の体積（dm³）
> ＝ 2 ×（100 / 1000）＝ 0.2 mol
>
> HCl 1 mol あたりの質量（モル質量）は 36.5 g mol⁻¹ であるので
>
> HCl の質量（g）＝ 0.2 × 36.5 ＝ 7.3 g

演習 3-15 5 mol dm⁻³ の硫酸（H_2SO_4）300 cm³ がある。その水溶液に含まれる硫酸の物質量，および質量を求めよ。ただし，H = 1.0，O = 16，S = 32 とする。

d. 質量モル濃度

溶液の体積は温度によって変化するためモル濃度も温度により変化する。そこで，沸点上昇や凝固点降下など温度が変わる現象が含まれる場合にはモル濃度を用いるのは適当ではない。そのような時には，質量モル濃

解答
演習3-14
(1) 0.800 mol dm⁻³
(2) 1.07 mol dm⁻³
演習3-15
1.5 mol，147 g

度(重量モル濃度)が用いられる。

質量モル濃度は溶媒 1 kg に溶解した溶質の物質量(mol)で表した溶液の濃度で,その単位は mol kg^{-1} で表される。たとえば,40.0 g の NaOH(分子量 40)を水 1 kg に溶解したときの濃度が 1 mol kg^{-1} である。NaOH 20.0 g を 1 kg の溶媒に溶かしたときの濃度は 0.5 mol kg^{-1} となる。

$$質量モル濃度 (mol\ kg^{-1}) = \frac{溶質の物質量(mol)}{溶媒の質量(kg)}$$

例題 3-16 500 g の水に 36 g のグルコース ($C_6H_{12}O_6$) を溶かした溶液の濃度を質量モル濃度で答えよ。ただし,H = 1.0, C = 12, O = 16 とする。

(答) 質量モル濃度 (mol kg^{-1}) = 溶質の物質量 (mol) / 溶媒の質量 (kg) であり,グルコースの分子量は 180 であるから

質量モル濃度 = (36 / 180) ÷ (500 / 1000) = 0.4 mol kg^{-1}

演習 3-16 各溶液の質量モル濃度を求めよ。
(1) 300 g の水に 18 g のグルコースを溶解した水溶液
(2) 250 g の水に 34 g のアンモニアを溶解した水溶液

3.2.4 溶液の蒸気圧降下

前述のように蒸気圧とは液体を構成している粒子がその表面から気化した気体の圧力である。ここでは砂糖のような不揮発性物質が溶解した溶液の蒸気圧について考えてみよう。溶質が溶けた溶液では,溶媒だけの場合と比べると表面に存在する溶媒分子の数が減少するため溶媒分子の気化が起こりにくくなると考えられる(図 3-12)。

19 世紀,フランスの化学者ラウールは,純溶媒の蒸気圧を p_0,溶液の蒸気圧を p とすると,溶液になったことによる蒸気圧の降下 ($p_0 - p$) は溶質のモル分率に比例することを見出した。溶媒と溶質の物質量をそれぞれ n_0 と n とすると次の関係が成り立つ。

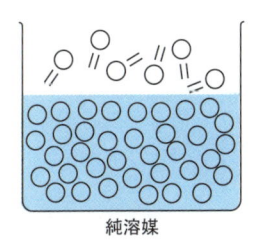

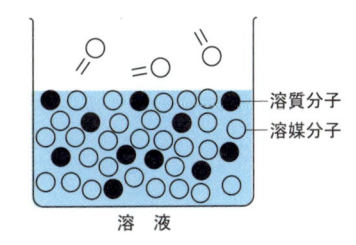

図 3-12 純溶媒と溶液の蒸発

解答
演習3-16
(1) 0.33 mol kg^{-1}
(2) 8.0 mol kg^{-1}

$$p_0 - p = \frac{n}{n_0 + n} p_0$$

これを<u>ラウールの法則</u>という。この法則は，溶質粒子が互いに影響を及ぼさないような溶液（これを<u>理想溶液</u>という）で成り立つので，希薄溶液では必ず成り立つ。

> **例題 3-17** 30℃での水の蒸気圧は 4.24 kPa であった。10%の砂糖($C_{12}H_{22}O_{11}$)水の蒸気圧降下はいくらになるか。
>
> **（答）** 溶液の蒸気圧降下 $p_0 - p = x p_0$ であるから，まず x を求めなければならない。この溶液 100 g に注目すると，砂糖の質量は 10 g，水の質量は 90 g となる。砂糖($C_{12}H_{22}O_{11}$)の分子量は 342 となるから
>
> 砂糖のモル分率 $x = \dfrac{10/342}{10/342 + 90/18} = 0.0058$
>
> 蒸気圧降下 $p_0 - p = x p_0 = 0.0058 \times 4.24 \text{ kPa} = 0.025 \text{ kPa}$

演習 3-17 30℃での水の蒸気圧は 4.24 kPa であった。10%のグルコース（$C_6H_{12}O_6$）の蒸気圧降下はいくらになるか。

3.2.5 浸 透 圧

溶液は透明であり撹拌しない限り静止した状態である。しかし，溶液を分子レベルで見ると溶媒分子も溶質分子も動き回っている。したがって，溶液中に濃度が異なる部分があると，溶質分子は濃度の大きい方から小さい方へ，溶媒分子は逆に濃度の小さい方から大きい方へ移動して全体が濃度の等しい均一な溶液になる。溶媒や溶質が動く現象は<u>拡散</u>といわれる。

濃度の異なる 2 つの溶液の境界に図 3-13(a) に示すように溶媒分子は通すが溶質分子を通さない性質の膜（<u>半透膜</u>）をおくと，全体の濃度が均一になろうとして溶媒分子は濃度の小さい方から大きい方へ移動する。溶媒が半透膜を通って移動する現象を<u>浸透</u>という。

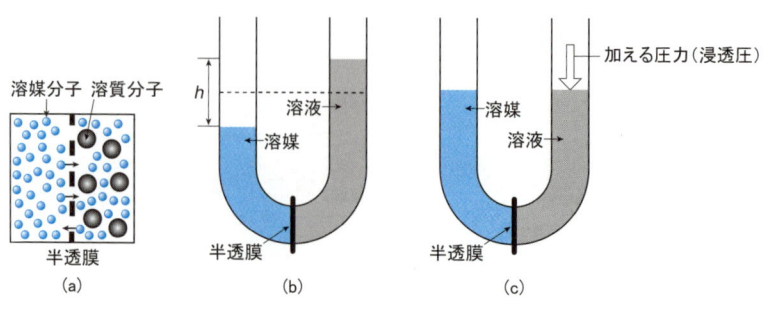

図 3-13　半透膜と浸透圧

解答
演習 3-17
　0.047 kPa

U字型の容器の中央を半透膜でしきり，右側に溶液を入れ，左側に溶媒を入れ，その液面を同じ高さにして放置して置くと，溶媒分子が溶液を薄めようと浸透してくるので，徐々に左側の溶媒の液面は下がり，右側の溶液の液面は上がる（図3-13(b)）。そして，この上昇した溶液の圧力が浸透しようとする溶媒の圧力と釣りあった位置で停止する。浸透を起こさせないようにするには，図3-13(c)に示すように，溶液の液面に余分の圧力を加えなくてはならない。このように溶媒が溶液側に浸透するために生じる圧力を浸透圧という。この圧力の大きさは両液面の高低差 h と溶液の密度 d の値を用いて求められる。

浸透圧は濃度を薄めようとする力であるから，溶液の濃度が大きいほど大きくなる。また，液体中の分子の運動は温度が高いほど大きい。したがって，比例定数を k，溶液のモル濃度を c，絶対温度を T とすると浸透圧（Π）は次式で表される。

$$\Pi = kcT$$

オランダの化学者ファントホッフはこの比例定数 k が気体定数 R と一致し，$\Pi = cRT$ と表せることに着目した。この式は，溶液の体積を $V(\mathrm{dm}^3)$，溶質の物質量を n（mol）とすると，$c = n/V$ であるので

$$\Pi = nRT/V$$

と変形でき

$$\Pi V = nRT$$

と表した。この式はファントホッフの式といわれている。

> **例題3-18** 106 g のショ糖（分子量342）を水に溶解して 1 dm³ にしたショ糖溶液の 37℃ における浸透圧を求めよ。
>
> （答）$\Pi V = nRT$ に $V = 1 \mathrm{dm}^3$, $n = (106/342) \mathrm{mol}$, $T = (273.15 + 37) = 310.15$ K, $R = 0.082 \mathrm{dm}^3 \cdot \mathrm{atm} \, \mathrm{mol}^{-1} \mathrm{K}^{-1}$ を代入して算出すると
>
> $\Pi = 7.88 \mathrm{atm}$

演習3-18　90 g のブドウ糖（分子量180）を水に溶解して 1 dm³ にしたブドウ糖溶液の 25℃ における浸透圧を求めよ。2 dm³ に溶かした時はどうなるか計算せよ。

また，ファントホッフの式は次のようになるので分子量の測定に利用されている。分子量 M の物質 w(g) を溶かして体積を $V(\mathrm{dm}^3)$ の溶液とした場合，次式が成り立つから，例題3-19に示すように，分子量の測定に用いられている。

解答
演習3-18
　12.2 atm，6.1 atm

$$\Pi V = \frac{w}{M} RT$$

> **例題 3-19** 2 g のヘモグロビンを 200 cm³ の水に溶かした溶液の 27℃の浸透圧は 2.8 mmHg であった。ヘモグロビンの分子量を求めよ。
>
> **(答)** 分子量 M からなる w g の物質量は (w/M) mol であるから
> $\Pi V = nRT$ は $\Pi V = (w/M)RT$ となる。
> $R = 0.082 \text{ dm}^3 \text{ atm mol}^{-1}\text{K}^{-1}$ を用いるので，$V = 200 \text{ cm}^3 = 0.2 \text{ dm}^3$，
> $\Pi = 2.8 \text{ mmHg} = (2.8/760) \text{ atm}$ にかえ，$\Pi V = (w/M)RT$ に代入すると，
> $M = 66800$

演習3-19 7.68 mg の β-カロテンを 10.0 cm³ のクロロホルムに溶かした溶液の浸透圧は 25℃で 26.57 mmHg であった。β-カロテンの分子量はいくらか。

3.2.6 沸点上昇

液体の純物質には，通常，その物質に特有な沸点があるが，それを溶媒にして他の不揮発性の物質を溶解して溶液にすると蒸気圧は p_1 から p_2 へ低下する（図 3-14）。これは溶質が加わった分だけ気化する分子が少なくなるからである。したがって，飽和蒸気圧を1気圧にするためには，温度を上げて蒸発する分子の数を増やす必要がある。このように沸点が上昇する現象を沸点上昇といい，溶液の質量モル濃度が大きいほど上昇幅が大きくなる。

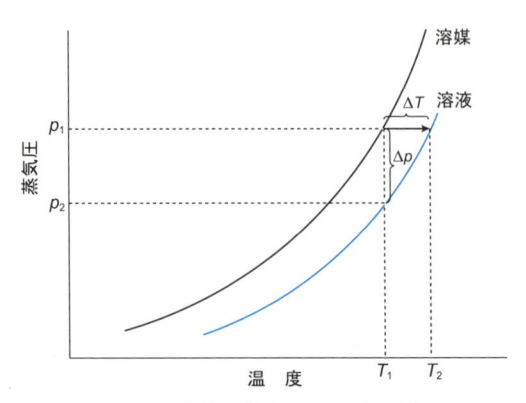

図 3-14 液体の蒸気圧と温度の関係

分子量 M の溶質 m g が G kg の溶媒に溶解した場合，沸点上昇度 ΔT は次式のように表される。

$$\Delta T = K_\text{b} \left(\frac{m}{G \cdot M} \right)$$

表 3-3　代表的な溶媒のモル沸点上昇定数

溶　媒	沸点（℃）[a, b]	モル沸点上昇定数（K・kg・mol^{-1}）
アセトン	56.3	1.71
ベンゼン	80.1	2.53
クロロホルム	61.2	3.63
エタノール	78.3	1.22
ジエチルエーテル	34.5	2.02
メタノール	64.7	0.83
水	100.0	0.51

a) 1.01325×10^5 Pa（1 atm）での値　　b) ℃＝K －273.15

ここで，K_b は比例定数でモル沸点上昇定数とよばれ，1 kg の溶媒に 1 mol の溶質を溶解した時の沸点上昇度で，表 3-3 に示すように各種の溶媒ついて調べられている。上式は

$$M = \frac{K_b m}{\Delta T \cdot G}$$

と変形できるので不揮発性物質の分子量の決定に利用されている。

> **例題 3-20**　ベンゼン 0.5 kg にステアリン酸（分子量 284）28.4 g を溶解した溶液の沸点上昇はいくらか。またこの溶液の沸点は何℃か。
>
> **（答）**　ステアリン酸 28.4 g の物質量は 28.4 g / 284 g mol^{-1} ＝ 0.1 mol。これが 0.5 kg のベンゼンに溶解しているから，m = 0.1 mol / 0.5 kg = 0.2 mol/kg
>
> $\Delta T = K_b m = 2.53 \times 0.2 = 0.506\ K$
>
> ベンゼンの沸点は 80.1℃であるから
>
> 　溶液の沸点＝ 80.1 ＋ 0.506 ＝ 80.606℃　　したがって，80.6℃

演習 3-20　$C_{10}H_{12}O_2$ の化学式をしたオイゲノール 0.144 g を 10.0 g のベンゼンに溶解したときの溶液の沸点は何度か。

3.2.7　凝固点（融点）降下

液体物質を冷却して温度を下げると，ある温度まで下がったところで固

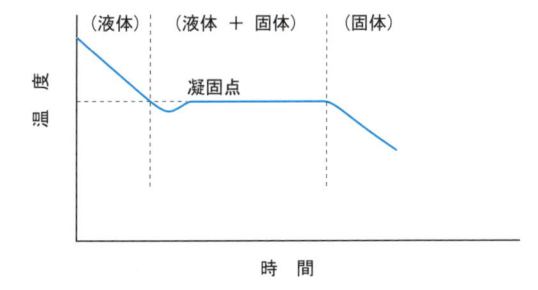

図 3-15　系の温度と状態変化

解答
演習 3-20
80.3℃

表 3-4　代表的な溶媒のモル凝固点降下定数

溶　媒	凝固点（℃）[†1, 2]	モル凝固点降下定数（K・kg・mol^{-1}）
酢　酸	16.7	3.9
ベンゼン	5.5	5.12
t-ブタノール	25.1	8.37
カンファー	178.4	37.7
シクロヘキサン	6.5	20.0
シクロヘキサノール	25.1	37.7
ナフタレン	80.2	6.9
ニトロベンゼン	5.7	8.1
フェノール	42.0	7.27
水	0.0	1.86

[†1] 1.01325 × 10^5 Pa（1 atm）での値　　[†2] ℃ = K − 273.15

体が生じてくる。この凝固（固化）が始まると冷却を続けても全体が固化し終わるまでその温度は変らない（図 3-15）。この温度を凝固点という。

　純物質はすべて物質特有の凝固点（融点）を示すが，その物質を溶媒とした溶液では凝固点の降下が認められる。これは，溶質分子が存在すると，溶媒分子が集まって凝固しようとする挙動を妨げるために，溶媒だけの時より，温度を下げることが必要になるからである。このような現象は凝固点降下といわれ，その降下温度（ΔT）は，沸点上昇の時と同様に溶液の質量モル濃度による。

　分子量 M の溶質 m g が G kg の溶媒に溶解した場合，凝固点降下度 ΔT は次式のように表される。

$$\Delta T = K_\mathrm{f}\left(\frac{m}{G \cdot M}\right)$$

ここで，K_f は比例定数でモル凝固点降下定数とよばれ，1 kg の溶媒に 1 mol の溶質を溶解した時の凝固点降下度で，各種の溶媒について調べられている。上式は

$$M = \frac{K_\mathrm{f} m}{\Delta T \cdot G}$$

と変形できるので，沸点上昇の場合と同様に不揮発性物質の分子量の決定に利用されている。

例題 3-21　500 g の水に 48 g のグルコース（$C_6H_{12}O_6$）を溶解した水溶液の凝固点は何度か。

（答）　$\Delta T = K_\mathrm{f}(m/G \cdot M)$ において $K_\mathrm{f} = 1.86$（K・kg・mol^{-1}），$m = 48$ g，$G = 500$ g × （1 kg / 1000 g）= 0.5 kg，$M = 180$ を代入すると

　　$\Delta T = 0.99$ K

水の凝固点は 0℃であるから，溶液では − 0.99℃

演習3-21 27.7 g のエチレングリコール（$C_2H_6O_2$）を 100 g の水に溶かした溶液の沸点と凝固点を求めよ。

例題 3-22 25℃で，ある物質 25 g を 1 kg のベンゼンに溶解したとき，ベンゼンの凝固点よりも 0.256 K 下った。この物質の分子量を求めよ。ただし，ベンゼンのモル凝固点降下定数は 5.12 K mol^{-1}kg である。

（答）$M = K_f(m / \Delta T \cdot G)$ を用いる。$\Delta T = 0.256$，$K_f = 5.12$ K mol^{-1}kg，$G = 1$ を代入して M を求める。したがって $M = 500$

演習3-22 25℃で，ある物質 25 g を 1 kg のベンゼンに溶解したとき，ベンゼンの凝固点よりも 1.01 K 下った。この物質の分子量を求めよ。ただし，ベンゼンのモル凝固点降下定数は 5.12 K mol^{-1}kg である。

3.3 固　　体

物質を構成する分子やイオンなどの粒子間の距離が粒子の大きさに匹敵するほどの距離にまで接近し，粒子が凝縮して相互にその位置を交換できなくなった状態が固体であり，固体には次のような一般的な性質がある。

1. 気体のような圧縮性はない。
2. 自らの大きさを規定する形をもっている。

固体を構成する分子やイオンをその構成原子の配列状態に着目して分類すると，固体は結晶と無定形固体（非晶質ともいう）に分類できる。

3.3.1 結　　晶

結晶は，そのかたまり全体がすべて一定の規則的な粒子（原子，イオン，分子）の配列構造によってできている固体で，多数の結晶が知られている。

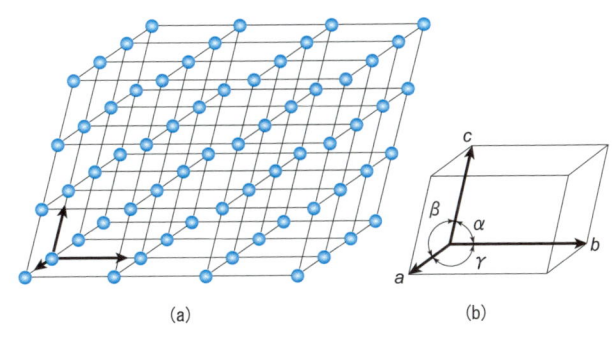

図 3-16　結晶の空間格子 (a) と単位格子 (b)

解答
演習3-21
　沸点　102.3℃，凝固点　－8.3℃
演習3-22
　$M = 127$

* 7つの結晶系の単位格子

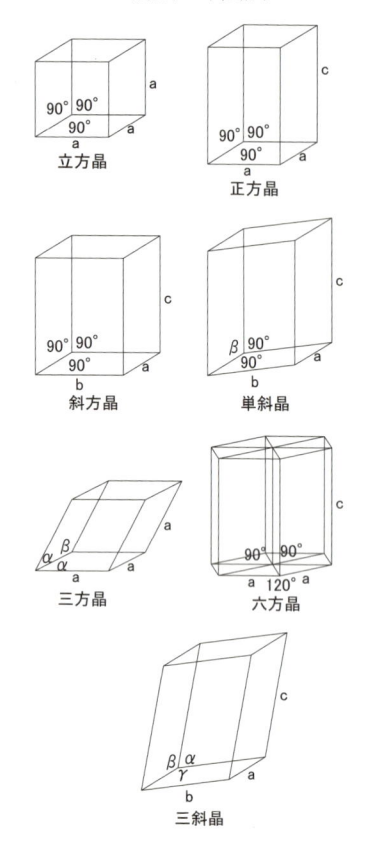

立方晶　正方晶　斜方晶　単斜晶　三方晶　六方晶　三斜晶

表 3-5　結晶系と単位格子*

結晶系	単位格子の稜の長さと稜のなす角度	
立方晶系（cubic system）	$a=b=c$	$\alpha=\beta=\gamma=90°$
正方晶系（tetragonal system）	$a=b\neq c$	$\alpha=\beta=\gamma=90°$
斜方晶系（orthorhombic system）	$a\neq b\neq c$	$\alpha=\beta=\gamma=90°$
単斜晶系（monoclinic system）	$a\neq b\neq c$	$\alpha=\gamma=90°, \beta\neq 90°$
三斜晶系（triclinic system）	$a\neq b\neq c$	$\alpha\neq\beta\neq\gamma\neq 90°$
六方晶系（hexagonal system）	$a=b\neq c$	$\alpha=\beta=90°, \gamma=120°$
三方晶系（trigonal system）	$a=b=c$	$\alpha=\beta=\gamma\neq 90°$

結晶を構成する粒子の位置は格子点，格子点を直線で結んでできる網目構造を空間格子（図3-16(a)），その最小単位を単位格子（図3-16(b)）という。

単位格子は，単位格子の稜の長さ a, b, c と稜のなす3つの角度 α, β, γ の組み合わせによって表3-5のように7つの結晶系に分類される。稜の長さ a, b, c と稜のなす3つの角度 α, β, γ は結晶系を特徴づける重要な定数で格子定数という。

たとえば，$a=b=c$ で $\alpha=\beta=\gamma=90°$ からなる単位格子は立方体からなるので立方晶系といわれ，立体晶系には図3-17に示すように単純立方格子，体心立方格子および面心立方格子がある。

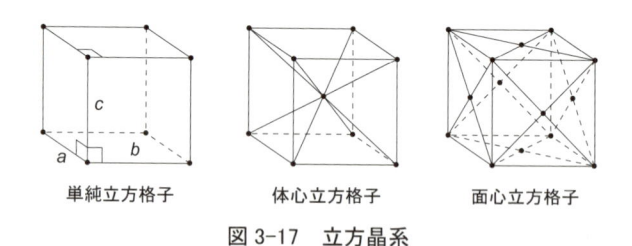

単純立方格子　　体心立方格子　　面心立方格子

図 3-17　立方晶系

結晶は構成している粒子の種類（分子，原子，イオン）と粒子を結合する力によって，イオン結晶，金属結晶，共有結合の結晶，分子結晶に分類できる。

a. イオン結晶

イオン結晶は，岩塩（食塩の結晶体）のように陽イオンのもつ正電荷と陰イオンのもつ負電荷との間の静電気的引力（クーロン力*1）が結合力となって構成されている結晶で，陽イオンと陰イオンが3次元に交互に配列している。図3-18にNaCl，CsCl，CaF_2 の結晶構造を示す。

図3-18(a)に示すように，NaCl結晶中のNa^+イオンは6個のCl^-イオンに囲まれ，次に12個のNa^+イオンに囲まれている。Na^+イオンとCl^-イオンの間にはクーロン引力が，Na^+イオンとNa^+イオンの間にはクーロン斥力が作用している。この場合に働くクーロン力は，引力の方が大きいのでイオンは集合して規則正しい構造をもつ結晶すなわちイオン結晶*2となる。

*1　クーロン力とは，1785年クーロン（Coulomb）が発見した力で，距離 r を隔てて置かれた2個の点電荷 q_a と q_b の間に作用する力 F は $q_a q_b$ 積に比例し，r^2 に反比例する（$F \propto q_a q_b/r^2$）。q_a と q_b が同符号のとき斥力（$F>0$）異符号のとき引力（$F<0$）となる。

*2　イオン結晶の特徴
1) 電気的結合であるから硬く，融点が高い。
2) 結晶で電気を通し難いが，加熱して溶融すると電気を通す。
3) 水に溶解すると電気を通す。

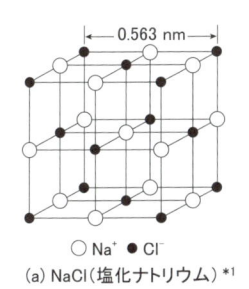

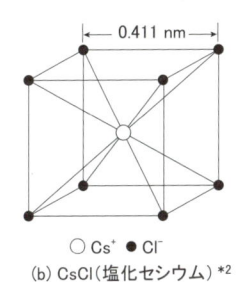

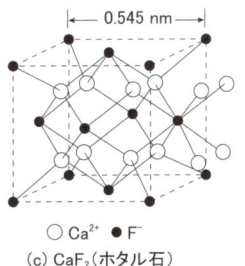

図 3-18　NaCl，CsCl および CaF₂ の結晶構造

(a) NaCl（塩化ナトリウム）*1　○ Na⁺　● Cl⁻
(b) CsCl（塩化セシウム）*2　○ Cs⁺　● Cl⁻
(c) CaF₂（ホタル石）　○ Ca²⁺　● F⁻

*1　NaCl の結晶模型 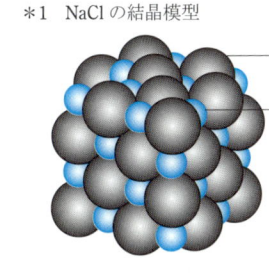
*2　CsCl の結晶模型

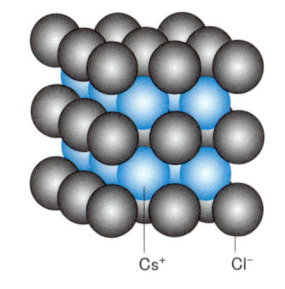

　CsCl の結晶は Cs⁺ のイオンの半径（0.170 nm）が Na⁺ のイオン半径（0.097 nm）よりも大きいので NaCl の結晶のように Cs⁺ と Cl⁻ が面状に配列できず，NaCl の単位格子よりも大きな体心立方格子からなる結晶になっている。CaF₂ では Ca²⁺ が 2 個の F⁻ と結合した結晶で，図 3-18(c) に示すような面心立方格子を形成している。

b. 金属結晶

　金属結晶は，同じ大きさの金属原子が金属結合を通して並列した結晶で，その基本単位は金属原子の大きさに応じて図 3-19 のように立方体の頂点と中心に原子がある体心立方格子，立方体の頂点とその各面にも原子が存在する面心立方格子，および六方最密充填格子からなる。結晶中では各金属原子の外殻電子は 1 つの原子に束縛されることなく自由電子となって動き回り，それが金属原子間の結合を産み出している（図 3-20）。これらの

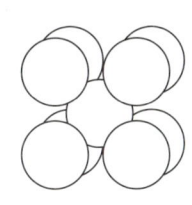

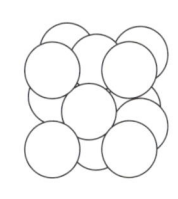

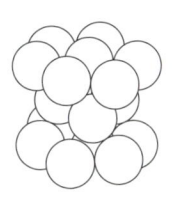

図 3-19　金属の主な結晶構造

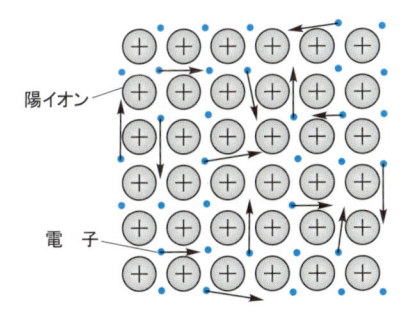

図 3-20　金属結晶中の自由電子

自由電子は結晶中のすべての金属イオンの集合体で共有されており，自由電子ひとつひとつの由来は特定できないので，外力による変形によって金属イオンが動いても電子の動きへの影響は少ない[*1]。したがって，金属は延性[*2]や展性[*2]に富み，その物性には方向性がない。金属が高い電気伝導性をもつのはこれら自由電子が存在するためである。

c. 共有結合の結晶

結晶を構成する粒子間の凝集力が共有結合からなるものを共有結合の結晶という。一般に共有結合は強固な方向性をもつため，その方向性に基づく結晶構造を示す。図 3-21 (a) に示したダイヤモンドは共有結合の結晶の典型的な例である。ダイヤモンド結晶では各炭素原子が sp^3 構造をとり，他の炭素原子と σ 結合しているために各炭素は正四面体の中心に位置を占めている。

もう1つの炭素の結晶は，図 3-21(b) に示した黒鉛（グラファイト）である。グラファイトでは，炭素原子が σ 結合と π 結合で平面的に結合しており，分散力で層状に結合してできた結晶であるので厳密には共有結合結晶ではない。その証拠に層は滑りやすく柔らかい結晶である。ダイヤモンドの他に厳密な共有結合結晶[*3]の例としては水晶（図 3-23(a)）やケイ素がある。

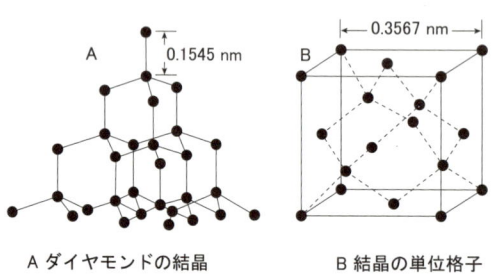

*1　金属の変形と電子の動き。

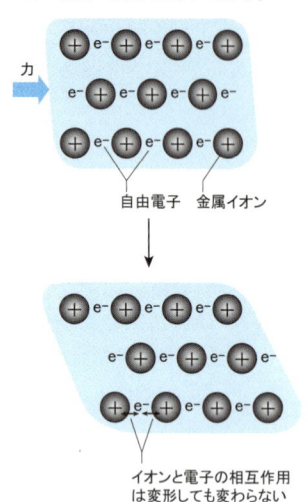

*2　延性とはひっぱると線状にのびる性質。
　　展性とはたたきのばすと薄状にひろがる性質。

*3　共有結合結晶
　1) 各原子が共有結合で強く結合しているので硬い。
　2) 結合力が強いから融点・沸点が高い。
　3) 水や溶媒に解け難い。
　4) 熱や電気を通さない。

*4　炭素原子のつくる物質には，これらのほかに，近年，炭素原子からなる平面構造が筒状に丸まってできるカーボンナノチューブや，炭素原子がサッカーボール状に共有結合してできたフラーレンなどの新しい構造をもつものも発見されている。

(a) ダイヤモンドの結晶構造
A ダイヤモンドの結晶　0.1545 nm
B 結晶の単位格子　0.3567 nm

(b) グラファイトの結晶構造
0.335 nm
0.142 nm

図 3-21　炭素原子の作る結晶[*4]

d. 分子結晶

分子が弱い分子間力によって集合し結晶となったものを分子結晶という。普通の分子結晶では，分子間に働く力はファンデルワールス力であるため弱く，融点，沸点は低く融解熱，蒸発熱も小さい。分子結晶の例としてエチレンと二酸化炭素の単位格子を図 3-22 に示す。エチレンは斜方晶

エチレン*¹ 　　　　二酸化炭素*²

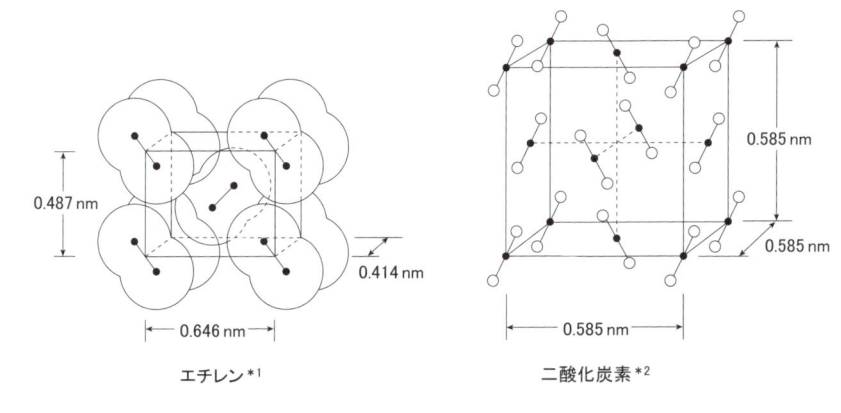

図 3-22　エチレンと二酸化炭素の結晶

*1　エチレン：$a \neq b \neq c$，$\alpha = \beta = \gamma = 90°C$であり，斜方晶系。
*2　二酸化炭素：$a = b = c$，$\alpha = \beta = \gamma = 90°C$であり，立方晶系。

系であり，二酸化炭素は立方晶系で，分子は面心立方格子の位置に配列している。一般に多くの有機化合物は分子結晶を作るが，大半は三斜晶系という対称のよくない結晶に属する*³。

*3　三斜晶系は単位格子の稜の長さおよび稜のなす角度がすべて不等合（表3-5）。

3.3.2　無定形固体（非晶質固体）

結晶と異なり，構成粒子の配置が不規則な固体を無定形固体あるいは(非晶質固体) という。部分的には規則性があっても，かたまり全体では原子配列に規則性のない物質である。液体を結晶化速度より速い速度で冷却することにより，どのような物質からも無定形固体を得ることが可能である。たとえば，宝石や圧電素子として用いられる水晶と光学機器に用いられる石英ガラスは化学的な分類上では同一物質であるが，図 3-23 に示したように水晶は SiO_2 がきちっと並んだ結晶であり，一方，石英ガラスは熔融体を急冷してできた無定形固体である。

(a) 水　晶*⁴　　　(b) 石英ガラス

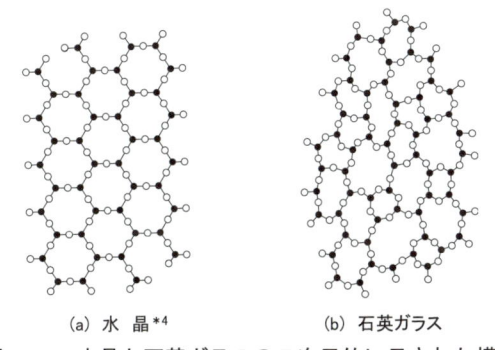

図 3-23　水晶と石英ガラスの二次元的に示された構造
●Si 原子*⁵　　○O 原子

*4　結晶中では1個のSi原子には4個のO原子が結合してダイヤモンドと同様の三次元構造をとっている。

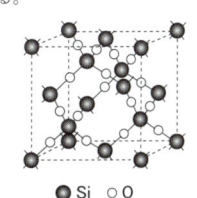

●Si　○O

*5　Si 原子はsp³構造であるから*4に示したような立体構造をとっているが，ここでは二次元として書かれているから3本の結合で示されている。

このように固体化の仕方により結晶と無定形固体のいずれにもなり得るが，次のような物質は無定形固体を形成しやすい。

1. 液体状態の粘性率が比較的高く，結晶化速度の遅い物質（例：ガラス，グリセリンなど）
2. 高分子物質のように長い分子鎖からなり構造的にそろいにくい物質（例：ゴム，ポリエチレンやポリスチレンなど）

3.4 物質の状態を決める要因

店でケーキなどを購入して持ち帰るときに，保冷のために入れてくれるドライアイスという白い塊がある。これは，人が呼吸の際に吐きだす二酸化炭素（炭酸ガス）の固体で，温めると液体をへずに直接気体になる。このように，固体が液体をへずにいきなり気体になるか，逆に気体が固体になるような状態変化を昇華といい，蒸発や凝縮の場合と同様に，固体が気体になる時は熱を吸収し，気体が固体になる時には熱を放出する。ドライアイスによる保冷は昇華の際に吸収する熱による冷却効果を利用したものである。しかし，二酸化炭素も 50 atm にすると，室温で液体になる。また，氷は温度を上げると 0℃ で水になり，100℃ で水蒸気になると思いがちであるが，それは 1 atm での変化を想定しているからであって，0.001 atm では氷の温度を上げていくと昇華がおこり，液体になることはない。このように，物質の状態は温度，圧力によって，一般に，固体，液体または気体の三態のいずれかの状態かその共存した状態（それを相という）をとる。その関係を温度と気圧で表したものを状態図（相図）という。二酸化炭素と水の相図を図 3-24 に示す。TC 線は気体と液体が共存する状態を示し，その線上はその圧力での沸点である。また，AT および BT 線はそれぞれ固体と気体，固体と液体が共存する状態を示し，その線上は，その圧力での昇華温度および融点である。T は 3 つの状態が共存する状態で三重点といわれている。

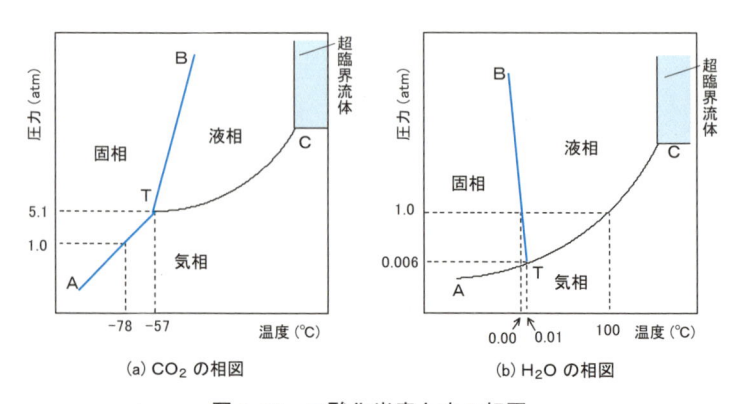

(a) CO_2 の相図

(b) H_2O の相図

図 3-24 二酸化炭素と水の相図

二酸化炭素は図 3-24(a) のように，常圧（1 atm）のもとでは−78℃以上で固体から気体へ昇華する。固体，液体，気体が共存し得る三重点は 5.1 atm，−57℃にあり，この圧力，温度を超えると，固体から液体をへて気体になることがわかる。

水の三重点は図 3-24(b) のように，0.006 atm，0.01℃にあり，これ以下の圧力，温度では，固体（氷）から直接気化する。これを利用したのが凍結乾燥である。水に溶かしたコーヒーなどの食品を凍らせ，真空中に水分を昇華させて得られる固体は多孔性のために容易に粉末や粒子に砕くことができ，さらさらした粉末状あるいは粒状に調製することができる。このようなインスタント食品は，水溶液の凍結状態から低温でそのまま溶媒（水）が抜かれるために，食物の風味を損なわず，速やかに再溶解させることができるなどの点で重宝されている。化学実験室でも，とくに高分子試料の水溶液やベンゼン溶液からの凍結乾燥が便利に利用されている。

ナフタレンやしょうのうなどの防虫剤は，常圧常温で昇華する性質を日常生活に利用したものである。

もう一度，図 3-24 に注目してみよう。TC 線は各々の圧力での沸点を結んだ曲線であるが，C では液体と気体の密度が同じになり，液体と気体の境界がなくなる。したがって，C よりも高い温度と圧力では気体と液体との移り変わりが観測されなくなる。C は臨界点といい，二酸化炭素では 31.0℃，72.9 atm，水では 374.2℃，218.3 atm に臨界点が存在する[*1]。臨界点より温度と圧力が高くなった物質の状態を超臨界状態，その状態の物質を超臨界流体[*2] という。

超臨界流体は液体と気体の性質を合わせたような性質がある。その密度は液体に近いが，粘性に注目すると，液体に比べて小さく，気体に近い性質を保持している。一方，気体と異なり，液体のようにものを溶かす性質がある。その性質が実用に利用されるようになっている。二酸化炭素の超臨界流体でコーヒーからカフェインを溶かして除き，カフェインレスコーヒーをつくるのはその一例である。

3.5 三態以外の状態

3.5.1 液　　晶

液体は流動性があり一般に等方性である。しかし，双極子をもつ棒状の分子や円盤状の分子からなる結晶の中には分子間に働く力に異方性があるため，結晶が融解して液体のように流動性を持っても結晶のように分子の並び方に秩序性をたもつものがある。そのような液体を液晶という。たと

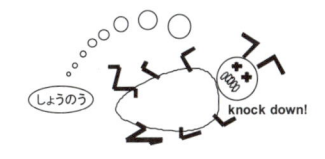

*1　臨界点の温度を臨界温度，圧力を臨界圧という。
臨界温度は物質が液体として存在できる最高の温度。

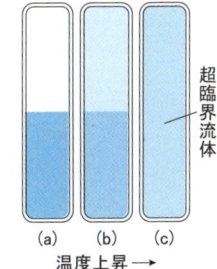

*2　超臨界流体の概念図

密閉した容器に，水を入れておくと，(a) および (b) のように液体と気体の境界がはっきりしているが，臨界点を越えると (c) のように区別がなくなる。

えば，*p*-メトキシベンジリデン-*p*-ブチルアニリン（MBBA）は細長い棒状分子で，0 ℃では結晶であるが，温度を 21 ℃以上にすると液体のように流動性はあるが濁った液体すなわち分子が部分的に規則的な状態を保持している液晶となり，さらに加熱すると 47 ℃で透明な液体となる。

$$H_3CO-\bigcirc-CH=N-\bigcirc-(CH_2)_3CH_3$$

MBBA

液晶という用語には液体と結晶の特徴をもち，両者の中間状態という意味が含まれている。通常の物質の温度による状態変化と液晶を生ずる物質の状態変化を図 3-25 に示す。

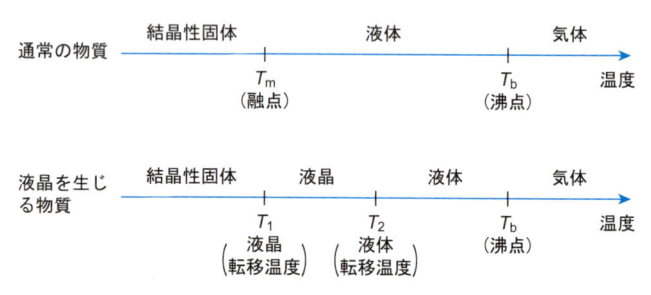

図 3-25 通常の物質と液晶を生じる物質の状態変化

液晶は，その構成分子の形状から，棒状分子が長軸方向に頭を揃えて並

(a) 結　晶
(b) スメクチック液晶
(c) ネマチック液晶
(d) コレステリック液晶
(e) 液　体

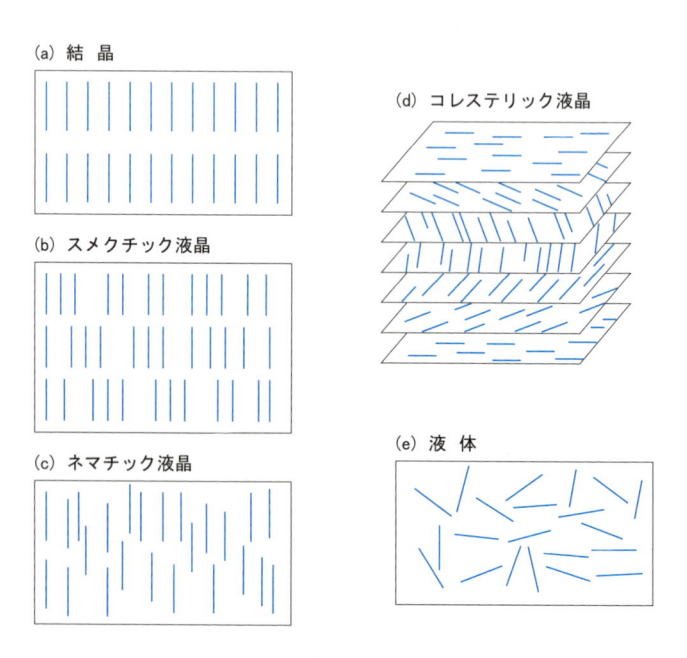

図 3-26 液晶と液体の構造

んだスメクチック液晶，長軸方向には揃っているが頭は揃っていないネマチック液晶，およびネマチック液晶をつくった分子層が少しずつねじれて，らせんになった液晶すなわちコレステリック液晶に分類される（図 3-26）。

このように液晶分子は自然に集合して，秩序ある分子配列をつくる。しかし，それをつくる力は小さいので，小さい刺激によって秩序構造ができたり失われたりする。ネマチック液晶に電場をかけると分子が再配列して光の透過性が変化する。このような液晶の電気光学効果は，コンピュータやテレビのディスプレイの素材として，広く用いられている。コレステリック液晶は，温度変化に伴い，色が変化するので，温度センサーとして利用されている。

3.5.2 コロイド

a. コロイド溶液とその分類

少量の塩化鉄（Ⅲ） $FeCl_3$ 水溶液を沸騰水に入れると，わずかに濁った赤褐色の溶液となる。この溶液を調べると，$FeCl_3$ が沸騰水の中で加水分解されて水に不溶な水酸化鉄 $Fe(OH)_3$ が急激に生じたため，それらが部分的に集合してできた 10^{-7} m 以下の小粒子が水中に分散したものであることがわかった。このように物質を構成する原子や分子が多数集合した粒子となって液体中に浮遊，分散している混合物をコロイド溶液という。この溶液は単にコロイドとかコロイド分散系ともいわれている。通常，物質粒子の大きさが 1 nm（10^{-9} m）から 100 nm（10^{-7} m）の粒子をコロイド

図 3-27　コロイド粒子とその大きさ

粒子という。コロイドを構成する粒子とその大きさを図 3-27 に示す。

われわれの身のまわりに存在する物質にはコロイド状態のものがたくさんある。血液や牛乳もその例である。血液中では赤血球などの生命維持に必要な物質が，また牛乳にはカゼインや脂肪のような物質が水に分散している。

コロイド分散系*は必ずしも液体とは限らない。霧は水粒子が空気の中に分散したコロイドであり，スポンジは空気が固体の中に分散したコロイドである。実在するコロイド系は，常に，粒子を分散させる媒質（これを

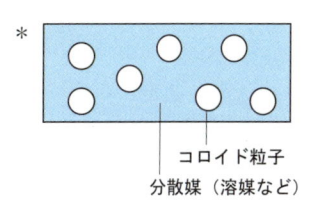

分散媒とよぶ）の中に他の粒子（これを分散質といい気体，液体，固体の場合がある）が均一に分散した状態になっている。コロイド状態は分散媒に基づいて表3-6のように分類される。

表3-6　コロイド状態と分散媒

分散媒	コロイド粒子	名称	例
気体*1	液体	液体エアロゾル	霧，スプレー
	固体	固体エアロゾル	煙，ほこり
液体 （ゾル）*2	気体	泡	泡
	液体	乳濁液 （エマルジョン）	牛乳，マヨネーズ
	固体	懸濁液（ゾル） （サスペンション）	ペンキ
固体 （ゲル）*3	気体	固体泡	スポンジ，軽石，パン
	液体	固体エマルジョン	バター，マーガリン
	固体	固体サスペンション	着色プラスチック，色ガラス

*1　固体や液体が粒子となって空気やその他の気体に浮遊している状態をエアロゾルという。

*2　コロイド粒子が液体（分散媒）中に浮遊し，全体が流動性を示すコロイド状態をゾルといい，コロイド溶液ともいう。

*3　コロイド溶液すなわちゾル中の粒子の相互作用によって結ばれ，コロイド粒子が系全体に網目構造を形成し流動性を失ったものをゲルという。ゲルは系全体にわたる支持構造をもち形状を保つ。寒天，ゼラチン，豆腐などは身近に存在するゲルである。

*4　試料にななめ方向から強い光をあてて，そこから散乱される光を集光して見るように設計された顕微鏡で，背景を暗くしているのでコロイドの微粒子はチンダル現象によって星のように1つ1つ光って見える。

b. コロイド溶液の性質

コロイド粒子を直接光学顕微鏡で見ることはできないが，コロイド粒子は分子やイオンよりも大きいので，コロイド溶液に横からレーザー光をあてると，光を散乱して光の通路が明るく輝いて見える。コロイド溶液の示すこの光散乱現象はチンダル現象とよばれる（図3-28）。

チンダル現象を起こしている部分を限外顕微鏡*4でみると，小さな光

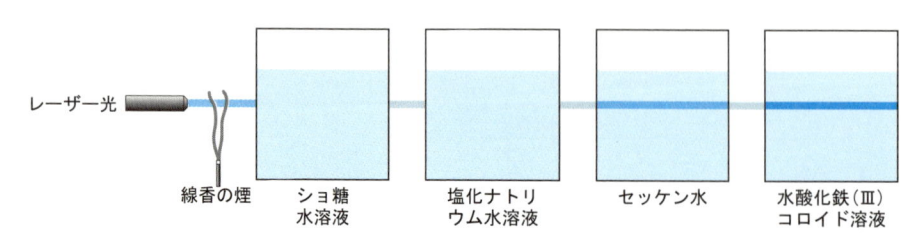

レーザー光　　線香の煙　ショ糖水溶液　塩化ナトリウム水溶液　セッケン水　水酸化鉄(Ⅲ)コロイド溶液

図3-28　チンダル現象

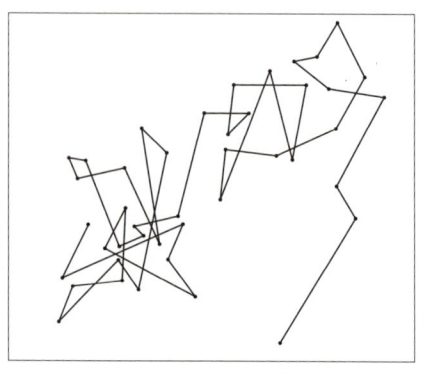

（各点は粒子が一定時間ごとに占める位置）

図3-29　ブラウン運動

の点が不規則なジグザグ運動をしているのが観測される(図3-29)。これは,激しく運動している溶媒分子がゆっくり動いているコロイド分子に四方八方から不規則に衝突する結果おこる現象で,このような現象の発見者である植物学者ブラウンにちなんでブラウン運動*とよばれている。

コロイド粒子はセロハン膜などの半透膜を通過できないが,分散媒のような小さな分子は半透膜を自由に通過する。したがって,分散媒が水の場合には,コロイド溶液をいれた半透膜の袋を流水中におくと,コロイド以外の分子やイオンは水中に拡散するのでコロイド粒子を他の分子やイオンから分離することができる(図3-30)。この操作を透析といい,物質の分離精製に利用されている。人工透析は血液中の老廃物を除くために用いられている例である。

* ブラウン運動はアインシュタイン(25頁欄外)の研究でコロイド粒子の周りに存在する溶媒分子が無秩序に衝突する結果生じる現象であることが明らかになり,分子の存在を示す証拠にもなった。

コラム　人工透析

腎臓の機能が低下すると血液中に老廃物(尿酸,尿素,クレアチンなど)が蓄積してくるので尿毒症を併発し,生命の危機に曝される。そのよう状態になった人の血液中の老廃物を除くために,下記のような透析器を用いて,人工透析が行われている。

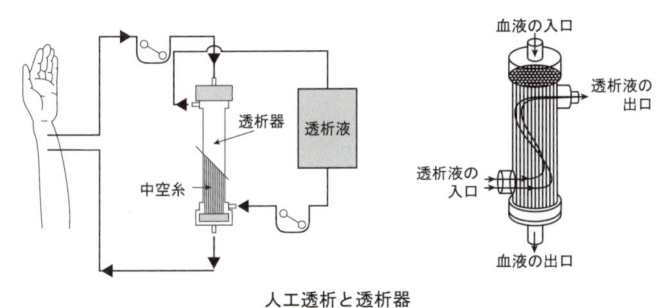

人工透析と透析器

透析器は血液入口と出口からなり,側面には透析液出口と入口が並行している。患者の血管から血液入口に導入された血液は半透膜となる多数のセルロースの中空糸(糸の中が穴で繋がったもの)を通った後,血液出口から血管へ戻る仕組みになっている。血液は中空糸の細孔を流れている間に半透膜で仕切られた透析液と触れるので,老廃物の濃度差に応じた浸透圧が生じることとなる。その結果,血液中の老廃物は透析液へ移動し,血液の浄化が行われる。この方法の開発によって,多くの患者が救われている。物質科学が医学へ貢献している一例である。

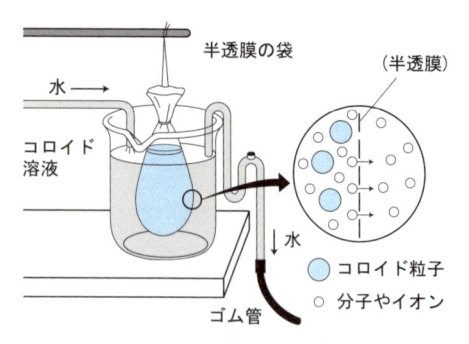

図 3-30　透析の概念図

3.5.3　プラズマ

近年，宇宙に対する関心が高まりプラズマという言葉をよく耳にするようになった。一般に，多くの物質は，測定する温度に応じて，固体，液体，気体として存在する。気体になったものをさらに高温にすると，原子から電子が飛び出す結果，図 3-31 に示すように，自由に運動する正，負の荷電粒子が共存した状態となる。

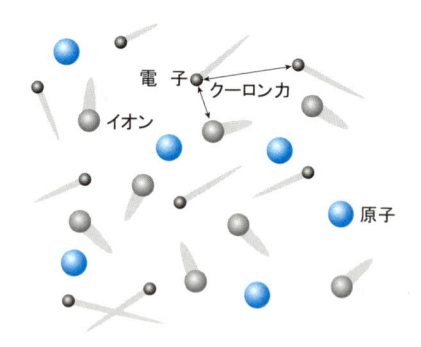

図 3-31　プラズマの概念図

このように電荷をもった気体になった物質の状態をプラズマという。プラズマは荷電粒子を含んでいるが，電気的には中性の状態を保ち，熱的に平衡状態にある。したがって，見かけは気体であるが，電荷を有しており，通常の気体とは異なる性質を持つ。空気で覆われている地球上では，粒子密度が高いため特別な装置内を除くと観測できない状態であるが，高度が高くなると，粒子密度が減少するから，電離する割合が増加し，成層圏をこえると電離層が存在する。宇宙にある物質の 99.9% 以上がプラズマといわれている。近年，宇宙開発が進み，人工衛星が飛び交う時代になると，その存在は無視できなくなり，第四の状態として区別されるようになった。

熱的に平衡状態にあるプラズマの中では電子の衝突によって中性の原子は高エネルギー状態になるか電離して陽イオンになる。こうして生じた陽

イオンは電子を取り込んで，励起した中性原子（これを励起原子という）となる。このようにして生じた励起原子は余分のエネルギーを放出して安定なもとの原子にもどる。自然界におけるプラズマ状態に注目すると，地球のエネルギー源である太陽*やそれから吹き出す太陽風，地球を取り巻く電離層では一般に見られる状態で，極地の空のオーロラはそれがひきおこす例である。

* 太陽内部の実態

太陽は約70％の水素と約30％のヘリウムからなり，プラズマ状態にあるガス状の物体である。その内部では水素原子がヘリウムになる熱核融合反応が起こり，莫大な熱を放出する。その結果，太陽の中心部は2500億気圧，温度が1500万Kになっている。その周りは放射層ついで対流層が被い，太陽表面の温度は約6000Kとなって，エネルギーが宇宙空間に太陽光として放出されている。そのエネルギーは1秒間に約$3.8×10^{23}$ kJと算出されている。その膨大なエネルギーによって，成層圏より高いところにある物体はプラズマ状態になっている。太陽から地球に届いているエネルギーはその約22億分の1であるが，途中で大気の吸収があり，その70％の1 kWm^{-2}が地上に降り注いでいる。

章末問題

3-1 25℃，760 Torr の圧力の下で，1 dm^3 の体積を占める気体がある。同じ温度で体積を 50.0 cm^3 にすると何気圧になるか。

3-2 202.6 Pa で 100 cm^3 の気体を，温度一定のまま体積を 125 cm^3 にすると，圧力は何気圧になるか。

3-3 一定圧力のもとで，ある気体の温度を 35℃ にしたところ，体積が 10％ 増加した。初めの温度は何度か。

3-4 ある容器に入った 0℃ の気体がある。この気体を暖めると，その圧力が 760 Torr から 860 Torr になった。気体の温度は何度高くなったか。

3-5 0℃で 500 cm^3 を占める気体は 150℃ではどれだけの体積となるか。

3-6 29℃，1.5 気圧で 410 cm^3 の窒素ガスには何個の分子が存在するか。

3-7 0℃，1 atm で二酸化炭素が 10.0 dm^3 入った容器がある。その中の二酸化炭素の分子数を求めよ。

3-8 気温30℃で，気球に He を入れたところ，体積は $4.1 × 10^3$ m^3 になり，圧力は $0.130 × 10^6$ Pa であった。気球中の He の質量を求めよ。

3-9 標準状態で密度が 3.17 g dm^{-3} の気体がある。この気体は次の中のどれか。
   (a) CO$_2$ (b) NH$_3$ (c) Cl$_2$ (d) H$_2$O   (e) N$_2$

3-10 容器に酸素と麻酔剤として利用される亜酸化窒素(N$_2$O)の混合物が入っている。その圧力は 1.20 atm であった。酸素の分圧が 137 Torr であるとき亜酸化窒素の分圧を求めよ。

3-11 水 130 g に NaCl 20 g を溶かした溶液（密度 1.2 g cm^{-3}）がある。次の文中の（ A ）～（ H ）に当てはまる数値を書け。ただし，Na = 23, Cl = 35.5 とする。

  溶液の質量は　130 g + 20 g = 150 g であり，NaCl の質量は 20 g であるから
  　　質量パーセント濃度 =（ A ）× 100 =（ B ）％

その溶液をモル濃度で示すとどうなるか考えることにする。その溶液の密度は 1.2 g cm^{-3} であるから，全質量 150 g の溶液の体積は（ C ）cm^3 となる。その中に 20 g の NaCl が溶けている。したがって，1 dm^3 中に溶解した NaCl の質量は（ D ）g であり，NaCl の式量は 23 + 35.5 = 58.5 なので（ E ）mol となり，そのモル濃度は（ E ）mol L^{-1} と求められる。

また，質量モル濃度は，溶媒 1 kg に溶解した溶質の物質量であるから，先ず，水 1 kg に溶解した NaCl の質量が必要になる。それは，（ F ）g となるから，（ G ）モルとなる。したがって，この溶液の質量モル濃度は（ H ）mol kg^{-1} と求められる。

3-12 32%のメタノール水溶液の (a) メタノールのモル分率, (b) モル濃度, (c) 質量モル濃度を求めよ。ただし, この水溶液の密度は 0.9863 g cm^{-3} である。

3-13 市販の濃硫酸は濃度が 96.0%, 密度が 1.83 g cm^{-3} である。この濃硫酸を用いて, 0.50 mol dm^{-3} の希硫酸 250 cm^3 つくりたい。濃硫酸は何 cm^3 必要か。ただし, H = 1.0, O = 16.0, S = 32.1 とする。

3-14 温度 25℃下, ナフタレン ($C_{10}H_8$) 0.75 mol をベンゼン (C_6H_6) 500 g に溶かした溶液のベンゼンの蒸気圧はいくらか。ただし, 25℃の純ベンゼンの蒸気圧は 94.6 Torr である。

3-15 水 100 g にエチレングリコール 2 g を溶かした水溶液の凝固点は −0.95℃であった。水 100 g にエチレングリコールを溶かして, 凝固点を −1.86℃にしたい。何 g のエチレングリコールを溶かせばよいか。

3-16 0.64 g のナフタレン ($C_{10}H_8$, 分子量 128) を 10 g のベンゼンに溶かした溶液の凝固点は 2.94℃であった。ベンゼンのモル凝固点降下定数を求めよ。ただし, ベンゼンの凝固点は 5.50℃とする。

3-17 分子量が未知の物質 0.45 g をベンゼン 10 g に溶解した溶液の凝固点は 4.22℃であった。この未知の物質の分子量を求めよ。(ヒント：算出には 3-16 で求めたベンゼンのモル凝固点降下定数あるいは表 3-4 中の値が必要)

3-18 人の血液の浸透圧は, 37℃で約 7.5 気圧である。それは 52.4 g dm^{-3} のブドウ糖の水溶液と同じ浸透圧であるという。ブドウ糖の分子量を求めよ。

3-19 ブドウ糖 ($C_6H_{12}O_6$, 分子量 180) 36 mg を 100 g の水に溶かした溶液 (比重を 1 とする) の浸透圧を 30℃で下図のような装置を使って調べた。以下の問に答えよ。

  (a) A 液の液面と B 液の入った容器の液面を一致させて実験を始めたが, 時間がたつと図のように B 液の液面が上昇した。ブドウ糖の水溶液は図中の A 液, B 液のどちらか。
  (b) このブドウ糖水溶液の浸透圧は何気圧か。
  (c) 液柱の高さ h は何 cm か。

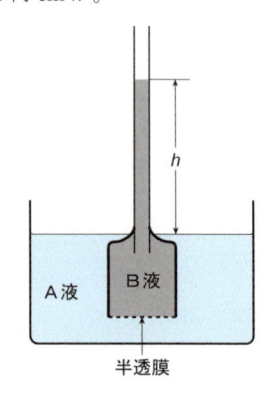

3-20 次の物質をイオン結晶, 金属結晶, 共有結合の結晶, 分子結晶に分類せよ。
  (a) カリウム (b) ナフタレン (c) 食塩 (d) ケイ素
  (e) フッ化カルシウム (f) 砂糖 (g) 石英 (h) 金

(i) 塩化亜鉛　(j) マグネシウム

3-21　金属を構成する結晶構造を三種類示し，その結晶構造の概略を図示せよ。

3-22　液晶をつくる分子の特徴を述べ，その特性を示せ。

3-23　次の物質でコロイド状態になっているのはどれか。それは何が分散媒で何が分散質かを示せ。
　　(a) 砂糖水　(b) 牛乳　(c) 焼酎　(d) パン　(e) 食塩水

3-24　透析とはどんな操作かを示し，透析を生活に利用している例を示せ。

3-25　次の問に答えよ。
　(a) プラズマとはどんな状態か。
　(b) 次の中からプラズマ状態がひき起す現象を示せ。
　　(a) 雲　(b) 月光　(c) オーロラ　(d) 竜巻き　(e) 蛍光灯の光

*1　細胞膜の概念図

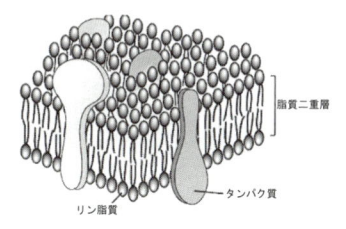

*2　ヘモグロビン
4つの高分子（α_1, α_2, β_1, β_2）からなる超分子

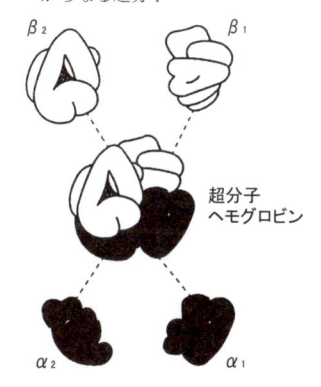

*3　シクロデキストリンとその概念図

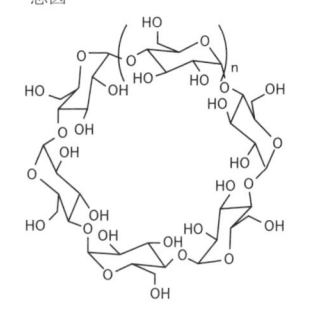

*4　複数の輪状分子が分子間相互作用によって軸（鎖状分子）に沿って並ばせ，それを機械的に閉じ込めた超分子。

コラム　超分子とその展開

　複数の分子が共有結合以外の結合，すなわち，ファンデルワールス力，水素結合，疎水結合などの分子間相互作用によって秩序だって集合した分子集合体を超分子と言う。生体系に目を向けると，それらの分子間相互作用が，複合的にしかも構造特異的に作用して結びつき，個々の分子がつくる物質を越えた化学物質となり，さまざまな機能を産み出している。例えば，細胞膜*1 は炭素数が 12-16 の炭化水素分子の一端にホスファチジルエタノールアミンとホスファチジルコリンのような親水性置換基がついた分子が集合したリン脂質の超分子である。ヘモグロビン*2 は4個のタンパク質が結びついた超分子である。この2例からわかるように超分子が生命現象を担っている。

　物質創製に携わる化学者は，生体に起こる超分子の機能に目を向け，弱い結合が三次元に広がって生じる新たな物質創製を展開している。いろいろな超分子が作られているが，その1例として原田明博士（大阪大学名誉教授）が考案した超分子を紹介しておく。ポリエチレングリコールが選択的な分子間相互作用（分子認識）によって多くのシクロデキストリン*3 の疎水孔を貫くことを見出し，その両端末に大きな分子を結合してロータキサン*4 を創製した。

第4章

物質の変化

4.1 化学反応と化学式

4.1.1 身の周りの化学反応

地球上にはいろいろな物質が存在する。その中である物は燃えたり，ある物はさびたり，またある物は腐ったりして物質は変化するが，それはすべて化学反応による変化に起因している。物が燃えるのは酸素が関与する反応で，たとえば都市ガスの燃焼を分子モデルで示すと図 4-1 のように主成分であるメタンを構成していた炭素と水素の結合が切れて二酸化炭素と水に変わる反応である。その際，発生する熱は料理や暖房に利用されている[*1]。

[*1] メタンの燃焼を化学式で書くと
$CH_4 + 2O_2 \rightarrow CO_2 + 2H_2O$
で表される。メタン 1 mol（16 g）を燃焼するとその発熱量（燃焼熱）は 890 kJ である。この熱量は 10 kg の水の温度を約 21℃上げる熱量である。

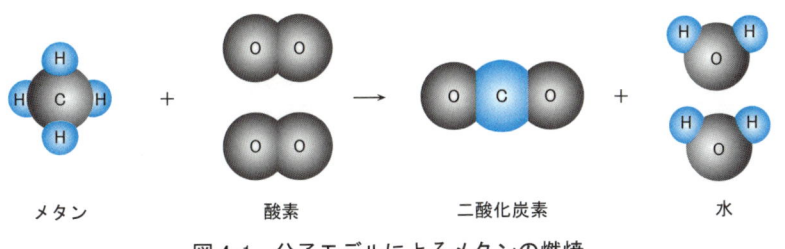

図 4-1 分子モデルによるメタンの燃焼

使い捨てのカイロは，鉄と酸素の反応の際に生じる熱を利用した例[*2] である。鉄がさびるのは，鉄が水分の存在下，酸素と結合して水酸化鉄[*3] が生じ，それが酸素によってさらに酸化されて酸化鉄に変る化学反応である。したがって，鉄のさびを防ぐには水分と空気を遮断すればよい。包丁や工具に油を塗ったり，鉄製品にさびどめペイントを塗るのもそのためである。

食べ物の消化や腐敗も化学変化である。消化は，酵素という物質の働きで食物が体内で吸収可能な物質に分解される化学反応で，腐敗は，食物が微生物によって私たちの生命の維持に不適切な物質に変る化学反応である。

[*2] $2Fe + 3O_2 \rightarrow Fe_2O_3$

[*3] $2Fe + O_2 + 2H_2O \rightarrow 2Fe(OH)_2$

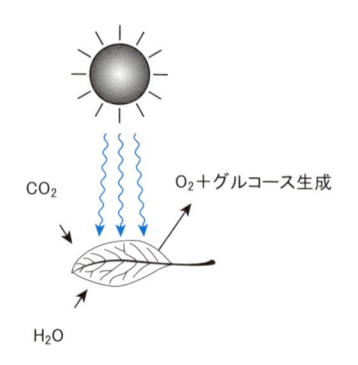

図 4-2　植物の光合成

　植物は太陽の光を吸収して二酸化炭素と水を原料にグルコース（ブドウ糖）を作り，酸素を放出している（図 4-2）。これは光合成という化学反応によるものである。
　一方，動物は，その光合成で作られたブドウ糖由来の物質（デンプン）を食べ，それを体内で安定な二酸化炭素と水として体外へ排泄している。その際，発生するエネルギーを生命活動の一部に利用している。自然界はまさに化学反応の場である。

4.1.2　化学反応はなぜおこるのか

　手に持ったコップの中の水は，そのコップをひっくり返すと床にこぼれ落ちる。なぜ下に落ちるのだろうか。それは水の支えがなくなったので，より位置エネルギーの低い状態，すなわちより安定な状態になろうとするためである。このように物質はなるべくエネルギーの低い状態になろうとする。化学反応が起こる場合でも同様で，一般に物質はなるべく安定な物質に変化しようとする傾向がある。たとえば金属に注目してみよう。地球上には，金，銀，鉄など色々な金属元素が存在する。周期表には 100 以上の元素があるが，そのほぼ 3 分の 2 が金属元素である。しかし，自然界で単体の金属として存在するのは金と白金だけで，多くの金属は化合物として存在する。それは大気の温度や圧力の条件下では，単体よりも酸化物などの化合物の方がより安定だからである。物質はより安定になろうとするため，温度や圧力など外的条件が整えば，反応する物質の原子間の結合が切れ，新しい結合を生じる。これが化学反応の起こる理由である。
　ここに疑問が生じる。植物の光合成では，安定な二酸化炭素と水からグルコースというより高いエネルギーをもった複雑な構造の物質，すなわちより反応性に富んだ物質に変化している。この事実は，化学反応は，反応する物質がより安定な物質になろうとすることから起こるという先の説明

と矛盾するように思える。しかし，これはある物質が太陽光エネルギーの吸収によって，より高いエネルギーをもった状態になったためと考えれば矛盾するものではない。もう少しくわしくいうと，木の葉には葉緑素という色素が存在している。これが，太陽の光の 428 nm と 660 nm の光を吸収して高いエネルギーを持つ物質となり，それが化学反応を引き起こし，光合成を行っている。

4.1.3 化学反応式

物質の変化を表す式を反応式という。反応式には，物質の変化をその物質名を用いて表した物質名反応式とその物質の化学式（主に分子式）を用いて表した化学反応式とがある。これらの反応式では物質の変化を矢印で示すが，その左側に反応物の名称あるいは化学式を，右側に生成物の名称あるいは化学式を書く。反応式の左辺の物質群を原系，右辺の物質群を生成系という。物質の変化を反応式で表す例を以下に示す。

物質名反応式：

$$\text{メタンの酸化} \quad \text{メタン} + \text{酸素} \longrightarrow \text{二酸化炭素} + \text{水}$$
$$\text{鉄の酸化} \quad \text{鉄} + \text{酸素} \longrightarrow \text{酸化鉄}$$

化学反応式：

$$\text{炭素の燃焼} \quad C + O_2 \longrightarrow CO_2$$
$$\text{三酸化硫黄から硫酸の生成} \quad SO_3 + H_2O \longrightarrow H_2SO_4$$

4.1.4 化学反応の法則と化学反応式

フランスの化学者ラボアジエは緻密な実験で，ものが燃えるのは物質が空気中の酸素と結合する現象であるという燃焼の本質を明らかにし，「化学反応の前後で物質全体の質量は不変である」という質量保存の法則を発見した。すなわち原系と生成系とでは，原子の組換えはあっても原子の数は変らないのである。したがって，化学式を使って化学反応式で示す際，質量保存の法則が保たれるように化学式の前に係数をつけ，左辺の各元素の原子数と右辺の元素の原子数が等しくなるように書かれる。水の生成反応の物質名反応式（水素 + 酸素 → 水）をそのまま化学式で書くと

$$H_2 + O_2 \longrightarrow H_2O$$

となるが，反応物と生成物の間では O 原子の数が違っている。質量保存の法則すなわち反応前後の原子数不変を考慮すると

$$2H_2 + O_2 \longrightarrow 2H_2O$$

となり，反応する水素や酸素と生成する水の量的関係が明らかに表される点で，反応の実体がうかがえるのが化学反応式である。

先に述べたメタンの燃焼も使い捨てカイロの発熱も以下のような化学反応式で表される。

$$CH_4 + 2O_2 \longrightarrow CO_2 + 2H_2O$$
$$4Fe + 3O_2 \longrightarrow 2Fe_2O_3$$

> **例題 4-1** 次の物質名反応式を化学反応式で示せ。
>
> プロパン ＋ 酸素 ⟶ 二酸化炭素 ＋ 水
>
> （答）反応物と生成物の化学反応式を書くことから始める。その際，以下のように各分子に係数 w, x, y, z を付けておく。
>
> $$wC_3H_8 + xO_2 \longrightarrow yCO_2 + zH_2O$$
>
> 反応前後で原子数に変化はないので各原子について次式が成立する。
>
> C について：$3w = y$
>
> H について：$8w = 2z$
>
> O について：$2x = y + z$
>
> 未知数の数（4個）が方程式の数（3式）より多いため解を求めることはできないが，w を1とすると，$w:x:y:z = 1:5:3:4$ となる。したがって化学反応式は次式のように表される。
>
> $$C_3H_8 + 5O_2 \longrightarrow 3CO_2 + 4H_2O$$

演習4-1 次の反応の化学反応式を書け。

(a) 炭素が空気中で燃焼して一酸化炭素が生成する。

(b) 水素と塩素が反応して塩化水素になる。

(c) 金属ナトリウムと水の反応で水酸化ナトリウムと水素が生成する。

演習4-2 次の物質名反応式を化学反応式で示せ。

エタン ＋ 酸素 ⟶ 二酸化炭素 ＋ 水

演習4-3 次の化学反応式の（　）の中に係数を入れて反応式を完成せよ。

(a) (　)H_2 + (　)O_2 ⟶ (　)H_2O

(b) (　)N_2 + (　)H_2 ⟶ (　)NH_3

(c) (　)Al + (　)O_2 ⟶ (　)Al_2O_3

(d) (　)C_2H_6 + (　)O_2 ⟶ (　)CO_2 + (　)H_2O

(e) (　)Al + (　)Fe_2O_3 ⟶ (　)Al_2O_3 + (　)Fe

(f) (　)NH_3 + (　)O_2 ⟶ (　)N_2O_4 + (　)H_2O

解答
演習4-1
　(a) $2C + O_2 \rightarrow 2CO$
　(b) $H_2 + Cl_2 \rightarrow 2HCl$
　(c) $2Na + 2H_2O \rightarrow 2NaOH + H_2$
演習4-2
　$2C_2H_6 + 7O_2 \rightarrow 4CO_2 + 6H_2O$
演習4-3
　(a) 2, 1, 2
　(b) 1, 3, 2
　(c) 4, 3, 2
　(d) 2, 7, 4, 6
　(e) 2, 1, 1, 2
　(f) 4, 7, 2, 6

化学反応式は反応に関与する分子や生成する分子の量的関係を示してい

る。例えば，水素と窒素との反応によるアンモニア合成の場合，その化学反応式は次のように表される。

$$N_2 + 3H_2 \longrightarrow 2NH_3$$

この反応式は，窒素1分子と水素3分子が反応して2分子のアンモニアが生成することを示している。各々にアボガドロ数をかけると，窒素1 mol と水素 3 mol から 2 mol のアンモニアが生成することも示している。さらに，気体 1 mol の体積は，0℃，1 気圧で 22.4 dm^3 であるから，0℃では窒素 22.4 dm^3 と水素 3 × 22.4 dm^3 から 2 × 22.4 dm^3 のアンモニアが生成することも示している。これは，「気体どうしが反応したり，反応の結果，気体が生成するときには，それらの気体の体積の間に，整数比が成り立つ」という気体反応の法則である。したがって，化学反応式に含まれる反応物または生成物のうち 1 つの物質量がわかると，その他の反応物および生成物の物質量は，その係数の比から求められる。

例題 4-2 メタンが完全に燃焼すると二酸化炭素と水が生成する。0℃，1 気圧で 2.24 dm^3 のメタンを完全燃焼するのに必要な酸素の体積は何 dm^3 か。

$$CH_4 + 2O_2 \longrightarrow CO_2 + 2H_2O$$

(答) まず，0℃，1 気圧での，メタン 2.24 dm^3 の物質量を求める。

2.24 dm^3 ÷ 22.4 dm^3 mol^{-1} = 0.1 mol

メタン 1 分子と酸素 2 分子が反応するから，メタン 0.1 mol が完全に反応するためには酸素 0.2 mol が必要である。

したがって，必要な酸素の体積は

0.2 mol × 22.4 dm^3 mol^{-1} = 4.48 dm^3

演習 4-4 0℃，1 気圧の大気中でプロパン（C_3H_8）を燃焼したとき 132.0 g の二酸化炭素が発生した。プロパンの物質量を求めよ。

4.1.5 化学反応の分類

元素の数は現在 120 種程度報告されているが，500 万種類以上の化学反応が知られている。その膨大な数の化学反応も，化合反応，分解反応，置換反応および交換反応と 4 つの基本タイプに分類できる。

a. 化合反応

2 つ以上の物質が結合してより複雑な物質を生成する反応で，水素と酸素から水が生成する反応や鉄が酸素と反応して酸化鉄になるのはその例である。一般式は次式で表される。

解答
演習 4-4
1 mol

$$A + B \longrightarrow AB$$

ここで，AおよびBは単体や化合物を，ABは化合物を示す。

その例を以下に示す。

1) 単体と酸素との反応

$$2\,Mg + O_2 \longrightarrow 2\,MgO$$
$$S + O_2 \longrightarrow SO_2$$

2) 酸化物の反応

$$Na_2O + CO_2 \longrightarrow Na_2CO_3$$
$$CaO + H_2O \longrightarrow Ca(OH)_2$$

3) 付加反応

$$H_2C=CH_2 + H_2 \longrightarrow H_3C-CH_3$$

b. 分解反応

1つの物質が分解してより簡単な物質を生成する反応で，その一般式は次式で表される。

$$AB \longrightarrow A + B$$

ここで，ABは化合物を，AおよびBは単体や化合物を示す。

その例を以下に示す。

1) 酸化物の分解

$$2\,HgO \longrightarrow 2\,Hg + O_2$$
$$2\,H_2O \longrightarrow 2\,H_2 + O_2$$

2) 塩の分解

$$2\,KClO_3 \longrightarrow 2\,KCl + 3\,O_2$$
$$CaCO_3 \longrightarrow CaO + CO_2$$

3) 酸の分解

$$H_2CO_3 \longrightarrow H_2O + CO_2$$
$$H_2SO_4 \longrightarrow H_2O + SO_3$$

c. 置換反応

化合物の中のある元素が他の元素と置き換わる反応であり単置換反応ともいわれる。その一般式は次式で表される。

$$A + BX \longrightarrow AX + B$$

ここで，AおよびBは単体を，AXおよびBXは化合物を示す。置換反応の例を以下に示す。

1) 金属のより反応性のある金属との置換

$$2\,Al + 3\,Fe(NO_3)_2 \longrightarrow 2\,Al(NO_3)_3 + 3\,Fe$$

2) 水の水素の1族金属による置換

$$2Na + H_2O \longrightarrow 2NaOH + H_2$$

3) 酸の水素の活性金属による置換

$$Mg + 2HCl \longrightarrow MgCl_2 + H_2$$

d. 交換反応

2つの化合物が互いに原子または原子団を交換する反応であり，複置換反応ともいわれる。その一般式は次式で表される。

$$AX + BY \longrightarrow AY + BX$$

ここで，AX，BY，AY，BX は化合物を示す。
交換反応の例を以下に示す。

1) 塩と塩との反応

$$Pb(NO_3)_2 + 2KI \longrightarrow PbI_2 + 2KNO_3$$

2) 塩と酸の反応

$$FeS + 2HCl \longrightarrow FeCl_2 + H_2S$$

3) 酸と塩基との反応（中和反応）

$$HCl + NaOH \longrightarrow NaCl + H_2O$$

演習4-5 次の反応は，化合，分解，置換，交換のいずれの反応に分類できるか答えよ。

(a) $2Al + 3ZnCl_2 \longrightarrow 2AlCl_3 + 3Zn$

(b) $2HgO \longrightarrow 2Hg + O_2$

(c) $AgNO_3 + HCl \longrightarrow AgCl + HNO_3$

(d) $2KI + Br_2 \longrightarrow 2KBr + I_2$

(e) $CaCO_3 \longrightarrow CaO + CO_2$

(f) $2AgNO_3 + BaCl_2 \longrightarrow 2AgCl + Ba(NO_3)_2$

(g) $Zn + H_2SO_4 \longrightarrow ZnSO_4 + H_2$

(h) $H_2 + Br_2 \longrightarrow 2HBr$

(i) $H_2SO_4 + 2NaOH \longrightarrow Na_2SO_4 + 2H_2O$

(j) $2Na + Cl_2 \longrightarrow 2NaCl$

4.2 化学反応と反応熱

4.2.1 エネルギーと反応熱

自然界には太陽光や重力に起因するエネルギーが存在し，それがさまざまなエネルギー形態すなわち熱エネルギー，運動エネルギー，位置エネルギー，光エネルギー，電気エンエルギー，化学エネルギーなどとしてあら

解答
演習4-5
(a) 置換 (b) 分解 (c) 交換
(d) 置換 (e) 分解 (f) 交換
(g) 置換 (h) 化合 (i) 交換
(j) 化合

*1 エンタルピーは「温まる」というギリシャ語に由来しており，熱含量ともいわれる。定圧下での反応の際に出入りする熱は ΔH となるので，最近はエンタルピー表示がシアされている。

エンタルピーについて，もっと学習したい方は下記の書を参照してください。
蒲地幹治，『基本化学熱力学 基礎編』，三共出版 (2013) pp 74-75.

われて自然現象を生み出している。これらのエネルギーをもとに作られる全ての物質には，それぞれ，固有のエネルギーが存在する。物質のもつエネルギーはエンタルピー H[*1] という量で表される。

化学反応は物質の変化であるからエンタルピー変化があり，化学反応がおこる際には熱の出入りがある。それを反応熱といい，生成物のエンタルピー $H_{生成物}$ から反応物のエンタルピー $H_{反応物}$ を差し引いた ΔH（$H_{生成物} - \Delta H_{反応物}$）で表す。

エンタルピー表示の具体例を図 4-1 に示したメタンの燃焼反応に当てはめてみよう。この反応はメタンと酸素が化学反応をすることによって二酸化炭素と水に変化する現象である。反応物であるメタンと酸素のもつエンタルピーが，生成物のもつ二酸化炭素と水のエンタルピーよりも大きいから，エンタルピーに差が生じ，それが熱として表れる。これが反応熱の正体である。1 気圧で 1 mol のメタンガスと 2 mol の酸素から 1 mol の二酸化炭素と 2 mol の水が生成する時のエネルギー変化では 890.4 kJ の熱が発生する。エンタルピーを縦軸にとって図示すると，図 4-3 のようになる。

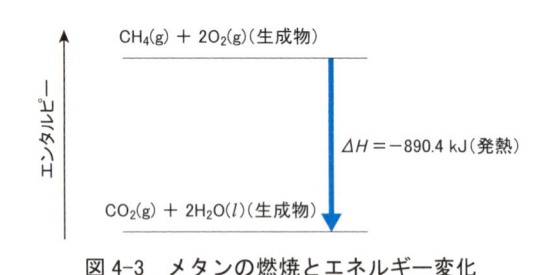

図 4-3　メタンの燃焼とエネルギー変化

一般に化学反応によって物質が変化すると，結合の数や種類あるいは分子の構造や性質が変化するため，反応物のもつエネルギーと生成物のもつエネルギーに差が生じる。このため反応の進行に伴って，この差に相当するエネルギーが熱として放出あるいは吸収される。熱を放出する化学反応を発熱反応という。一方，熱を吸収する反応を吸熱反応という[*2]。

反応物のもつエンタルピーと生成物のもつエンタルピーの差は化学反応を推し進める駆動力の 1 つとなる。このため，生成物のエンタルピーが小さくなる向き，すなわち発熱量が大きくなる方向に反応は進みやすい。しかし，高温にしたり，光を照射すると大きなエネルギーが反応系に供給されるから，吸熱反応も可能になる[*3]。

4.2.2　熱化学方程式

各反応物と生成物を書き示した化学反応式にエンタルピー変化を付記した式を熱化学方程式という。前節で明らかなように，付記する ΔH は，発

熱反応では負，吸熱反応では正となる。例えば，炭素（黒鉛）が燃焼する反応は

$$C(s) + O_2(g) = CO_2(g) \quad \Delta H = -393.5 \text{ kJ}$$

と表される。

熱化学方程式を書くにあたって，次のことにも注意しておかねばならない。化学反応に関与する物質や生成物質の状態の記号を記入しておくことである。例えば，メタンの燃焼で二酸化炭素と水ができる反応では，生成するのが液体の水なのか，それとも気体の水蒸気なのかで反応熱すなわち ΔH は異なる。水ができる場合には

$$CH_4 + 2O_2 \longrightarrow CO_2 + 2H_2O \quad \Delta H = -890.4 \text{ kJ}$$

であるが，水蒸気ができる場合には

$$CH_4 + 2O_2 \longrightarrow CO_2 + 2H_2O \quad \Delta H = -802.4 \text{ kJ}$$

となる。物質のもつ内部エネルギーは，それがどんな状態であるかによって異なるので，物質の化学記号の後にその状態を付記しておかねばならない。一般に，気体に対しては g，液体に対しては l，固体の物質には s，水溶液には aq を添えて表示される。

前述のように物質のもつ内部エネルギーはその物質の状態によって違った熱量の値となるから，基準を定めておくことが望ましい。通常は，1 atm, 25℃における反応熱を書き加えた熱化学方程式が広く採用されている。メタンやプロパンの酸化反応の熱化学方程式は次のように表される

$$CH_4(g) + 2O_2(g) = CO_2(g) + 2H_2O(l) \quad \Delta H = -890.4 \text{ kJ}$$

$$C_3H_8(g) + 5O_2(g) = 3CO_2(g) + 4H_2O(l) \quad \Delta H = -2219 \text{ kJ}$$

水素と酸素から水ができる反応の反応熱は

$$2H_2(g) + O_2(g) = 2H_2O(l) \quad \Delta H = -572 \text{ kJ}$$

となり，この発熱量 572 kJ は 2 mol の水が生成する際の熱量である。ここで問題となるのは，係数がかかった分の物質量が生成または消費した際の熱量となることである。そのため，ふつうは次式に示すように注目する物質 1 mol の変化（この場合は水 1 mol の生成）を示すように書かれた熱化学方程式が採用されている。

$$H_2(g) + \frac{1}{2} O_2(g) = H_2O(l) \quad \Delta H = -286 \text{ kJ}$$

このように，注目する物質 1 mol あたりが生成，消失する熱量であらわされるから，係数が分数になることも多い*。

* 例えば，アンモニア 1 mol が生成する際の熱化学方程式は
$\frac{1}{2} N_2 + \frac{3}{2} H_2 = NH_3 \quad \Delta H = -46.5 \text{ kJ}$
と表される。

例題 4-3 1 mol のエチレンの燃焼で 1411 kJ の熱が発生した。この化学反応の熱化学方程式を書け。。

（答） まずエチレンの燃焼反応の化学反応式を書くと

$$C_2H_4(g) + 3O_2(g) \longrightarrow 2CO_2(g) + 2H_2O(l)$$

1 mol のエチレンの燃焼熱が 1411 kJ であるから

熱化学方程式

$$C_2H_4(g) + 3O_2(g) = 2CO_2(g) + 2H_2O(l) \quad \Delta H = -1411 \text{ kJ}$$

演習4-6 次の反応の熱化学方程式を書け。

(a) 塩酸と水酸化ナトリウム水溶液との反応で 1 mol の水が生じる反応（発生した熱量 57.9 kJ）

(b) 窒素と水素からアンモニアが生成する反応（アンモニア 1 mol の生成反応で発生した熱量 46.5 kJ）

(c) 四酸化二窒素の二酸化窒素への分解反応（いずれも気体，1 mol の四酸化二窒素の分解に必要な熱量 58 kJ）

4.2.3 ヘスの法則

化学反応は始めの状態と終りの状態は同じでも，途中の反応過程が異なる場合がある。例えば，水溶液中で二酸化炭素と水酸化ナトリウムから炭酸ナトリウムが生じる場合を考えてみよう。直接，炭酸ナトリウムが生成する時の熱化学方程式は次のようになる。

$$CO_2(aq) + 2NaOH(aq) = Na_2CO_3(aq) + H_2O(l) \quad \Delta H = -84.44 \text{ kJ}$$

一方，水酸化ナトリウムの量を調節してまず炭酸水素ナトリウムにし，第2段階で炭酸水素ナトリウムと水酸化ナトリウムの反応で炭酸ナトリウムが生じる時の熱化学方程式は次のようになる。

$$CO_2(aq) + NaOH(aq) = NaHCO_3(aq) + H_2O(l) \quad \Delta H = -38.46 \text{ kJ}$$
$$NaHCO_3(aq) + NaOH(aq) = Na_2CO_3(aq) + H_2O(l) \quad \Delta H = -45.98 \text{ kJ}$$

二酸化炭素と水酸化ナトリウムから，炭酸ナトリウム生成反応を一段階で行った時の発熱量と，2段階で行った際の最終の全発熱量は同じである。スイスの化学者ヘス（1802～1850）はいろいろな化学変化について，その反応の道すじを変えて実験を行った時の反応熱を調べ，「最初の反応物質とそれから得られる最終の生成物が同じものであれば，途中どのような道すじをたどっても，出入りする熱量の総和は変らない」という法則を見い出した。この法則は，総熱量不変の法則または発見者の名前をとってヘスの法則といわれ，次に示すように，一般的な原理として記述できる。

反応物Ⅰから生成物Ⅱへ変化する際の反応熱 $q_{Ⅰ→Ⅱ}$ は，反応物Ⅰから中間生成物Ⅲを経て生成物Ⅱへの道筋での熱量の変化の和に等しい（図4-4）。

この法則は，実測が困難な反応熱の決定に利用されている。例えば，前

解答
演習4-6
(a) $HCl(aq) + NaOH(aq) = NaCl(aq) + H_2O(l) \quad \Delta H = -57.9 \text{ kJ}$
(b) $(1/2)N_2(g) + (3/2)H_2(g) = NH_3 \quad \Delta H = -46.5 \text{ kJ}$
(c) $N_2O_4 = 2NO_2 \quad \Delta H = -58 \text{ kJ}$

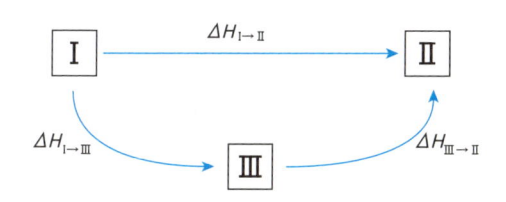

$$\Delta H_{\mathrm{I} \to \mathrm{II}} = \Delta H_{\mathrm{I} \to \mathrm{III}} + \Delta H_{\mathrm{III} \to \mathrm{II}}$$

図 4-4　2 つの経路と反応熱

述の炭素（黒鉛）の燃焼反応では 393.5 kJ mol^{-1} の反応熱を出して，二酸化炭素が生成する。この反応は，第 1 段階でまず一酸化炭素が生じ，第 2 段階では生成した一酸化炭素が二酸化炭素に変化することが知られている。

1)　C ＋ (1/2)O$_2$ ⟶ CO
2)　CO ＋ (1/2)O$_2$ ⟶ CO$_2$

2) の反応は CO 自身が単離されるので，その反応熱は測定できる。1) の反応は C の不完全燃焼によって CO が得られるので，酸素量の調節によって反応熱の測定ができそうに思えるが，一酸化炭素の燃焼も必ず起こるので，真の反応熱を測定できない。しかし，ヘスの法則を用いると，この反応熱を求めることができる*。

* ヘスの法則の利用例。

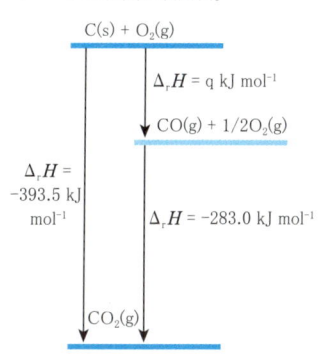

C と O$_2$ から 1 mol の CO を生成する反応熱を $\Delta H =$ とすると

$$\text{C(s)} + (1/2)\text{O}_2(\text{g}) = \text{CO(g)} \quad \Delta H = \text{kJ} \qquad (4\text{-}1)$$

C の燃焼熱および CO の燃焼熱から

$$\text{C(s)} + \text{O}_2(\text{g}) = \text{CO}_2(\text{g}) \quad \Delta H = -393.5 \text{ kJ} \qquad (4\text{-}2)$$
$$\text{CO(g)} + (1/2)\text{O}_2(\text{g}) = \text{CO}_2(\text{g}) \quad \Delta H = -283.0 \text{ kJ} \qquad (4\text{-}3)$$

となる。CO$_2$ を消去するため (4-2) 式から (4-3) 式を，辺々差し引くと

$$\text{C(s)} + (1/2)\text{O}_2(\text{g}) = \text{CO(g)} \quad \Delta H = -110.5 \text{ kJ} \qquad (4\text{-}4)$$

となる。式 (4-4) は式 (4-1) と同じであるから，ΔH は -110.5 kJ となる。

演習 4-7　次の物質の燃焼熱が表に示されている。

物質	発熱量 / kJ mol^{-1}
C(s)	394
H$_2$(g)	286
O$_2$(g)	0（燃えない）
C$_3$H$_8$(g)	2219
CH$_3$OH(l)	726

1)　表に示された O$_2$ 以外の物質の熱化学方程式を書け。
2)　次の反応の反応熱を求めよ
　　(a)　3C(s) ＋ 4H$_2$(g) ⟶ C$_3$H$_8$(g)
　　(b)　C(s) ＋ 2H$_2$(g) ＋ (1/2)O$_2$(g) ⟶ CH$_3$OH(l)

解答
演習4-7
(1)
C(s) + O$_2$(g) = CO$_2$(g)　$\Delta H = -394$ kJ
H$_2$(g) + $\frac{1}{2}$O$_2$(g)
　　　　= H$_2$O(g)　$\Delta H = -286$ kJ
C$_3$H$_8$(g) + 5O$_2$(g)
　= 3CO$_2$(g) + 4H$_2$O(g)　$\Delta H = -2219$ kJ
CH$_3$OH(l) + $\frac{3}{2}$O$_2$
　= CO$_2$(g) + 2H$_2$O(g)　$\Delta H = -726$ kJ

(2)
　(a) 107 kJ
　(b) 240 kJ

4.2.4 化学結合と反応熱

水素や酸素は，各々の構成原子の共有結合によって安定な分子として存在する。したがって，共有結合した原子を引き離すには外部からエネルギーを供給しなければならない。このように，共有結合した原子を引き離すのに必要なエネルギーを結合エネルギーという。1 molの水素分子を2 molの水素原子に引き離すのに要するエネルギーは436 kJであるから，水素の結合エネルギーは436 kJということになる。これを熱化学方程式で表すと

$$H_2(g) = 2H(g) \quad \Delta H = -436 \text{ kJ} \tag{4-5}$$

となる。代表的な結合の結合エネルギーを表4-1に示す。

表4-1 代表的な結合エネルギー (kJ mol^{-1})

二原子分子の結合エネルギー								
H−H	436	H−F	565	H−Cl	431	H−Br	366	H−I	299
F−F	155	Cl−Cl	242	Br−Br	193	I−I	151		
O=O	497	C=O	1076	N≡N	945				
平均結合エネルギー								
C−H	412	C−C	348	C=C	612	C≡C	838		
C−N	305	C=N	613	C≡N	890				
C−O	360	C=O	743	C−F	484	C−Cl	338		
N−H	388	N−N	163	N=N	409				
O−H	463	O−O	146						

化学反応は，反応物を構成する原子間の結合が切れて，新しい結合が生じる現象である。その際の熱化学方程式は化学結合の組換えによって生じるエネルギーの変化であるから，結合エネルギーから反応熱のおよその値が算出できる。例えば，水の生成反応に注目してみよう。

$$2H_2(g) + O_2(g) \rightarrow 2H_2O(g) \tag{4-6}$$

反応熱はその途中の過程によらないから，次のようにH$_2$やO$_2$を原子に分

$\Delta H = 436 \times 2 + 497 + (-463) \times 4 \text{ kJ} = -483 \text{ kJ}$

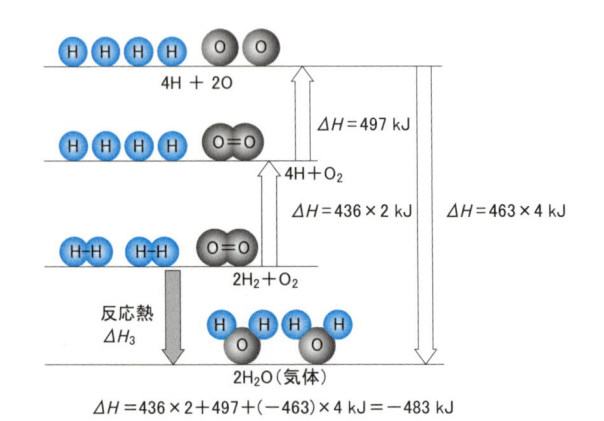

図4-5 水素の燃焼の際の反応熱と結合エネルギーの関係図

解し，その後から，2つの O−H 結合で水が生じると考える（図 4-5）。

$$2H_2(g) + O_2(g) = 4H(g) + O_2(g) \quad \Delta H = 2 \times 436 \text{ kJ} \quad (4\text{-}7)$$
$$4H(g) + O_2(g) = 4H(g) + 2O(g) \quad \Delta H = 497 \text{ kJ} \quad (4\text{-}8)$$

O−H 結合エネルギーの大きさは 1 mol あたり 463 kJ であるので，$2H_2O(g)$ になる際には 4 個の O−H 結合が生じる。

$$4H(g) + 2O(g) = 2H_2O(g) \quad \Delta H = -4 \times 463 \text{ kJ} \quad (4\text{-}9)$$

式 (4-7) + 式 (4-8) + 式 (4-9) から

$$2H_2(g) + O_2(g) = 2H_2O(g) \quad \Delta H = -483 \text{ kJ}$$

この値は 2 mol の水蒸気が生じる際の反応熱である。1 mol の水蒸気が生成する際の反応熱は 241.5 kJ となり，実測値 242 kJ mol^{-1} にほぼ一致する。結合の組換えが化学反応であることを強く示した例である。

演習 4-8 表に示された結合エネルギーを用いて，次の反応の反応熱を計算せよ。

(a) $C_2H_4(g) + 3O_2(g) \longrightarrow 2CO_2(g) + 2H_2O(g)$

(b) $N_2(g) + 3H_2 \longrightarrow 2NH_3$

4.3 反応速度

4.3.1 反応における速度の定義

4.1 で述べたメタンの燃焼や鉄さびの生成は，いずれも酸素による反応であるが，これら 2 つの反応の速さには明らかな差がある。メタンの燃焼は速やかに起こるのに対し，さびの生成は非常に遅い反応であり，それが起こっていることを気づくまでには長い時間の経過が必要である。反応の時間的経過を調べると，遅い反応では同じような酸化物が生成する場合でもより複雑な反応過程を通って進行している場合が多い。

反応を効率よく行うためには，その反応がどの程度の速度で進むかを知っておくことが極めて重要である。化学変化の速さ（反応速度）を表すためには，一般に単位時間に消失する反応物の濃度の変化や生じてくる生成物の濃度の変化が利用される*。

$$\text{反応速度} = -\frac{\text{反応物の濃度の減少変化}}{\text{変化に要した時間}}$$
$$= +\frac{\text{生成物の濃度の増加変化}}{\text{変化に要した時間}}$$

ここで，濃度の単位としては mol dm^{-3}（または mol L^{-1}）で表すことが多いので，反応速度の単位はふつう mol dm^{-3} s^{-1}（または mol L^{-1} s^{-1}）で表される。

*濃度と反応速度

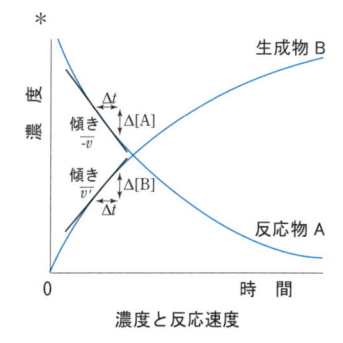

$\Delta[A]$，$\Delta[B]$ は濃度変化，Δt は変化に要した時間，傾きは反応速度を示す。

$$\text{反応速度 } v = \frac{-\Delta[A]}{\Delta t} = \frac{\Delta[B]}{\Delta t}$$

解答
演習 4-8
(a) 1073 kJ mol^{-1}
(b) 75 kJ mol^{-1}

4.3.2 濃度と反応速度

水素とヨウ素は化合してヨウ化水素になる。その反応は以下のような化学反応式で表される。

$$H_2 + I_2 \longrightarrow 2HI$$

反応速度は，水素の消費量に注目すると，反応速度は$-d[H_2]/dt$であるから，反応速度式は$-d[H_2]/dt = k[H_2][I_2]$という形で表される[*]。この反応では水素とヨウ素は同じ物質量ずつ反応するから，ヨウ素の消費量は水素の消費量と等しく，$-d[I_2]/dt = -d[H_2]/dt = k[H_2][I_2]$となる。しかし，生成物に注目すると，1回の反応毎に，2分子のHIが生成するから，生成物のできる反応速度は反応物の消費される反応速度の2倍になる。このように化学反応式において生成物と反応物の係数が異なると，反応速度を反応物の消費速度で見積もるか，生成物の生成速度で見積もるかで得られる反応速度が違ってくる。このような問題を避けるため反応速度を見積もる時には，消費速度や生成速度を係数で割ったものが用いられる。

したがって，上記の反応の反応速度式は

$$-\frac{d[H_2]}{dt} = -\frac{d[I_2]}{dt} = \frac{1}{2}\frac{d[HI]}{dt} = k[H_2][I_2]$$

のように表される。上式の比例定数kは一定温度では反応物質の濃度に無関係な定数で反応速度定数とよばれる。

より一般的な化学反応を考えると

$$a\mathrm{A} + b\mathrm{B} + \cdots \longrightarrow \text{生成物}$$

である反応の反応速度式は

$$-(1/a)d[\mathrm{A}]/dt = -(1/b)d[\mathrm{B}]/dt = \cdots\cdots = k[\mathrm{A}]^\alpha[\mathrm{B}]^\beta\cdots$$

という形で表される。その際，この反応の次数は$(\alpha + \beta + \cdots)$次であり$(\alpha + \beta + \cdots)$次反応という。したがって，水素とヨウ素とからヨウ化水素が生成する反応は$\alpha = \beta = 1$なので二次反応ということになる。この場合は$(\alpha + \beta + \cdots) = (a + b + \cdots)$となっている例であるが，複雑な反応過程が含まれるような場合には，$(\alpha + \beta + \cdots)$は化学式の係数$(a + b + \cdots)$と必ずしも一致しない。例えば，$H_2 + Br_2 \longrightarrow 2HBr$の反応では

$$-\frac{d[H_2]}{dt} = -\frac{d[Br_2]}{dt} = \frac{1}{2}\frac{d[HBr]}{dt} = \frac{k[H_2][Br_2]^{0.5}}{1+[HBr]/[Br_2]}$$

となり，二次反応とはならない。[HBr]が生じていない初期の反応は1.5次となる。これらの例から明らかなように濃度の指数であるα，βは化学反応過程の手がかりを与える重要な情報である。

[*] 温度と圧力が一定ならば反応速度は，反応する各物質の濃度に比例する。kは比例定数である。

> **コラム**　半減期を用いた年代測定

分子または原子が分解または崩壊するとき，その数または濃度が半分になるまでの時間を半減期という。一般に化合物 A が一次反応で分解するとき，その反応速度定数を k とすると

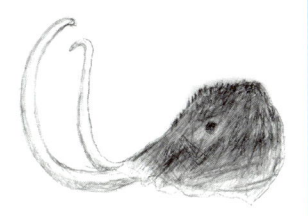

$$A \longrightarrow X + Y$$
$$-d[A]/dt = k[A]$$

のように表される。初期濃度を $[A]_0$ として，積分すると

$$\ln [A]/[A]_0 = -kt \quad \text{または} \quad [A] = [A]_0 \exp(-kt)$$

したがって，$[A]_0$ が半分になったとき $[A]/[A]_0 = 1/2$ であるから，その時の時間を半減期といい $t_{1/2}$ とすると，次式が得られる。

$$t_{1/2} = \ln 2/k = 0.693/k$$

半減期は，その物質の寿命あるいは安定性を表す指標として重要である。放射性元素（アイソトープ）の崩壊（壊変）は，一次反応で減衰する典型的な例である。例えば，放射性炭素 $^{14}_{6}C$ は成層圏で宇宙線の作用で中性子（$^{1}_{0}n$）と $^{14}_{7}N$ から定常的に生成するので，わずかではあるが地上に存在する*。その半減期は 5,730 年（上式から，$k = 1.21 \times 10^{-4}$ / 年。つまり，1 年あたり 0.0121% ずつ消滅する）である。愛知万博に展示されたユカギル（シベリア凍土の発掘地近くの村名）ケナガマンモスは，その骨，皮膚，体毛の断片の ^{14}C 濃度（$^{14}C/^{12}C$）の測定から，このマンモスの生息していた年代が 23,000〜18,000 年前とされた。これは，死後は炭素の摂取・代謝がないので，標本の $^{14}C/^{12}C$ 測定値が当時の大気中の $^{14}C/^{12}C$ 濃度（現在の濃度と実質的には変わらない）からどれだけ減ったかによって，推算されるわけである。このような放射性炭素による年代測定は 5 万年前（半減期の約 10 倍）ぐらいまでは有用であるとされる。半減期のずっと長い ^{40}K（半減期 12.8 億年），^{238}U（半減期 44.7 億年）などの天然の放射性同位体の岩石組成分析は地球と生物さらに宇宙の歴史を刻む「時計」として利用される。

チェルノブイリ（1986）や福島（2011）で起きた原子力発電所事故で飛び散った放射性物質のうちセシウム 137（^{137}Cs）は半減期 30 年，10% まで減少するには 100 年を要する。このような悲劇が長期に持続することを人類は肝に銘ずべきである。

* 成層圏での核反応で生じた中性子（$^{1}_{0}n$）が N_2 分子と反応する結果，次の反応によって ^{14}C が生じる

$$^{14}_{7}N + ^{1}_{0}n \rightarrow ^{14}_{6}C + ^{1}_{1}H$$

演習 4-9
a) $N_2 + 3H_2 \longrightarrow 2NH_3$ の反応速度を反応物および生成物の濃度を用いて示せ。

b) $CO + Cl_2 \longrightarrow COCl_2$ の反応速度式を示せ。

解答
演習 4-9

a) $-\dfrac{d[N_2]}{dt} = -\dfrac{1}{3}\dfrac{d[H_2]}{dt} = \dfrac{1}{2}\dfrac{d[NH_3]}{dt}$

b) $-\dfrac{d[CO]}{dt} = -\dfrac{d[Cl_2]}{dt} = \dfrac{d[COCl_2]}{dt}$
　　$= k[CO][Cl_2]$

4.3.3 反応温度と反応速度

反応物の濃度が同じでも，反応温度を上げると熱がエネルギーとして加わるから反応物粒子の動きが活発になり，反応物粒子が出会う機会が増えるので，通常，反応速度は大きくなる。温度一定の時には反応速度定数 k は一定であるが，温度が変化すると k も変化する。

反応系には多数の分子が存在する。それらの分子はさまざまな大きさのエネルギーを持ち温度に特有な分布をしている（図 4-6）。それら多くの分子の中で，あるエネルギー（**活性化エネルギー**という）以上のエネルギーをもつ分子だけが反応する。反応温度を上げると活性化エネルギーより大きなエネルギーをもつ分子の割合が大きくなるため反応速度は大きくなる。

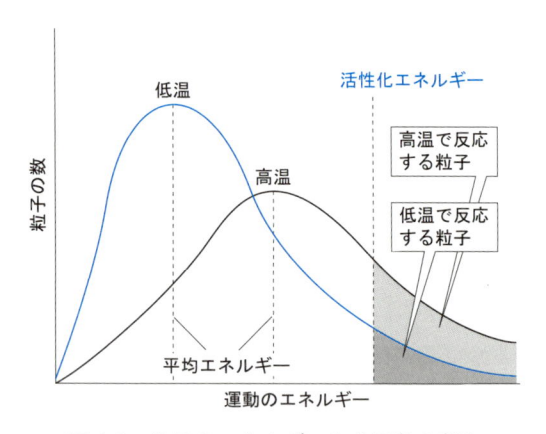

図 4-6 分子のエネルギーと分子数の割合

反応速度定数 k と温度 T の関係は次のような式で表されることが見出されている。この式は，その関係を見出したアレニウスの名をとり，アレニウスの式といわれている。

$$k = A e^{-E_a/RT}$$

ここで，A は頻度因子といい反応に有効な衝突数，E_a は活性化エネルギーである。詳細は専門書に譲るが，$e^{-E_a/RT}$ は E_a よりも大きなエネルギーをもつ分子の割合である。したがって，アレニウスの式は活性化エネルギー以上になったものの有効な衝突によって反応速度が決まることを示している（図 4-6）[*]。

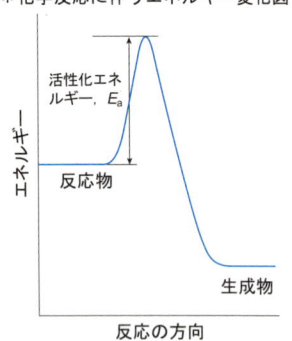

＊化学反応に伴うエネルギー変化図

活性化エネルギーを越えたエネルギーをもつ分子だけが反応して生成物となる。

4.3.4 触媒の役割

反応速度がきわめて遅い反応でも，ある種の物質を加えると速やかに反応が進行するようになる場合がある。たとえば，過酸化水素 H_2O_2 水溶液は加熱すると分解して酸素 O_2 を発生するが[*1]，二酸化マンガン MnO_2 を加えると加熱しなくても室温で激しく反応して酸素を発生する。このとき MnO_2 は変化せず反応終了後に回収される。このように，それ自身は変化しないで反応速度を増大させるような物質を触媒という[*2]。生体内で H_2O_2 を分解する酵素（カタラーゼ）を加えると，右図に示すように分解はさらに促進される。酵素が有効な触媒として働き，生命を守っている一例である。

窒素と水素とからアンモニアを生成する反応は活性化エネルギーが非常に大きく室温ではそれを越すようなエネルギーをもつ分子はほとんど存在しない。しかし，これに四酸化三鉄[*3]を主成分とする触媒を加えると室温下でも反応の進行が観測される[*4]。

触媒の働きは，その反応の活性化エネルギーを低下させる反応経路を提供している点にある（図 4-7）。したがって，触媒の存在によって反応時間が著しく短縮するので触媒は工業的に極めて重要な役割を果たしている[*5]。コラムに示した酵素の働きもその例である。

*1　$2H_2O_2 \rightarrow 2H_2O + O_2$

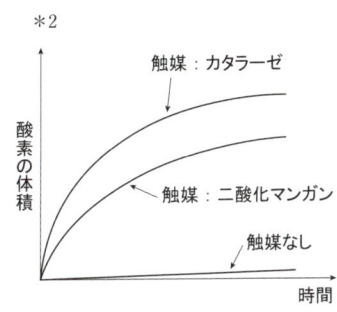

*2　

過酸化水素の分解反応における触媒の効果

*3　Fe_3O_4（付録「化合物の読み方・書き方」参照）

*4　実際のアンモニア合成は 4.4.2b に示される条件で行われる。

*5　触媒による活性化エネルギー低下の具体例を示しておく。
$(CH_3)_3COH \rightarrow (CH_3)_2C = CH_2 + H_2O$
上記の反応で触媒である HBr がない時には活性化エネルギーは 274 kJ mol^{-1} であるが，HBr が存在すると 127 kJ mol^{-1} に下がる。

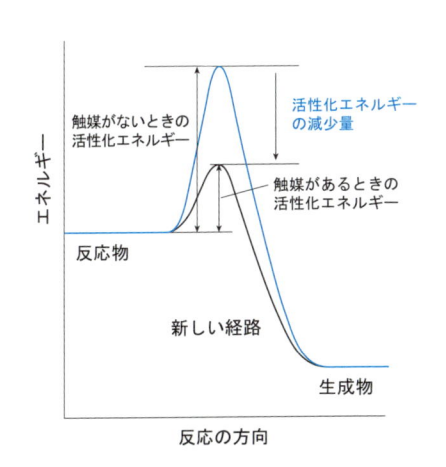

図 4-7　触媒による活性化エネルギーの変化

> **コラム** 酵素の働き
>
> 朝食を腹一杯食べても4, 5時間もすれば空腹になる。それは，私たちの身体の中に酵素といわれる物質が存在し，食事で食べたものを，体温で，速やかにしかも効率良く分解してくれるからである。これを実験室で行うとすると，生命を維持できるような穏やかな条件では不可能であり，酵素の触媒作用の偉大さを物語っている。体内で触媒作用をする酵素は，100〜500個のアミノ酸（2.7.2参照）が結合してできたタンパク質で，生体内には1,000種以上の酵素が見出されている。各々の酵素は特定の物質と選択的に反応し，食事で得た栄養素から生命活動に必要なエネルギーを取り出したり，生体物質を合成したり，また，毒になるような物質を分解するなど，様々な生命現象を支えている。生体内には多数の酵素が存在するが，良く知られている酵素には，だ液中にあってデンプンを分解するアミラーゼ，胃液中にあってタンパク質をアミノ酸に変えるペプシン，すい液中にあって脂肪を分解するリパーゼなどがある。
>
> 酵素は物質Aと選択的に反応する

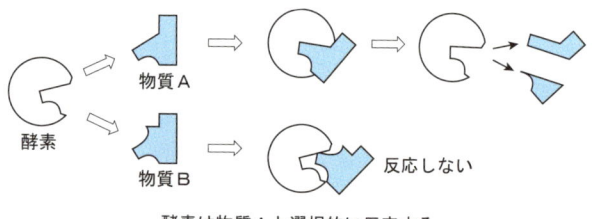

4.4 平衡の概念

4.4.1 平衡とは

エタノールをビーカーに入れて放っておくと，エタノールはいつの間にかなくなっている。これはエタノールが蒸発したことを示している。一方，エタノールを容器に入れて密栓をしておくと，10日たってもその量に変化はなく平衡状態に達している。これは，液体が気化する速度と気体が液体に凝縮する速度とが等しくなった状態である*。このように相反する方向に進む現象が同じ速度になった状態を平衡という。

* この状態になっている時の気体の圧力が飽和蒸気圧である。（3.2.2.参照）

化学反応を行う際にも，一方向だけでなく逆方向にも反応が起こる例が多数知られている。たとえば，酢酸とエタノールから酢酸エチルと水が生成する反応においても，酢酸とエタノールは完全に反応するのではない。

$$CH_3COOH + CH_3CH_2OH \rightleftarrows CH_3COOCH_2CH_3 + H_2O$$

仮に1 molの酢酸と1 molのエタノールから反応を始めると，それぞれの約2/3 molが反応して消滅したところで反応は終了する。それはなぜだ

ろうか。逆に、酢酸エチル 1 mol と水 1 mol から反応を始めると、それぞれの約 1/3 mol が反応して消滅したところで反応は進行しなくなる。すなわち、この反応は正逆いずれの方向にも起こることができる反応（可逆反応）で、1 mol の酢酸とエタノールから出発した場合にはそれらが約 2/3 mol ずつ反応したところで正反応と逆反応の反応速度が等しくなる平衡濃度となるため、さらに消費しようとしてもその量が逆反応で補われるので見掛け上反応が停止した状態になるのである。

4.4.2 化学平衡[*]とその活用

a. ヨウ化水素

425 ℃で水素とヨウ素の蒸気を混合すると、ヨウ素蒸気による紫色が薄くなる。これは無色のヨウ化水素が生成するからである。

$$H_2 + I_2 \longrightarrow 2HI$$

時間がたつと色の変化は止まるが、まだ紫色は残っていることから反応物のヨウ素がいくらか消費されずに残っていることがわかる。その容器の温度を 350 ℃に下げると、ヨウ素による紫色が濃くなってくる。これは、次のように逆反応が起こるからである。

$$2HI \longrightarrow H_2 + I_2$$

H_2 と I_2 とから HI ができる反応速度 (v_1) と HI が分解して H_2 と I_2 を生じる反応速度 (v_2) は温度によって変化するので、化学平衡の状態も温度によって変化する。種々の量のヨウ化水素を密閉容器に入れて、425 ℃に保つと、ヨウ化水素、水素およびヨウ素の濃度は表 4-2 のようになる。

[*] 相反する方向に進む反応が同じ速度で進んでいる状態を化学平衡という。

表 4-2 $2HI \rightleftarrows H_2 + I_2$ における各物質の濃度と平衡定数（425℃）

反応前の濃度	平衡状態における各物質のモル濃度			$K_C = \dfrac{[H_2][I_2]}{[HI]^2}$
HI (mol dm^{-3})	HI (mol dm^{-3})	H_2 (mol dm^{-3})	I_2 (mol dm^{-3})	
2.0×10^{-3}	8.5×10^{-3}	1.15×10^{-3}	1.15×10^{-3}	1.83×10^{-3}
2.5 〃	10.6 〃	1.44 〃	1.44 〃	1.84 〃
3.0 〃	12.8 〃	1.73 〃	1.73 〃	1.83 〃
3.5 〃	14.8 〃	2.00 〃	2.00 〃	1.83 〃
4.0 〃	17.0 〃	2.30 〃	2.30 〃	1.83 〃

反応速度は濃度に比例するので、次のように表される。

$$v_1 = k_1[H_2][I_2]$$
$$v_2 = k_2[HI][HI] = k_2[HI]^2$$

平衡状態では $v_1 = v_2$ であるから、$k_1[H_2][I_2] = k_2[HI]^2$ である[*]。

したがって、$[H_2][I_2]/[HI]^2 = k_2/k_1 = K$ として平衡定数 K が求められる。このようにして求めた平衡定数は、反応温度が一定の場合、試薬の濃度によらずほぼ一定値となることがわかる（表 4-2）。

[*] 平衡状態の成立

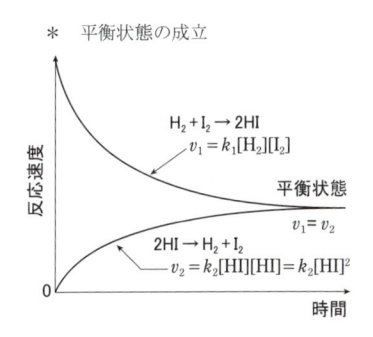

一般に，可逆反応が平衡に達した場合には，次に示すような化学平衡式で表される。

平衡状態での反応物の濃度の積と生成物の濃度の積の比は，温度を一定にしておけば，初期濃度にかかわらず一定値であり，次のような反応のときには

$$a\mathrm{A} + b\mathrm{B} + \cdots \underset{k_-}{\overset{k_+}{\rightleftarrows}} p\mathrm{P} + q\mathrm{Q} + \cdots\cdots$$

の関係が成り立つ*。

※ このような関係を表す際には，反応物の濃度の積を分母に，生成物の濃度の積を分子に示し，化学式の前の係数は，各々の濃度の指数となる。

この反応で右へ進む反応速度（v_+）は$k_+[\mathrm{A}]^a[\mathrm{B}]^b\cdots$，左へ進む反応の反応速度（$v_-$）は$k_-[\mathrm{P}]^p[\mathrm{Q}]^q\cdots$となる。平衡状態では$v_+ = v_-$であるから

$$k_+[\mathrm{A}]^a[\mathrm{B}]^b\cdots = k_-[\mathrm{P}]^p[\mathrm{Q}]^q\cdots$$

$$\frac{[\mathrm{P}]^p[\mathrm{Q}]^q\cdots}{[\mathrm{A}]^a[\mathrm{B}]^b\cdots} = \frac{k_+}{k_-} = K$$

ここで，Kは平衡定数である。この関係を化学平衡の法則あるいは質量作用の法則という。

> **例題 4-4** アンモニア生成は次の化学平衡式で表される。その平衡定数と濃度の関係式をかけ。
>
> $$\mathrm{N_2} + 3\mathrm{H_2} \rightleftarrows 2\mathrm{NH_3}$$
>
> （答）平衡定数を表すには，分母に反応系の濃度の積，分子に生成系の濃度の積を示す。化学式の前の係数は指数となる。その結果，次式となる。
>
> $$K = \frac{[\mathrm{NH_3}]^2}{[\mathrm{N_2}][\mathrm{H_2}]^3}$$

演習 4-10 次の各化学反応式について平衡定数を示せ。

(a) $\mathrm{H_2} + \mathrm{Cl_2} \rightleftarrows 2\mathrm{HCl}$

(b) $2\mathrm{NO} + \mathrm{O_2} \rightleftarrows 2\mathrm{NO_2}$

(c) $2\mathrm{CO_2} \rightleftarrows 2\mathrm{CO} + \mathrm{O_2}$

(d) $2\mathrm{NO_2} \rightleftarrows \mathrm{N_2O_4}$

演習 4-11 次の反応が平衡に達したときの濃度は $[\mathrm{NO}] = 0.600$ mol dm^{-3}, $[\mathrm{O_2}] = 0.800$ mol dm^{-3}, $[\mathrm{NO_2}] = 4.40$ mol dm^{-3} であった。平衡定数を求めよ。

$$2\mathrm{NO} + \mathrm{O_2} \rightleftarrows 2\mathrm{NO_2}$$

b. アンモニア

窒素と水素からアンモニアを生じる反応も次のような平衡反応である。

解答
演習 4-10
 (a) $K = [\mathrm{HCl}]^2 / [\mathrm{H_2}][\mathrm{Cl_2}]$
 (b) $K = [\mathrm{NO_2}]^2 / [\mathrm{NO}]^2[\mathrm{O_2}]$
 (c) $K = [\mathrm{CO}]^2[\mathrm{O_2}] / [\mathrm{CO_2}]^2$
 (d) $K = [\mathrm{N_2O_4}] / [\mathrm{NO_2}]^2$
演習 4-11
 $K = 67.2$ dm^3 mol^{-1}

$$N_2 + 3H_2 \rightleftharpoons 2NH_3$$

空気中に多量存在する窒素を利用して肥料の原料となるアンモニアを合成しようとする試みは，すでに，ヨーロッパで関心がもたれていたが，その研究を積極的に推進し，実用化への道を拓いたのは，ドイツの化学者ハーバーであった。ハーバーはこのアンモニア生成反応が平衡反応であることに注目し，N_2 と H_2 の混合物の反応により，一部しかアンモニアは生じなくても，アンモニアを分離し，未反応の原料ガスを循環させることにより，アンモニア合成は可能と判断した*。

ハーバーは，まず，平衡定数に対する濃度や圧力の影響を詳しく検討し，どのような条件のとき，効率よくアンモニアの合成ができるかを探索した。その結果，温度は低いほど，また圧力は高いほどアンモニアの分率が大きいことを明らかにした（表 4-3）。

ハーバー（1868 〜 1934）
(Fritz. Haber)
1918 年ノーベル化学賞を受賞した。

* 生成したアンモニアを反応系から取り去ることで，さらにアンモニアが生成する。

表 4-3 アンモニア生成反応の平衡値（$H_2 : N_2 = 3 : 1$）

圧力(atm) \ 温度(℃)	300	500	700	900
1	2.2	0.13	0.02	0.007
100	52.1	10.4	2.14	0.68

アンモニア平衡濃度(体積%)

こうして，温度と圧力などの条件はそろったが，その実用化のためには反応速度を上げることが必要であった。ハーバーは反応速度を促進する触媒開発を行い，$Fe-K_2O-Al_2O_3$ 系の触媒が有効なことを見出した。この発見によって，工業生産が可能になり，1913 年アンモニアの工業生産が始まった。この工業生産法は，ハーバーに協力したボッシュの名前も入れて，ハーバー・ボッシュ法とよばれている。実際の工業的なアンモニア合成は，合成設備の耐圧性や反応速度なども考慮して圧力 80 〜 300 気圧，反応温度 400 〜 500 ℃程度の反応条件下で行われている。

化学平衡に関する基礎研究と触媒開発がもたらした研究成果で，1918 年ノーベル化学賞がハーバーに与えられた。

> **例題 4-5** ハーバーは空気中の窒素からアンモニアを作る方法を開発し，その企業化に成功した。ハーバーはどんな点に注意して開発したかを述べよ。
>
> **（答）** アンモニア生成は平衡反応であることに注意し，平衡の条件を調べ，温度は低いほど，圧力は高圧ほどアンモニアの方にかたよることを明らかにし，速度を速めるため触媒を開発した。

4.5 酸と塩基

4.5.1 酸・塩基の定義

a. アレニウスの定義

スウェーデンの化学者アレニウスの定義によると,「酸とは水に溶解したときに水素イオン H^+（プロトンとも言う）を放出する物質」である。

たとえば，塩化水素 HCl が水に溶けたものが塩酸であるが，水中では次式のようにイオン解離（電離）している。

$$HCl \longrightarrow H^+ + Cl^-$$

生じた H^+ は水溶液中では単独に存在することはなく，周りに存在する水分子と結合して，オキソニウムイオン H_3O^+ として存在していることが明らかにされている。したがって，実際には図 4-8 のようになっている。

アレニウス (1859～1927)
(Svante. A. Arrhenius)
　スウェーデンの化学者。電解質は電場の存在に無関係に電離するという電離説を提唱したほか，酸塩基の概念，反応速度定数の温度依存性に関するアレニウス式などを提案するなど，物理化学の発展に大きな業績を残した。1903 年ノーベル化学賞を受賞した。

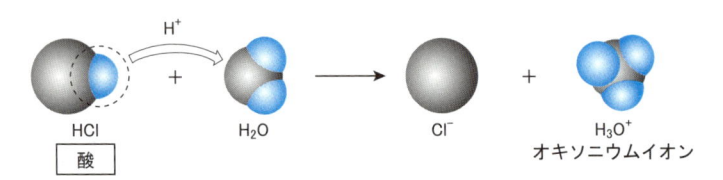

図 4-8　水中での塩酸の解離とオキソニウムイオンの生成

水の関与を考慮すると，塩酸の解離は下式のように表すべきであるが，H_2O は省略されている場合が多い。

$$HCl + H_2O \longrightarrow Cl^- + H_3O^+$$

酸には，塩酸のほかに，硫酸 H_2SO_4，リン酸 H_3PO_4，酢酸 CH_3COOH * などが存在する。いずれの場合も，水溶液では H_3O^+ を生じ，酸っぱい味を持ち，青色のリトマス紙を赤変させ，亜鉛や鉄などの金属と反応して水素を発生させるなどの共通の性質がある。このような性質を酸性という。

＊　酢酸の構造式と解離
$$CH_3\underset{\underset{O}{\|}}{C}-O-H + H_2O$$
$$\to CH_3\underset{\underset{O}{\|}}{C}-O^- + H_3O^+$$

これに対し，水酸化ナトリウム NaOH や水酸化バリウム $Ba(OH)_2$ のように，水に溶解した際，水酸化物イオン OH^- を生じる物質を塩基という。塩基には赤色リトマス紙を青変させ，酸と反応して酸性を打消すなどの共通の性質がある。物質のこのような性質を塩基性またはアルカリ性という。たとえば，水酸化ナトリウムの場合，その水溶液中では次式のようにナトリウムイオンと水酸化物イオンに解離する。

$$NaOH \longrightarrow Na^+ + OH^-$$

アンモニア NH_3 は水酸化物イオンを出すような化学構造ではないが，図 4-9 のように水と反応して水酸化物イオンが生じるから塩基である。

$$NH_3 + H_2O \longrightarrow NH_4^+ + OH^-$$

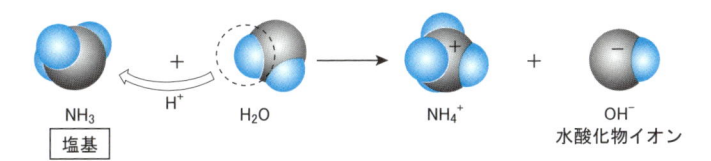

図 4-9　水分子のアンモニアによる解離と水酸化物イオンの生成

演習 4-12　次の物質を水に溶解したときの化学式を書け。
(a)　HBr　　　　(b)　$CH_3CH_2NH_2$

4.5.2　酸・塩基の定義の拡張

塩化水素とアンモニアが出合うと次の反応が起こり，ただちに塩化アンモニウムが生じる。

$$HCl + NH_3 \longrightarrow NH_4Cl$$

この反応は，酸と塩基との反応と考えられるが，気相での反応であるためアレニウスの定義では酸・塩基の区別をつけることはできない。

デンマークのブレンステッド*とイギリスのローリーは互いに独立に，水以外の溶媒や気相中の反応にも酸と塩基の概念を適用できるように，「酸とは水素イオン H^+（プロトン）を相手に与えることのできる物質，塩基とは水素イオンを相手から受け取ることのできる物質」と定義した。この定義によると，塩化水素はアンモニアに水素イオンを与えているので酸であり，アンモニアは塩化水素から水素イオンを受け取っているから塩基であると説明できる。

一般に，酸を HA，塩基を B で表すと，酸と塩基との反応は次のように表される。

$$HA + B \longrightarrow A^- + BH^+$$

このように，酸と塩基との反応（酸塩基反応）は水素イオンすなわちプロトンの移動反応であり，反応に関与する物質の一方が酸として働き，他方は必ず塩基として働く反応である。

ブレンステッドの定義によると酸や塩基と反応する水は興味深い物質である。水は相手が酸の場合にはプロトンを受け取る塩基になり，アンモニアのような塩基に対しては，逆に，水素イオンを与える酸となる。このように，ブレンステッドの定義はある物質は酸や塩基に固定されることはなく，同じ物質でも酸になる場合もあれば，塩基になる場合もあることを示し，酸・塩基の概念を化学反応系にまで拡げることになった。

演習 4-13　水は反応する相手によって酸としても塩基としても作用する。次の反応では酸・塩基のどちらとして作用しているかを

*　ブレンステッド（1879〜1947）
(Johannes. N. Brønsted)
デンマークの物理化学者。新たな酸・塩基の概念を定義した。

解答
演習 4-12
(a)　$H^+ + Br^-$　（$H_3O^+ + Br^-$）
(b)　$CH_3CH_2NH_3^+ + OH^-$

示せ。

(a) $CH_3CH_2NH_2 + H_2O \longrightarrow CH_3CH_2NH_3^+ + OH^-$

(b) $HNO_3 + H_2O \longrightarrow NO_3^- + H_3O^+$

> **発展** ルイスの酸・塩基
>
> ブレンステッド–ローリーの定義によって，水溶液でない系に酸・塩基の概念を拡げることになったが，酸塩基の議論をプロトンの移動する系に限定している。しかし，プロトンでなくても，金属イオンで類似の反応が起ることはよく知られている。例えば，Ag^+ はアンモニアと反応して，次のような配位共有結合を形成する。
>
> $$Ag^+ + 2:NH_3 \longrightarrow [Ag(NH_3)_2]^+$$
>
> その点に注目したアメリカのルイス（G.N.Lewis, 1875〜1946）は「共有結合の形成に対し，電子対を供与することのできる物質を塩基と定義し，電子対を受け取り結合を形成することができる物質を酸」と酸・塩基の定義を拡張する事を提案した。この定義によると，BF_3 とアンモニア NH_3 との反応のようにプロトンの移動を含まない場合にも，電子を供与するアンモニアが塩基，BF_3 が酸となる。
>
> $$BF_3 + :NH_3 \longrightarrow BF_3:NH_3$$
>
> このように，ルイスの定義は，電子対を受け取って配位共有結合を作る化学反応に酸・塩基の概念を拡大した点に特徴がある。したがって，非共有電子対をもつ分子やイオン（$-OH, NH_3, R-O-H$ など）は塩基，H^+，$AlCl_3, BF_3$ のような電子不足の化学種は酸となる。

4.5.3 酸・塩基の分類

塩酸は 1 個の水素イオンを放出するにすぎないが，硫酸は以下に示すように 2 段階にわたってイオンを生じ，2 個の水素イオンを生じることが可能である。リン酸は 3 個の水素イオンを放出する。酸分子から電離して水素イオンとなる水素原子の数をその酸の価数といい，その数によって酸を 1 価の酸，2 価の酸，3 価の酸 などと分類する。

$$\begin{cases} H_2SO_4 \rightleftarrows H^+ + HSO_4^- \\ H_2SO_4^- \rightleftarrows H^+ + SO_4^{2-} \end{cases} \quad \begin{cases} H_3PO_4 \rightleftarrows H^+ + H_2PO_4^- \\ H_2PO_4^- \rightleftarrows H^+ + HPO_4^{2-} \\ HPO_4^{2-} \rightleftarrows H^+ + PO_4^{3-} \end{cases}$$

硫酸およびリン酸の電離

塩基も同じように化学式に含まれる OH^- の数，または受け取ることのできる H^+ の数によって 1 価の塩基，2 価の塩基，3 価の塩基 と分類する。2 価以上の酸・塩基を多価の酸・塩基という。酸および塩基の価数による

解答
演習 4-13
(a) 酸
(b) 塩基

分類を表 4-4 に示す。

$$\begin{cases} Ca(OH)_2 \rightleftarrows CaOH^+ + OH^- \\ CaOH^+ \rightleftarrows Ca^{2+} + OH^- \end{cases}$$

水酸化カルシウムの電離

表 4-4　酸と塩基の分類

酸		塩基	
1価の酸	HCl, HNO$_3$, CH$_3$COOH	1価の塩基	KOH, NaOH, NH$_3$
2価の酸	H$_2$SO$_4$, (COOH)$_2$, H$_2$S	2価の塩基	Ca(OH)$_2$, Ba(OH)$_2$, Mg(OH)$_2$*
3価の酸	H$_3$PO$_4$	3価の塩基	Fe(OH)$_3$*, Al(OH)$_3$*

酸・塩基の価数は、酸・塩基の強弱とは全く関係しない。＊印は水に不溶。

演習4-14　リン酸は3価の酸といわれている。なぜそういわれるかを説明せよ。

4.5.4　酸・塩基の強度

図 4-10 に示すように 0.2 mol dm^{-3} のブドウ糖水溶液、酢酸水溶液、希塩酸水溶液に電極を入れ、点灯する電球の明るさを比較してみよう。

希塩酸の時が一番明るく点灯するが、酢酸水溶液ではどうにか点灯する程度である。ブドウ糖水溶液ではまったく点灯しない。この結果は、水溶液中のイオンの量を反映したもので、ブドウ糖水溶液には電気を運ぶイオンが生じていないことを、酢酸水溶液では希塩酸に比べて電気を運ぶイオンの量が少ないことを示している。すなわち、酢酸は塩酸に較べてイオン解離しにくいことを示している。

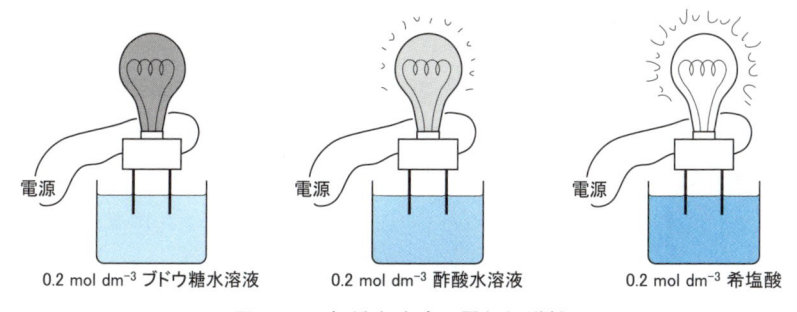

図 4-10　各種水溶液の電気伝導性

同じ濃度の酸でも、H$^+$ の濃度が異なるため酸の種類によってその強さは異なる。たとえば、塩酸や硝酸のように水溶液中の H$^+$ の濃度が高い酸は強酸で、酢酸 CH$_3$COOH や炭酸 H$_2$CO$_3$ のように H$^+$ の濃度が低い酸は弱酸である。

もう少し定量的に考えてみよう。酸・塩基は水溶液中でイオンに電離す

解答
演習4-14
　　H$_3$PO$_4 \longrightarrow$ 3H$^+$ + PO$_4^{3-}$

表 4-5　0.1 mol dm^{-3} の酸・塩基の電離度（18℃）

酸	電離度	塩基	電離度
HCl	0.92	NaOH	0.91
HNO$_3$	0.92	KOH	0.91
H$_2$SO$_4$*	0.61	Ca(OH)$_2$*	0.90
CH$_3$COOH	0.013	Ba(OH)$_2$*	0.77
H$_2$CO$_3$*	0.0017	NH$_3$	0.013
H$_2$S*	0.0007		

＊印は 0.05 mol dm^{-3}

る。水に溶かした溶質のうち，電離したものの割合を電離度といい，ふつう記号 α で表す。

$$電離度(\alpha) = \frac{電離した分子数}{溶けた全分子数} = \frac{電離した物質量（mol）}{溶けた全物質量（mol）}$$

表 4-5 に示す塩酸，硝酸などの強酸の電離度はふつう用いる濃度（1 mol dm^{-3} 以下）では $\alpha \sim 1$ となっている。強塩基についても同様である。

これに対して，弱酸や弱塩基では電離度が小さく，酢酸やアンモニアの 0.1 mol dm^{-3} 水溶液の 18 ℃での電離度は共に $\alpha = 0.013$ である。しかし，電離度は電離平衡の平衡定数（電離定数）と違って，電解質の濃度によって変化するので，弱酸や弱塩基を薄めると電離度はしだいに大きくなる。その一例を表 4-6 に示す＊。

＊ くわしくは図 4-11 参照。

表 4-6　酢酸水溶液の濃度と電離度の関係

濃度 [mol dm^{-3}]	電離度
1	0.005
0.1	0.013
0.01	0.043
0.001	0.15
0.0001	0.45
0.00001	0.71

硫酸，ホウ酸，水酸化バリウムのような多価の酸や塩基の場合には，一般に 1 段目の電離度が最も大きく，2 段目，3 段目と進むほど，解離したイオン間の静電的な引力が強くなるので電離は困難になり電離度は小さくなる。

> **例題 4-6**　表 4-6 の電離度を用いて 0.1 mol dm^{-3} の酢酸水溶液の水素イオン濃度を求めよ。
>
> **（答）** 表 4-6 より 0.1 mol dm^{-3} の電離度は 0.013 であり，電離度の定義から
> 　　電離した物質量（mol）＝電離度×溶けた物質量（mol）であるので
> 　　　　1 dm^3 中の H$^+$ 量 $= 0.013 \times 0.1 = 1.3 \times 10^{-3}$（mol）
> したがって求める水素イオン濃度は

1.3×10^{-3} mol dm^{-3}

となる。

演習4-15 0.1 mol dm^{-3} 塩酸の 18℃のときの水素イオン濃度を求めよ。

演習4-16 酢酸 0.001 mol dm^{-3} 水溶液の 18℃での水素イオン濃度を求めよ。

4.5.5 電離定数と電離度
a. 電離定数

4.5.4 で示したように強酸や強塩基は水に溶解するとほとんど完全に電離しているが，酢酸やアンモニアのような弱酸や弱塩基では一部分が電離しているにすぎない（表 4-5）。生じたイオンと未電離分子との間には次のような電離平衡が成立している。

酢酸の場合には

$$CH_3COOH + H_2O \rightleftarrows CH_3COO^- + H_3O^+$$

となるので，質量作用の法則にしたがって

$$K = \frac{[H_3O^+][CH_3COO^-]}{[CH_3COOH][H_2O]}$$

希薄水溶液では，酢酸と比べて水は多量に存在するので，その濃度は一定と見なせるので，$K[H_2O]$ も定数となる。その値を K_a とし，$[H_3O^+]$ を $[H^+]$ とすると

$$K[H_2O] = K_a = \frac{[H^+][CH_3COO^-]}{[CH_3COOH]}$$

となる。K_a は，温度が一定であれば，酢酸濃度の大小によらない一定値であり，酢酸固有の値である。この関係は他の弱酸でも成立し，K_a は酸の電離定数とよばれている。

同様にアンモニアの場合は

$$NH_3 + H_2O \rightleftarrows NH_4^+ + OH^-$$

となるので

$$K = \frac{[NH_4^+][OH^-]}{[NH_3][H_2O]}$$

この場合にも，薄い水溶液では $[H_2O]$ は一定とおくことができるから

$$K[H_2O] = K_b = \frac{[NH_4^+][OH^-]}{[NH_3]}$$

となる。K_b は塩基に特有な値で，塩基の電離定数とよばれている。

解答
演習4-15
　0.092 mol dm^{-3}
演習4-16
　1.5×10^{-4} mol dm^{-3}

b. 電離定数と電離度の関係

C mol dm^{-3} の酢酸水溶液の電離度を α とすると，電離平衡が成立している場合には，[CH$_3$COO$^-$] と [H$^+$] の濃度は $C\alpha$ mol dm^{-3} になり，未電離の [CH$_3$COOH] は $C(1-\alpha)$ mol dm^{-3} となるから

$$K_a = \frac{[\text{H}^+][\text{CH}_3\text{COO}^-]}{[\text{CH}_3\text{COOH}]} = \frac{C\alpha \cdot C\alpha}{C(1-\alpha)} = \frac{C\alpha^2}{1-\alpha}$$

α が小さい場合には，$\alpha \ll 1$ であるから

$$K_a = C\alpha^2 \quad \text{すなわち} \quad \alpha = \sqrt{K_a/C}$$

となる。弱電解質の電離度は濃度の平方根に逆比例の関係にあることを示している（図 4-11）。

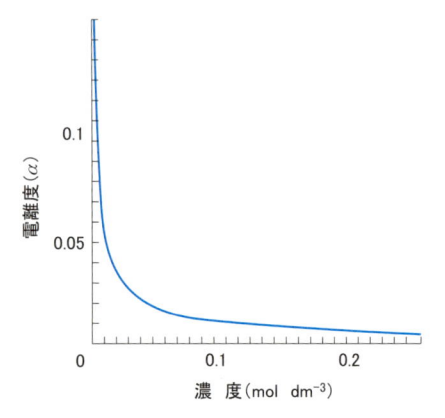

図 4-11　酢酸水溶液の濃度と電離度（25°C）

4.5.6　水と水素イオン濃度

a. 水の電離

純粋な水はわずかながら電流を通す。すなわち，水の中にもわずかであるが電気を通すイオンが存在している。実は，水もわずかではあるが電離してイオンとなり，次式のような電離平衡が成り立っている。その電離度 α は，25°C で $\alpha = 1.81 \times 10^{-9}$ である。

$$\text{H}_2\text{O} + \text{H}_2\text{O} \rightleftarrows \text{H}_3\text{O}^+ + \text{OH}^-$$

質量作用の法則*にしたがって，その平衡定数は次式で表される。

* 4.4.2 質量作用の法則参照。

$$K = \frac{[\text{H}_3\text{O}^+][\text{OH}^-]}{[\text{H}_2\text{O}]^2}$$

化学現象を忠実に表すには，H$^+$ ではなく H$_3$O$^+$ を用いるべきであるが，水溶液中では H$^+$ と H$_3$O$^+$ とは同じ濃度であるから，以下，[H$_3$O$^+$] は [H$^+$] と表すことにする。

水の濃度は電離により少し減少するが，電離する水の量は極めて少ない

ので，平衡が成り立っている時の $[H_2O]$ はもとの水の濃度と変らず一定とみなすことができる。したがって次式から $[H^+][OH^-]$ は一定となることが明らかで，これを水の*イオン積*といい K_w で表す。

$$[H^+][OH^-] = K[H_2O]^2 = K_w$$

純水の電離平衡では，$[H^+]$ と $[OH^-]$ は等しく，25℃で，それぞれ 1.00×10^{-7} mol dm^{-3} であることが測定されており，$K_w = [H^+][OH^-] = 10^{-14}$ (mol dm^{-3})^2 である。

この関係は純水だけでなく，酸や塩基を含む希薄な水溶液でも成り立つので水溶液中の $[H^+]$ や $[OH^-]$ の決定に利用されている。酸や塩基の水溶液では $[H^+]$ または $[OH^-]$ が増えるので，一方の濃度は増加し，もう一方の濃度が減少するため，その濃度の差により酸性や塩基性が現れる。たとえば，1 mol dm^{-3} の塩酸では，塩酸は完全に解離していると見なせる*から，水中の $[H^+] = 1$ mol dm^{-3} となる。$K_w = [H^+][OH^-] = 10^{-14}$ (mol dm^{-3})^2 なる関係は常に保たれるので，$[OH^-]$ は 10^{-14} mol dm^{-3} となり，その差は非常に大きく，塩酸は強い酸性を示す。

* 厳密には $\alpha \sim 0.9$（表 4-5）。

$[H^+] > [OH^-]$ の水溶液は酸性の水溶液，$[H^+] < [OH^-]$ の水溶液は塩基性の水溶液，$[H^+] = [OH^-]$ の水溶液は中性の水溶液という。水に酸または塩基を溶かすと，水溶液中の $[H^+]$ や $[OH^-]$ が変化することから，水溶液の酸性塩基性の程度を $[H^+]$ または $[OH^-]$ を用いて表すことができる。一般に，$[OH^-]$ がわかっている場合も，$[H^+][OH^-] = 10^{-14}$ (mol dm^{-3})^2 の関係を用いて $[H^+]$ に換算して表す。

例題4-7 0.1 mol dm^{-3} の水酸化ナトリウム水溶液の水素イオン濃度を求めよ。

（答）　水酸化ナトリウム水溶液は強塩基であるので電離度 $\alpha = 1$ とすると 0.1 mol dm^{-3} 水溶液の $[OH^-] = 0.1$ mol dm^{-3} であり，

$$K_w = [H^+][OH^-] = 10^{-14} \text{ (mol dm}^{-3})^2$$

であるので，求める水素イオン濃度は

$$[H^+] = 10^{-14} \div [OH^-] = 10^{-14} \div 0.1$$
$$= 1.0 \times 10^{-13} \text{ mol dm}^{-3}$$

演習4-17　次の水溶液の水素イオン濃度（mol dm^{-3}）を求めよ。

(a) 水酸化物イオンの濃度が 1×10^{-3} mol dm^{-3} である水溶液

(b) 水溶液 200 cm^3 中に 0.00002 mol の水酸化物イオンを含む水溶液

(c) 水溶液 500 cm^3 中に 8.0×10^{-7} mol の水酸化物イオンを含む水溶液

解答
演習4-17
(a) 1×10^{-11} mol dm^{-3}
(b) 1×10^{-10} mol dm^{-3}
(c) 6.3×10^{-9} mol dm^{-3}

b. 水素イオン指数

水素イオン濃度はいろいろなところで使用されており，特に，血液や胃液など私たちに身近なところでも不可避の量である。しかも，取り扱う水素イオン濃度 [H^+] は，10 mol dm^{-3} から 10^{-14} mol dm^{-3} までと広い範囲にわたるので何桁も違う数値になる。そのため大変煩雑で間違いも生じやすいのでより簡単な表示法が望まれていた。

1909年，デンマークの化学者セーレンセンは [H^+] を10の累乗で表した際の指数に注目した。指数だけに注目するとマイナスが付いている場合が多いので，その指数にマイナスを付けて表わす方法を提案した。言い換えると，その値は次式に示すように，[H^+] の逆数の対数で，それを水溶液の水素イオン濃度を表すための水素イオン指数として用いることを提案したのである。この水素イオン指数はpH（ピーエイチ，またはペーハー）といわれ，現在も広く利用されている。

$$pH = -\log[H^+] = \log \frac{1}{[H^+]}$$

たとえば，水溶液が中性のとき室温での [H^+] は 1.0×10^{-7} mol dm^{-3} であるから

$$pH = -\log(1.0 \times 10^{-7}) = -\log 10^{-7} = 7$$

となる。室温では純水の [H_3O^+] は 1×10^{-7} mol dm^{-3} であるから pH = 7 となる。

酸性溶液の pH は 7 より小さく，塩基性溶液の pH は 7 より大きくなる。水素イオンや水酸化物イオン濃度と pH との関係および身近な物質の pH を図4-12に示す。酸性では pH < 7 であり，塩基性では pH > 7 である。

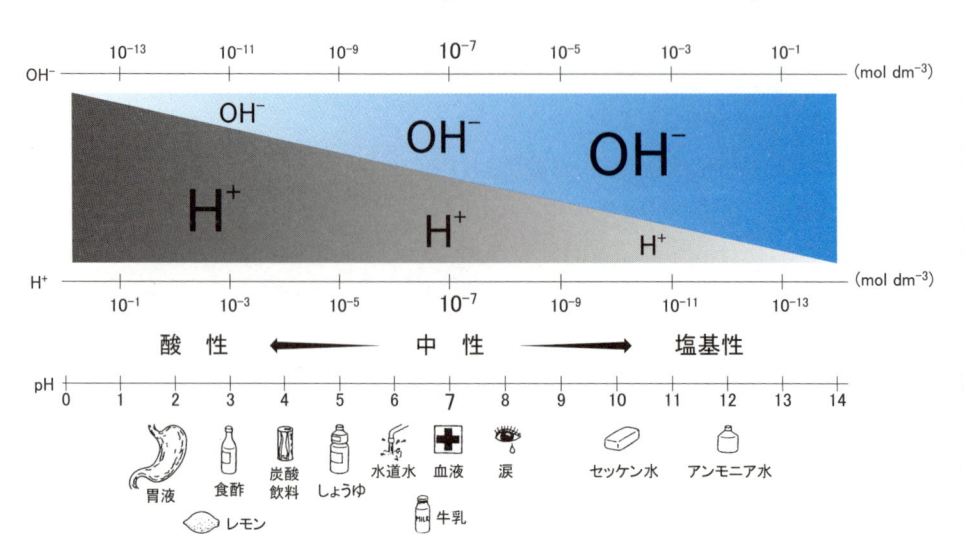

図4-12 水素イオンや水酸化物イオン濃度と対応する pH および身近な物質の pH

例題 4-8 だ液 $50\ \mathrm{cm^3}$ 中に $5.0 \times 10^{-9}\ \mathrm{mol}$ の水素イオンが含まれるとすると，そのだ液の pH はいくらか。

（答） だ液中の水素イオン濃度は
$[\mathrm{H^+}] = 5.0 \times 10^{-9} \times 1000/50 = 1 \times 10^{-7}\ \mathrm{mol\ dm^{-3}}$ であるので
$\mathrm{pH} = -\log(1.0 \times 10^{-7}) = -\log 10^{-7} = 7$

演習 4-18 次の pH をもつ溶液が酸性であるか塩基性であるかを答え，その水素イオン濃度を求めよ。

(a) pH 2　(b) pH 9　(c) pH 5　(d) pH 11

例題 4-9 硫酸 $4.9\ \mathrm{g}$ 含む水溶液が $1\ \mathrm{dm^3}$ ある。この水溶液の pH を求めよ。

（答） 硫酸（$\mathrm{H_2SO_4}$, 分子量 98）の物質量は $4.9/98 = 0.05\ \mathrm{mol}$ なので，
$[\mathrm{H_2SO_4}] = 0.05\ \mathrm{mol\ dm^{-3}}$，硫酸は強酸で $\alpha = 1$ とすると水溶液中の $[\mathrm{H^+}]$ は
$[\mathrm{H^+}] = 0.05 \times 2 \times 1 = 0.1\ \mathrm{mol\ dm^{-3}}$
したがって $\mathrm{pH} = -\log[\mathrm{H^+}] = -\log(10^{-1}) = 1$

演習 4-19 レモン汁の pH は 2 で，グレープフルーツ汁の pH は 3 である。いずれの酸性が強いかを示し，強い方の水素イオン濃度は弱い方の何倍になるかを述べよ。

c. pH と指示薬

赤いアイリスの花のしぼり汁に，食酢を加えて酸性にし，その後，消石灰の水溶液を加えて塩基性にすると，しぼり汁の色は赤色から緑色をへて黄色に変色する。これは，水素イオン濃度の変化を反映している。すなわち pH による色素の色の変化である。したがって，色素の水溶液の pH と色の変化との関係がわかっているような場合には，その色の変化を利用して，水溶液の pH を測定することが可能であり，いろいろな pH 指示薬が知られている。代表的な指示薬の種類，変色域，酸性および塩基性の色を図 4-13 に示す。

解答
演習 4-18
　(a) 酸性, $[\mathrm{H^+}] = 1 \times 10^{-2}\ \mathrm{mol\ dm^{-3}}$
　(b) 塩基性, $[\mathrm{H^+}] = 1 \times 10^{-9}\ \mathrm{mol\ dm^{-3}}$
　(c) 酸性, $[\mathrm{H^+}] = 1 \times 10^{-5}\ \mathrm{mol\ dm^{-3}}$
　(d) 塩基性, $[\mathrm{H^+}] = 1 \times 10^{-11}\ \mathrm{mol\ dm^{-3}}$
演習 4-19
　レモンが 10 倍強い

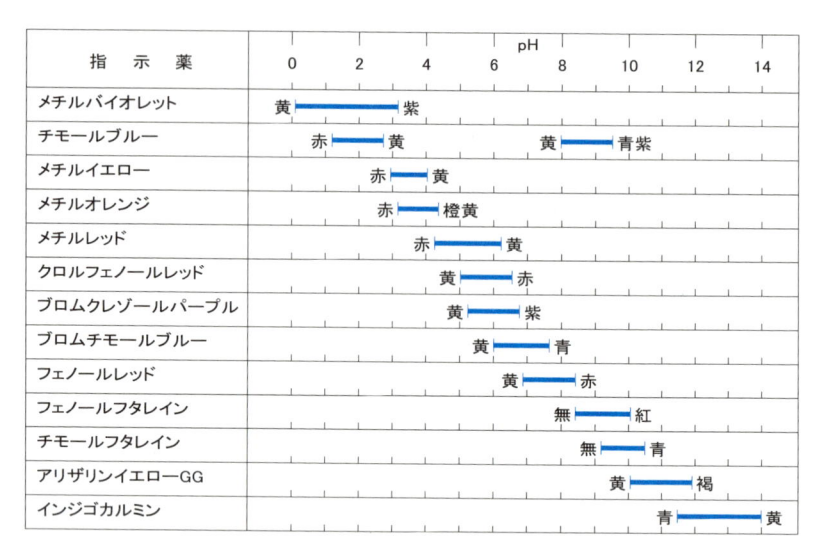

指示薬	pH変色域と色の変化
メチルバイオレット	黄 0–2 紫
チモールブルー	赤 1.2–2.8 黄、黄 8.0–9.6 青紫
メチルイエロー	赤 2.9–4.0 黄
メチルオレンジ	赤 3.1–4.4 橙黄
メチルレッド	赤 4.2–6.2 黄
クロルフェノールレッド	黄 4.8–6.4 赤
ブロムクレゾールパープル	黄 5.2–6.8 紫
ブロムチモールブルー	黄 6.0–7.6 青
フェノールレッド	黄 6.8–8.4 赤
フェノールフタレイン	無 8.0–9.8 紅
チモールフタレイン	無 9.3–10.5 青
アリザリンイエロー-GG	黄 10.0–12.0 褐
インジゴカルミン	青 11.6–14 黄

図4-13　pH指示薬の変色域と色の変化

4.5.7　中和反応と滴定

a. 酸・塩基中和反応

塩酸と水酸化ナトリウム水溶液を混合すると次の反応が起こり，塩化ナトリウムと水が生じる。

$$HCl + NaOH \longrightarrow NaCl + H_2O$$

生じた NaCl は水に溶解して Na^+ と Cl^- になるので，イオンを表す化学式であるイオン式を用いて次のような反応式で表される。

$$H^+ + Cl^- + Na^+ + OH^- \longrightarrow Na^+ + Cl^- + H_2O$$

Na^+ と Cl^- は反応式の両辺で変化しないので実際の反応は次のようになる。

$$H^+ + OH^- \longrightarrow H_2O$$

このように酸の水溶液と塩基の水溶液を混合すると，酸性を示す H^+ と塩基性を示す OH^- とが結合して水になり両イオンの性質が打消される。このような反応を中和反応，または中和という。中和反応では H^+ と OH^- は 1:1 で反応している。したがって，酸から生じる H^+ と塩基から生じる OH^- の物質量が等しい時には過不足なく中和反応がおこり混合液は中性になることがわかる。

酸も塩基も 2 価の場合は，たとえば次のような中和反応がおこる。

$$H_2SO_4 + Ba(OH)_2 \longrightarrow BaSO_4 + 2H_2O$$

先の例の NaCl やこの中和反応で生じる $BaSO_4$ のように，中和反応の際に水とともに生じる化合物を塩という。塩は酸の陰イオンと塩基の陽イオンとがイオン結合した物質である。

酸または塩基の一方が2価で，それを中和する塩基または酸が1価のときは，反応は2段階で進み2種の塩が生じる。たとえば，硫酸と水酸化ナトリウムの中和反応の場合には，$NaHSO_4$ と Na_2SO_4 が生じる。

$$H_2SO_4 + NaOH \longrightarrow NaHSO_4 + H_2O$$
$$NaHSO_4 + NaOH \longrightarrow Na_2SO_4 + H_2O$$

$NaHSO_4$ のように，化学式中に H が残っている塩を酸性塩，Na_2SO_4 のように H が残っていない塩を正塩（中性塩）という。NaOH の物質量が H_2SO_4 の物質量の2倍以上であれば，この反応はまとめて次のように書く。

$$H_2SO_4 + 2NaOH \longrightarrow Na_2SO_4 + 2H_2O$$

> **例題 4-10** 塩酸と水酸化バリウム水溶液の中和反応の反応式を示せ。
> （答）
> $$HCl + Ba(OH)_2 \longrightarrow Ba(OH)Cl + H_2O$$
> $$HCl + Ba(OH)Cl \longrightarrow BaCl_2 + H_2O$$
> HCl の物質量が $Ba(OH)_2$ の物質量の2倍以上の場合は
> $$2HCl + Ba(OH)_2 \longrightarrow BaCl_2 + 2H_2O$$
> と書ける。

演習 4-20 リン酸（H_3PO_4）と水酸化ナトリウム水溶液の中和反応の反応式を書け。

演習 4-21 次の酸と塩基の中和反応の反応式を示せ。
(a) HNO_3 と NaOH　(b) H_2SO_4 と KOH　(c) HCl と $Ca(OH)_2$

b. 中和反応の量的関係

酸の H^+ と塩基の OH^- が出会うと，定量的に反応して水となる。したがって，前述のように酸の H^+ の物質量と塩基の OH^- の物質量（または H^+ を受け取る塩基の物質量）とが等しいときには過不足なく中和するので次式が成り立つ。

（酸からの H^+ の物質量）＝（塩基からの OH^- の物質量）

塩酸や酢酸 1 mol は 1 mol の H^+ を放出できるから，これを中和するために塩基は 1 mol の OH^- を放出すればよい。たとえば，水酸化ナトリウムのような1価の塩基であれば 1 mol が必要であり，水酸化バリウムのような2価の塩基であれば 0.5 mol でよい。一般に，n mol の H^+（または OH^-）を中和するのに必要な塩基（または酸）の物質量は，1価であれば n mol，2価であれば $n/2$ mol，3価であれば $n/3$ mol である。a mol の OH^- を含む塩基を中和するに必要な酸の物質量を図 4-14(a) に，また，b mol の H^+ を含む酸を中和するに必要な塩基の物質量を図 4-14(b) に示す。

解答
演習4-20
$H_3PO_4 + NaOH \longrightarrow NaH_2PO_4 + H_2O$
$NaH_2PO_4 + NaOH \longrightarrow Na_2HPO_4 + H_2O$
$Na_2HPO_4 + NaOH \longrightarrow Na_3PO_4 + H_2O$
全体では
$H_3PO_4 + 3NaOH \longrightarrow Na_3PO_4 + 3H_2O$
演習4-21
(a) $HNO_3 + NaOH \longrightarrow NaNO_3 + H_2O$
(b) $H_2SO_4 + 2KOH \longrightarrow K_2SO_4 + 2H_2O$
(c) $2HCl + Ca(OH)_2 \longrightarrow CaCl_2 + 2H_2O$

酸	物質量
HCl	a mol
CH$_3$COOH	a mol
H$_2$SO$_4$	$\dfrac{a}{2}$ mol
H$_3$PO$_4$	$\dfrac{a}{3}$ mol

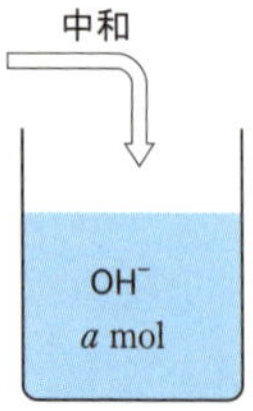

中和 → OH$^-$ a mol

塩基	物質量
NaOH	b mol
NH$_3$	b mol
Ba(OH)$_2$	$\dfrac{b}{2}$ mol
Fe(OH)$_3$	$\dfrac{b}{3}$ mol

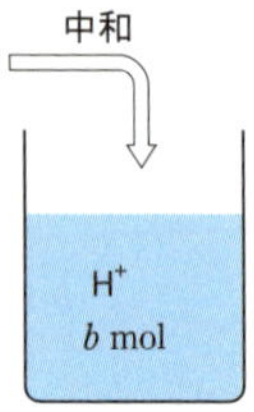

中和 → H$^+$ b mol

(a) a mol の OH$^-$ の中和に必要な酸　　(b) b mol の H$^+$ の中和に必要な塩基

図 4-14　中和に必要な酸と塩基の物質量

次に濃度がわかっている酸と塩基の水溶液について考えてみよう。濃度 c mol dm^{-3}（mol L^{-1}）の n 価の酸 V cm^3 の中の H$^+$ の量は $ncV/1000$ mol である。また，濃度 c' mol dm^{-3} の n' 価の塩基 V' cm^3 の中の OH$^-$ の量は $n'c'V'/1000$ mol である。したがって，両水溶液をちょうど中和した場合には次式が成り立つ。

$$ncV/1000 = n'c'V'/1000 \qquad ncV = n'c'V'$$

この関係式は，溶液濃度の決定などに広く利用されている。

> **例題 4-11**　濃度未知の希硫酸がある。その希硫酸 30 cm^3 をとり，0.360 mol dm^{-3} 水酸化ナトリウム水溶液を用いて中和滴定を行ったところ，水酸化ナトリウム水溶液 25 cm^3 加えたところで中和した。希硫酸の濃度を求めよ。
>
> （答）希硫酸の濃度を c mol dm^{-3} とし，中和する H$^+$ と OH$^-$ の物質量を求める。
>
> 硫酸の物質量は，$c \times (30.0/1000)$ mol となるが，硫酸は 2 価の酸であるから H$^+$ の物質量は，$2 \times c \times (30.0/1000)$ mol である。
>
> 一方，水酸化ナトリウムの物質量は $0.360 \times (25.0/1000)$ mol であり，水酸化ナトリウムは 1 価の塩基であるから，OH$^-$ の物質量も同じ値である。
>
> この量で中和したのであるから
> $$2 \times c \times (30.0/1000) = 0.360 \times (25.0/1000)$$
> $$c = 0.150 \text{ mol dm}^{-3}$$
> 答　0.150 mol dm^{-3}

解答
演習4-22
　20 cm^3
演習4-23
　2.0×10^{-2} mol dm^{-3}

演習 4-22　0.24 mol dm^{-3} 水酸化ナトリウム水溶液 30 cm^3 を完全に中和するのに必要な 0.36 mol dm^{-3} 塩酸の体積（cm^3）を求めよ。

演習 4-23　濃度不明の水酸化ナトリウム水溶液 40 cm^3 を，0.10 mol dm^{-3}

の塩酸で滴定したところ，滴下量 8.0 cm³ で中和した。水酸化ナトリウム水溶液のモル濃度を求めよ。

4.5.8 中和滴定と滴定曲線

a. 中和滴定

中和反応を利用すると，濃度のわからない酸（または塩基）の水溶液に含まれている水素イオン（または水酸化物イオン）の濃度を決めることができる。すなわち，濃度不明の塩基（または酸）水溶液を一定体積だけ取り，濃度のわかった酸（または塩基）で中和することにより溶液の濃度を求めることができる。これを中和滴定という。

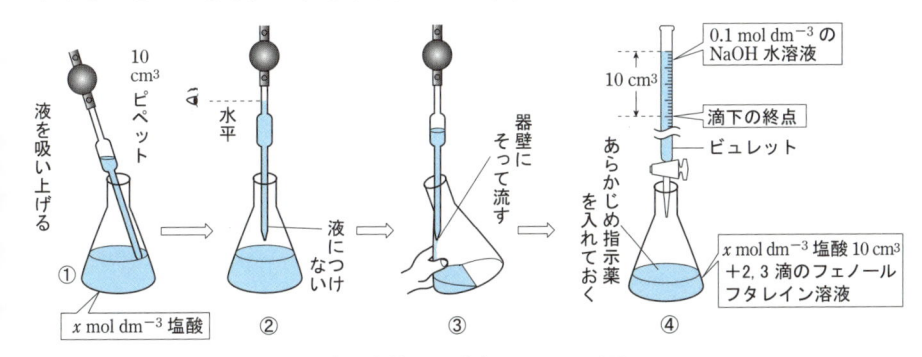

図 4-15　酸・塩基中和滴定のイメージ図

図 4-15 を見ながら具体的に説明しよう。たとえば，濃度不明の塩酸があったとしよう。この塩酸 10 cm³ をホールピペットで別の三角フラスコに取り 2, 3 滴の pH 指示薬を加える。この溶液に 0.1 mol dm⁻³ の水酸化ナトリウム水溶液をビュレットから少しずつ滴下していく。指示薬が変色したところで中和反応がほぼ完結するので，ここで滴下を中止する。この間に滴下した水酸化ナトリウム溶液の体積をビュレットの目盛りから求めたところちょうど 10 cm³ であったとする。

この 0.1 mol dm⁻³ 水酸化ナトリウム水溶液 10 cm³（0.01 dm³）に含まれる OH⁻ の物質量は

$$0.1 \text{ mol dm}^{-3} \times 0.01 \text{ dm}^3 = 0.001 \text{ mol}$$

したがって，この塩酸に含まれていた H⁺ は 0.001 mol となるから，この塩酸のモル濃度は次のように求められる。

$$0.001 \text{ mol} \div 0.01 \text{ dm}^3 = 0.1 \text{ mol dm}^{-3}$$

上の例で，水酸化ナトリウム水溶液を少量滴下するごとに，三角フラスコ内の溶液の pH を測定して，滴下した溶液の体積との関係をグラフにすると，図 4-16 のような曲線が得られる。このような曲線を中和滴定曲線という。

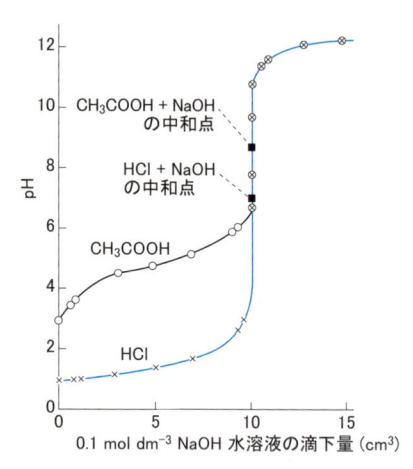

図 4-16　塩酸－水酸化ナトリウム水溶液および酢酸－水酸化ナトリウム水溶液の中和滴定曲線

b. 指示薬の選択

　塩酸のような強酸と水酸化ナトリウムのような強塩基の滴定曲線は，多くの場合ちょうど中和する付近（中和点）で溶液の pH が急激に大きく変わる特徴がある（図 4-16 では pH 3→11）。したがって，その変色域が pH ＝ 3.1 ～ 4.4 のメチルオレンジを指示薬として用いても，また，その変色域が pH ＝ 8.3 ～ 10.0 のフェノールフタレインを用いても正確に中和点を知ることができる*。

* pH 指示薬の変色域については図 4-13 参照。

　一方，弱酸である酢酸の水溶液を強塩基の水酸化ナトリウムの水溶液で滴定したときの滴定曲線でも，中和点で pH は急激に変化するが，その変化量は強酸 - 強塩基のときに比べて小さく，その変化範囲も塩基性側に寄っている（図 4-16 では pH 6→11）。このような場合の指示薬の選択には注意が必要である。この場合，フェノールフタレインは適切な指示薬になるが，その変色域が pH ＝ 3.1～4.4 のメチルオレンジは指示薬として使えない。このように中和滴定には適切な指示薬を用いることが大切である。

演習 4-24　0.1 mol dm^{-3} アンモニア水で，0.1 mol dm^{-3} 塩酸のような強酸を中和滴定すると，図のような滴定曲線が得られた。適当な指示薬は何がよいか。

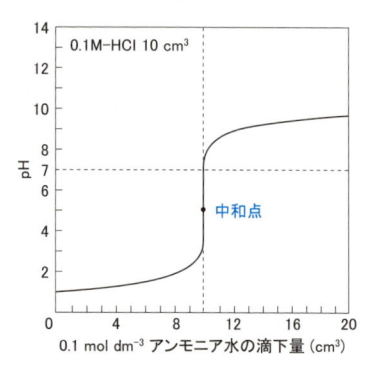

解答
演習 4-24
　メチルオレンジ

4.6 酸化と還元

4.6.1 酸化・還元の定義の変遷

a. 酸素の授受と酸化・還元

赤色の銅を空気中で加熱すると黒色の酸化銅 CuO になる。これを化学反応式で示すと次式のようになる。

$$2Cu + O_2 \longrightarrow 2CuO$$

このように，酸素と化合して酸化物になる反応を酸化反応といい，「銅は酸化されて酸化銅になる」という。

一方，酸化銅を水素を通じながら加熱すると，もとの赤色の銅になる。

$$CuO + H_2 \longrightarrow Cu + H_2O$$

このように酸化物が酸素を失う反応を還元反応といい，「酸化銅は還元されて銅になる」という。この反応で酸化銅を還元したのは水素である。水素に注目すると，酸素と結合して水になっているから，前述の定義により酸化されたということができる。H_2 を酸化したものは CuO である。

b. 水素の授受と酸化・還元

集気びんに入った硫化水素（H_2S）に点火すると硫化水素は青い炎で燃える。その際，集気びんは白くくもるが，それは次式で示すように反応で生じた硫黄によるものである。

$$2H_2S + O_2 \longrightarrow 2H_2O + 2S$$

この反応では，Cu の酸化の場合と異なり H_2S は酸素と結合しているのではなく，水素を失っている。一方，酸素は水素と結合して水となる。先の酸化反応や還元反応の定義を広げて，物質が酸素との反応によって水素を失う反応も酸化反応といい，水素と結合する反応も還元反応という。したがって，H_2S は酸化されて S に，O_2 は還元されて水になったということができる。

c. 電子の授受と酸化・還元

以上のことをまとめると，酸化反応とは酸素との化合反応または酸素の働きによって水素を失う分解反応であり，還元反応とは酸素を失う分解反応または水素との化合反応である。一般に，化学反応は電子のやりとりによって引き起こされるから，電子移動反応という観点でもう一度，銅が酸化されて酸化銅になる反応に注目してみよう。銅が酸化して生じた酸化銅 CuO は Cu^{2+} と O^{2-} とがイオン結合してできた物質と考えられるから，銅と酸素との化合を電子の授受という立場からみると図 4-17 に示すように，

銅原子は電子を失い，相手の酸素分子は電子をもらい，言い換えると銅原子から電子が酸素分子に移された結果 CuO が生じているのである。

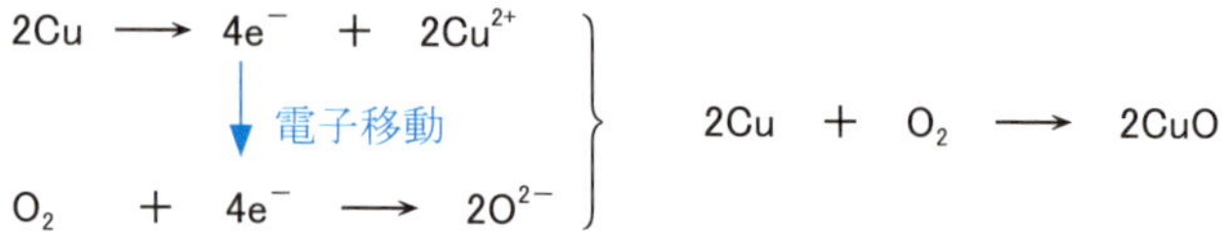

$$2Cu \longrightarrow 4e^- + 2Cu^{2+}$$
$$\downarrow 電子移動$$
$$O_2 + 4e^- \longrightarrow 2O^{2-}$$

$$2Cu + O_2 \longrightarrow 2CuO$$

図 4-17　電子の授受と酸化反応

酸化銅が水素によって銅に還元される際も，CuO の Cu^{2+} は H_2 から 2 個の電子をもらって Cu になり，2 個の電子を与えた H_2 は，2 個の H^+ に分かれて O^{2-} と結合して H_2O となるから，酸化されたこととなる（図 4-18）。

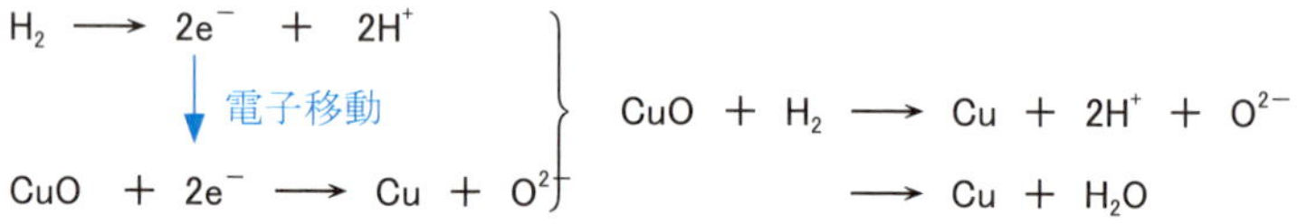

$$H_2 \longrightarrow 2e^- + 2H^+$$
$$\downarrow 電子移動$$
$$CuO + 2e^- \longrightarrow Cu + O^{2-}$$

$$CuO + H_2 \longrightarrow Cu + 2H^+ + O^{2-}$$
$$\longrightarrow Cu + H_2O$$

図 4-18　電子の授受と還元反応

このように酸化反応と還元反応は反応物質間での電子の授受によって起こる反応であるということができる。しかも，両者は常に同時に起こる反応であるから両者をまとめて酸化・還元反応という。

電子の授受という概念を導入すると，酸化還元反応の範囲が著しく拡大する。たとえば，写真撮影のフラッシュバルブとして利用されていたマグネシウムと酸素の反応は，以下に示すようにマグネシウムが酸化マグネシウムになる典型的な酸化反応である。

$$2Mg + O_2 \longrightarrow 2MgO \quad ^{*1}$$

また，マグネシウムは塩素とも反応し，塩化マグネシウムを生じる。

$$Mg + Cl_2 \longrightarrow MgCl_2 \quad ^{*2}$$

これら 2 つの反応はいずれも，マグネシウムから酸素または塩素への電子移動により始まる反応であり，電子を受け取る相手分子が酸素であるか塩素であるかだけの違いである。したがって，電子の授受として酸化・還元を定義すると，塩素分子との反応も明らかに酸化・還元反応である。

ナトリウムと塩素から NaCl が生じる反応もその例で，ナトリウム原子はナトリウム陽イオンになるからナトリウムは酸化され，Cl_2 は 2 個の電子をもらって 2 個の塩化物イオンになる。

$$2Na + Cl_2 \longrightarrow 2Na^+Cl^-$$

したがって，ナトリウムは酸化され，塩素分子は還元されたことを示し

*1
$$2Mg \rightarrow 4e^- + 2Mg^{2+}$$
$$\downarrow 電子移動$$
$$O_2 + 4e^- \rightarrow 2O^{2-}$$

*2
$$Mg \rightarrow 2e^- + Mg^{2+}$$
$$\downarrow 電子移動$$
$$Cl_2 + 2e^- \rightarrow 2Cl^-$$

ている。

　酸化還元反応は，酸化される物質（電子供与体という）から還元される物質（電子受容体という）への電子移動反応であるので，次のような一般式で表現することができる。

$$\text{A} + \text{B} \xrightarrow{} \text{C} + \text{D}$$

（Aは酸化されて（$-e^-$）Cへ，Bは還元されて（$+e^-$）Dへ）

演習 4-25　次の (a)〜(e) の物質の化学変化に対し，その物質が酸化されるか，それとも還元されるかを示せ。

(a)　$H_2S \longrightarrow S$
(b)　$MnO_2 \longrightarrow MnCl_2$
(c)　$CaCO_3 \longrightarrow CaO$
(d)　$KMnO_4 \longrightarrow MnCl_2$
(e)　$PbSO_4 \longrightarrow PbO_2$

4.6.2　酸化数と酸化・還元反応

　酸化・還元反応は，電子移動反応であることが明らかになった。したがって，以下の2例のようにイオン結合を有する化合物が生成するような酸化・還元反応の場合，反応する物質のイオンの価数が変化するから酸化・還元と電子の授受の関係はわかりやすい。

$$2\,Zn + O_2 \longrightarrow 2\,ZnO$$
$$H_2 + Cl_2 \longrightarrow 2\,HCl$$

しかし，以下に示すメタンの酸化や窒素の還元の場合のように典型的な酸化・還元反応であっても，共有結合が切断して新たな共有結合が生成するような反応の場合には，電子の授受がどのように行われたかわかりにくい。

$$CH_4 + 2\,O_2 \longrightarrow CO_2 + 2\,H_2O$$
$$N_2 + 3\,H_2 \longrightarrow 2\,NH_3$$

　この点をわかりやすくするために，化学結合に関与する原子に酸化数という概念が導入された。酸化数とは，化合物やイオンに存在する結合に注目し，その結合に関与する原子の電子は電気陰性度[*]の大きな元素の方に存在すると仮想し，それぞれの原子に電子の過不足がどれほどあるかを示すものである。たとえば，酸化数が +1 とは中性の原子に比べて電子が 1 個たりない状態を示している。酸化数は下記の規則にしたがって決定される。

　規則　1．単体を構成する原子の酸化数は 0 である。

[*] 2.5.5b 参照。

解答
演習 4-25
(a) 酸化　(b) 還元
(c) どちらでもない
(d) 還元　(e) 酸化

（例）銅やマグネシウムのような金属あるいは N_2, H_2, O_2, P_4, S_8 などの場合，結合に関与する電子にかたよりはないから構成原子の酸化数は0である。

規則 2. 単原子イオンの酸化数は，正負の符号をつけたイオンの価数に等しい。

（例）Cu^{2+} の酸化数は +2 であり，S^{2-} の酸化数は -2 である。

規則 3. ある元素の酸化数はほとんど総ての化合物で一定で，他の酸化数の決定に利用できる。

（例）周期表の1族の元素の酸化数は $+1^*$，2族の元素の酸化数は +2，16族の元素は -2，17族の元素は -1 である。

* 水素の場合は例外で，アルカリ金属と結合した NaH の場合には，酸化数が -1 となることもある。

規則 4. 共有結合では，電子がより電気陰性度の大きい原子の方へ移ったものとして酸化数を定める。

（例）CH_4 では炭素の酸化数は -4，また CCl_4 では炭素の酸化数は +4 となる。したがって，同じ原子でも酸化数は全く異なることがある。

規則 5. 化合物の成分原子の酸化数の総和は0である。

（例）H_2O では，+1 の H が2個で，-2 の O が1個であるから，酸化数は $+1 \times 2 + (-2) = 0$。HNO_3 では，+1 の H が1個，+5 の N が1個，-2 の O が3個であるから，酸化数は $+1 + (+5) + (-2) \times 3 = 0$。

規則 6. 多原子イオンの中の成分原子の酸化数の総和は，正負をつけた多原子イオンの価数に等しい。

（例）SO_4^{2-} では，+6 の S が1個で，-2 の O が4個であるから，酸化数は $+6 + (-2) \times 4 = -2$。

例題 4-12 $\underline{W}Cl_5$ と $\underline{N}H_4^+$ の下線のある原子の酸化数を求めよ。

（答）WCl_5 は，酸化数は -1 の17族の Cl が5個と酸化数未知（x とする）の W が1個からなる化合物であり，成分原子の酸化数の総和は0であるから

$$x + (-1) \times 5 = 0$$

$$\therefore x = 5$$

したがって，WCl_5 の W の酸化数は +5 である。

NH_4^+ は，酸化数は +1 の1族の H が4個と酸化数未知（x とする）の N が1個からなる化合物であり，成分原子の酸化数の総和は正負をつけた多原子イオンの価数（+1）に等しいから，

$$x + (+1) \times 4 = +1$$

∴ $x = -3$

したがって，NH_4^+ の N の酸化数は -3 である。

演習4-26 次の物質中の各原子の酸化数を示せ。

(a) Ag^+ (b) Fe^{2+} (c) NH_3 (d) Fe (e) MgF_2 (f) $NaClO_4$

この規則にしたがって計算すると，硫黄の酸化数は，硫化水素（H_2S）では-2，硫黄（S）それ自身は0，二酸化硫黄（SO_2）では$+4$，硫酸イオン（SO_4^{2-}）では$+6$となる。

酸化・還元反応では必ず電子の移動が起こるので，反応に関与する原子の酸化数は反応の前後で変化する。酸化数に注目すると，酸化数が増加した原子をもつ物質は酸化されたといい，逆に，酸化数が減少した原子をもつ物質は還元されたということができる。

もう一度，銅の酸化について考えてみよう。

$$2Cu + O_2 \longrightarrow 2CuO$$

規則により単体の Cu の酸化数は0であるが，酸化されると CuO となるので，Cu の酸化数は $+2$ となり増加している。一方，酸素 O_2 の O に注目するとその酸化数は0であるが，反応後は CuO となるので，酸化数は -2 となり減少している。

酸化還元反応は，反応物質間での電子の授受反応であるから，一方の単体や化合物が与える電子は，そのまま相手の化合物に受け取られる。したがって，先の例に見られるように酸化される原子やイオンの酸化数の増加の総和と還元される原子やイオンの酸化数の減少の総和は常に等しい関係にある。

酸化・還元反応をまとめると表4-7のようになる。

表4-7 酸化・還元反応のまとめ

	酸化される	還元される
酸素 O の授受	酸素を受け取る	酸素を失う
水素 H の授受	水素を失う	水素を受け取る
電子 e^- の授受	電子を失う	電子を受け取る
酸化数の増減	酸化数が増加する	酸化数が減少する

4.6.3 酸化剤と還元剤

合成化学では，原料となる物質を酸化したり還元したりして新たな物質を合成する。その際，物質の酸化や還元をひき起こすために使われる物質をそれぞれ酸化剤，還元剤という。酸化剤は相手を酸化しやすく自身は還

解答
演習4-26
(a) $+1$ (b) $+2$ (c) N -3, H $+1$
(d) 0 (e) Mg $+2$, F -1
(f) Na $+1$, Cl $+7$ O -2

元されやすい物質，いいかえると，相手から電子を取りやすい物質である。したがって，酸化数が大きい物質である。たとえば，過マンガン酸カリウム（黒紫色の結晶）は良く使用される酸化剤で，水溶液中では過マンガン酸マンガン酸イオン（MnO_4^-）になっている。MnO_4^- の Mn の酸化数は，取り得る最高の酸化数 +7 で相手の物質から電子を奪って自身の酸化数を減少しようとする傾向があり，強い酸化作用を示す。その際の MnO_4^- の変化を化学反応式で示すと次式のようになる。

$$MnO_4^- + 8H^+ + 5e^- \rightarrow Mn^{2+} + 4H_2O$$

酸性条件下では強い酸化作用を示すが，中性や塩基性の条件下では酸化数 +4 の二酸化マンガンが沈澱してくるので酸化能力は低下する。

二クロム酸カリウム $K_2Cr_2O_7$ もよく使われる酸化剤である。水溶液中では $Cr_2O_7^{2-}$ として溶解しているが，このイオンの Cr の酸化数は +6 で，6 族元素の原子としては最高の酸化数である。この状態よりも酸化数 +3 の状態の方が安定であるから，酸性の条件下では強い酸化作用を示す。

$$Cr_2O_7^{2-} + 14H^+ + 6e^- \rightarrow 2Cr^{3+} + 7H_2O$$

還元剤は，酸化剤とは逆に，相手を還元しやすく，自身は酸化されやすい物質で，言い換えると，相手に電子を与えやすい物質である。還元剤の例としては硫化水素がある。硫化水素は，酸化性の物質が存在すると，次式のように電子を放出するので還元剤として用いられる。

$$H_2S \rightarrow 2H^+ + S + 2e^-$$

その他によく用いられる還元剤に $SnCl_2$ がある。この化合物中の Sn の酸化数は +2 であるが，Sn の属する 14 族では +4 の方が安定なため，相手に 2 個の電子を与えてより安定な酸化数 +4 になる傾向があるので強い還元力がある。そのほか，還元剤となるものにはアルカリ金属やアルカリ土類金属のようなイオン化エネルギーの小さい金属単体や酸化数の低い原子を含む化合物などがある。主な酸化剤および還元剤を表 4-8 に示す。

酸化還元反応は電子移動反応であるから，表 4-8 中で酸化剤として分類された物質でも共存する物質の酸化力が強い場合には逆に還元剤として働き，還元剤として分類された物質でも共存する分子の還元力が強い場合には酸化剤として働く場合があることは念頭においておくべきである。その例を酸化剤として良く用いられる過酸化水素で示す。

過酸化水素は KI との反応で見られるように一般的には酸化剤として作用するが，酸性条件下での過マンガン酸カリウムのような強い酸化剤が共存すると還元剤として作用することが知られている。

酸化剤としての H_2O_2

$$H_2O_2 + 2KI \longrightarrow I_2 + 2KOH$$

表 4-8 酸化剤・還元剤の例とそれらの反応および酸化数の変化

酸 化 剤	水溶液中での反応の例	酸化数の変化
塩　素　Cl_2	$Cl_2 + 2e^- \longrightarrow 2Cl^-$	$Cl\ ;\ 0\ \rightarrow\ -1$
過酸化水素（酸性）H_2O_2	$H_2O_2 + 2H^+ + 2e^- \longrightarrow 2H_2O$	$O\ ;\ -1\ \rightarrow\ -2$
濃硝酸　HNO_3	$HNO_3 + H^+ + e^- \longrightarrow NO_2 + H_2O$	$N\ ;\ +5\ \rightarrow\ +4$
希硝酸　HNO_3	$HNO_3 + 3H^+ + 3e^- \longrightarrow NO + 2H_2O$	$N\ ;\ +5\ \rightarrow\ +2$
熱濃硫酸　H_2SO_4	$H_2SO_4 + 2H^+ + 2e^- \longrightarrow SO_2 + 2H_2O$	$S\ ;\ +6\ \rightarrow\ +4$
過マンガン酸カリウム　$KMnO_4$	$MnO_4^- + 8H^+ + 5e^- \longrightarrow Mn^{2+} + 4H_2O$	$Mn\ ;\ +7\ \rightarrow\ +2$
オゾン　O_3	$O_3 + 2H^+ + 2e^- \longrightarrow O_2 + H_2O$	$O\ ;\ 0\ \rightarrow\ -2$
ニクロム酸カリウム　$K_2Cr_2O_7$	$Cr_2O_7^{2-} + 14H^+ + 6e^- \longrightarrow 2Cr^{3+} + 7H_2O$	$Cr\ ;\ +6\ \rightarrow\ +3$
酸　素　O_2	$O_2 + 4H^+ + 4e^- \longrightarrow 2H_2O$	$O\ ;\ 0\ \rightarrow\ -2$
二酸化硫黄　SO_2	$SO_2 + 4H^+ + 4e^- \longrightarrow S + 2H_2O$	$S\ ;\ +4\ \rightarrow\ 0$
還 元 剤	水溶液中での反応の例	酸化数の変化
水　素　H_2	$H_2 \longrightarrow 2H^+ + 2e^-$	$H\ ;\ 0\ \rightarrow\ +1$
過酸化水素（酸性）H_2O_2	$H_2O_2 \longrightarrow O_2 + 2H^+ + 2e^-$	$O\ ;\ -1\ \rightarrow\ 0$
ヨウ化カリウム　KI	$2I^- \longrightarrow I_2 + 2e^-$	$I\ ;\ -1\ \rightarrow\ 0$
二酸化硫黄　SO_2	$SO_2 + 2H_2O \longrightarrow SO_4^{2-} + 4H^+ + 2e^-$	$S\ ;\ +4\ \rightarrow\ +6$
硫化水素　H_2S	$H_2S \longrightarrow S + 2H^+ + 2e^-$	$S\ ;\ -2\ \rightarrow\ 0$
シュウ酸　$(COOH)_2$	$(COOH)_2 \longrightarrow 2CO_2 + 2H^+ + 2e^-$	$C\ ;\ +3\ \rightarrow\ +4$
金属　Na, Zn など	$Na \longrightarrow Na^+ + e^-$	$Na\ ;\ 0\ \rightarrow\ +1$
硫酸鉄(II)　$FeSO_4$	$Fe^{2+} \longrightarrow Fe^{3+} + e^-$	$Fe\ ;\ +2\ \rightarrow\ +3$
塩化スズ(II)　$SnCl_2$	$Sn^{2+} \longrightarrow Sn^{4+} + 2e^-$	$Sn\ ;\ +2\ \rightarrow\ +4$

還元剤としての H_2O_2

$$5H_2O_2 + 2KMnO_4 + 3H_2SO_4 \longrightarrow K_2SO_4 + 2MnSO_4 + 5O_2 + 8H_2O$$

表4-8では1モルの酸化剤や還元剤を酸化反応や還元反応で使用する際，それぞれ何モルの電子を取込むかあるいは放出するかを示している。このような反応表示を酸化剤および還元剤の半反応式という。

演習4-27 次の反応は酸化還元反応である。次の問 (a)〜(c) に答えよ。

$$Mg + 2HCl \longrightarrow MgCl_2 + H_2$$

(a) 酸化数の変化を示せ。
(b) どの物質が酸化され，どの物質が還元されているかを示せ。
(c) どの物質が酸化剤で，どの物質が還元剤であるかを示せ。

4.6.4 酸化・還元反応式の組み立て

前述のように酸化・還元反応は反応物質間の電子移動反応である。したがって，酸化される物質が与える電子の数と還元される物質が受け取る電子の数は等しくなければならない。半反応式を用いると，受け取る電子の数や与える電子の数がわかるから，両者が等しくなるようにそのバランスを考慮すると，反応物の量的関係がわかるので酸化還元反応の化学反応式の組み立てが可能になる。その例を以下に示す。

解答
演習4-27
(a) $Mg : 0 \rightarrow +2$
　　$H : +1 \rightarrow 0$
　　$Cl : -1 \rightarrow -1$
(b) Mg が酸化され，HCl が還元された。
(c) HCl が酸化剤，Mg が還元剤。

* シュウ酸 $(COOH)_2$ の構造式

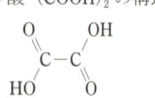

酸性条件下での，過マンガン酸カリウム $KMnO_4$ とシュウ酸*$(COOH)_2$ との酸化・還元反応の化学反応式は以下のようになる。

表 4-8 より過マンガン酸イオンは式 (4-10) の反応によって電子を奪う。

$$MnO_4^- + 8H^+ + 5e^- \longrightarrow Mn^{2+} + 4H_2O \tag{4-10}$$

一方，シュウ酸は式 (4-11) の反応によって電子を与える。

$$(COOH)_2 \longrightarrow 2CO_2 + 2H^+ + 2e^- \tag{4-11}$$

したがって，両者を混ぜると酸化還元反応がおこる。その際，反応で移動する電子の数は一致すべきであるから，式 (4-10) を2倍した式 (4-12) と式 (4-11) を5倍した式 (4-13)

$$2MnO_4^- + 16H^+ + 10e^- \longrightarrow 2Mn^{2+} + 8H_2O \tag{4-12}$$

$$5(COOH)_2 \longrightarrow 10CO_2 + 10H^+ + 10e^- \tag{4-13}$$

とを用いて両反応の電子の数をそろえ，辺々を足し算すると式 (4-14) となる。

$$2MnO_4^- + 6H^+ + 5(COOH)_2 \longrightarrow 2Mn^{2+} + 8H_2O + 10CO_2 \tag{4-14}$$

対イオンとして $2K^+$ と $3SO_4^{2-}$ とを両辺に加えると化学反応式が得られる。

$$2KMnO_4 + 5(COOH)_2 + 3H_2SO_4 \longrightarrow$$
$$2MnSO_4 + K_2SO_4 + 8H_2O + 10CO_2$$

> **例題 4-13** 二クロム酸カリウムと塩酸との反応を化学反応式で示せ。
>
> **（答）** 二クロム酸カリウムは水中では K^+ と $Cr_2O_7^{2-}$ に解離している。$Cr_2O_7^{2-}$ の半反応式は表 4-8 より
>
> $$Cr_2O_7^{2-} + 14H^+ + 6e^- \longrightarrow 2Cr^{3+} + 7H_2O$$
>
> であり，電子を受け入れようとする酸化剤である。
>
> 一方，塩酸は H^+ と Cl^- とに解離して次式のように電子を放出する還元剤である。
>
> $$2Cl^- \longrightarrow Cl_2 + 2e^-$$
>
> 1 mol の $Cr_2O_7^{2-}$ が反応するには 6 mol の電子が必要であるので，酸化還元反応を完結させるためには 6 mol の Cl^- が必要である。
>
> $$6Cl^- \longrightarrow 3Cl_2 + 6e^-$$
>
> したがって
>
> $$Cr_2O_7^{2-} + 14H^+ + 6Cl^- \longrightarrow 2Cr^{3+} + 3Cl_2 + 7H_2O$$
>
> 対イオンとして $2K^+$ と $8Cl^-$ とを両辺に加えると化学反応式が得られる。
>
> $$K_2Cr_2O_7 + 14HCl \longrightarrow 2KCl + 2CrCl_3 + 3Cl_2 + 7H_2O$$

演習 4-28 表 4-8 を参考にして，次の反応を完結せよ。

$$HI + HNO_3 \longrightarrow NO_2 + I_2 + H_2O$$

解答
演習 4-28
$2HI + 2HNO_3 \rightarrow 2NO_2 + I_2 + 2H_2O$

4.6.5 酸化・還元反応の活用

a. 金属の製錬・精錬[*]

地殻には多数の金属が存在するが，白金や金のように単体自身が遊離した状態で産出することはまれで，大部分の金属は酸化物や硫化物として存在する。したがって，金属を取り出すには還元剤を用いて酸素や硫黄を分離して目的の金属を得る方法が採用されている。これを<u>製錬</u>というが，その一例として，鉄の製錬を以下に示す。

鉄鉱石の主成分は磁鉄鉱 Fe_3O_4 や赤鉄鉱 Fe_2O_3 である場合が多いが，そのような場合には，還元剤として炭素（コークス）を用い，図 4-19 に示すような溶鉱炉の中で，鉱石から酸素を除く方法が採用されている。溶鉱炉の中でおこる反応を考えて見よう。鉄鉱石とコークスとの混合物を上部から溶鉱炉に入れ，炉の下部から熱風を送ると，まず熱風中の酸素によってコークスは二酸化炭素になる。

$$C + O_2 \longrightarrow CO_2$$

生じた二酸化炭素は安定な物質であるが，炉の中は 500〜1,200℃になっているので，次式に示すように周りに存在する未反応のコークスと反応して，還元性の一酸化炭素になる。

$$CO_2 + C \longrightarrow 2CO$$

こうして生じた CO は，次式のように Fe_2O_3 を還元して Fe に変換する一方，CO は安定な CO_2 となって排出される。

$$Fe_2O_3 + 3CO \longrightarrow 2Fe + 3CO_2$$

大半の Fe は上記のような反応過程で生じるが，Fe_2O_3 の還元が不十分で，酸素原子が結合している FeO が存在するが，それは炉の下部に残ってい

[*] 精錬と製錬は使い分けられている。鉱石から粗金属を取り出す過程は製錬であり，粗金属から金属を取り出す行程を精錬という。

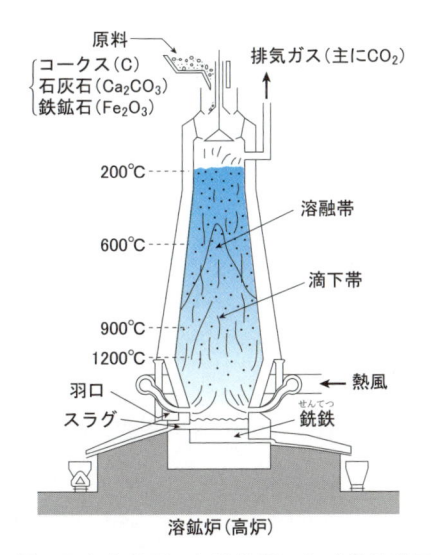

図 4-19　酸化・還元反応を利用した溶鉱炉における鉄鉱石からの鉄の製錬

るコークスが次の反応によって，酸素を除くので，Fe_2O_3 の還元は，完全に起っている。

$$2FeO + C \longrightarrow 2Fe + CO_2$$

還元されて生じた鉄は重いので溶鉱炉の下に溜まり，コークスは CO_2 となって排出される。溶鉱炉の下部に溜まった鉄には未反応のコークスが残っており，3～4.5%の炭素を含んだ鉄で，銑鉄(せんてつ)といわれている。

こうして得られた銑鉄は，平炉でさらに，炭素を除き，鋼として広く利用されている。鋼として取り出す行程が精錬である。

（銅やチタンなど）他の金属の場合も，その鉱石から酸化還元反応を利用して取り出されている。

b. 漂白剤や殺菌剤

繊維類などを傷めることなく，含まれる有色物質を化学的に除去してできるだけ純白にする漂白剤は，クリーニングなどに幅広く活用されている。その原理には，いずれも酸化反応か還元反応が利用されている。過酸化水素，さらし粉，次亜塩素酸ナトリウム（NaClO）などによる漂白は酸化反応，亜硫酸やハイドロサルファイトなどによる漂白は還元反応である。

家庭用の「塩素系」漂白剤やカビ取り剤は次亜塩素酸ナトリウムの酸化作用を利用したものである。一方，トイレ用の酸性洗剤には塩酸が含まれている。これら塩素系剤と酸性洗剤とを混ぜると，次の酸化・還元反応が起こり塩素ガスが発生するので注意しなくてはならない。

$$NaClO + 2HCl \longrightarrow NaCl + H_2O + Cl_2$$

単体の塩素 Cl_2 にも酸化作用があり浄水場などで水の殺菌に用いられている。また，還元作用のあるチオ硫酸ナトリウム（$Na_2S_2O_3$ 別名ハイポ）を塩素殺菌された水道水に加えると，残存する Cl_2 は Cl^- に還元され，熱帯魚などを飼うのに無害な水となる。

$$Na_2S_2O_3 + Cl_2 + H_2O \longrightarrow Na_2SO_4 + S + 2HCl \ast$$

* この反応はまず $Na_2S_2O_3$ の分解がおこり
$Na_2S_2O_3 \rightleftarrows Na_2SO_3 + S$ (1)
となり，Na_2SO_3 が Cl_2 を還元する。
$Na_2SO_3 + H_2O \longrightarrow Na_2SO_4 + 2H^+ + 2e^-$ (2)
$Cl_2 + 2e^- \longrightarrow 2Cl^-$ (3)
この (1), (2), (3) をまとめた式である。

c. 電　池

硫酸銅の水溶液に亜鉛板を浸すと，図 4-20 に示すように，亜鉛の表面に銅が析出して赤色になり，時間と共に析出する銅の量は増えると同時に，亜鉛板はだんだん細くなる。また，それにつれて溶液の青色はほとんど消滅する。この現象は，次のような酸化還元反応に起因する。

$$\begin{array}{l}Zn(s) \longrightarrow Zn^{2+} + 2e^- \\ \underline{Cu^{2+} + 2e^- \longrightarrow Cu(s)} \\ Cu^{2+} + Zn(s) \longrightarrow Cu(s) + Zn^{2+}\end{array}$$

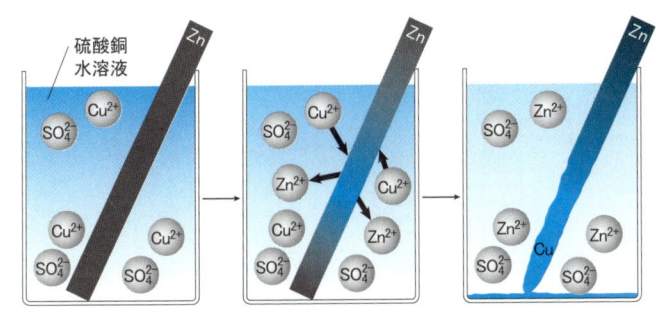

図 4-20 亜鉛の銅イオンによる還元の経時変化

　実験室で水素を発生させるには，亜鉛などの金属に塩酸のような酸を反応させて行う。亜鉛は酸と反応し Zn^{2+} イオンとなって溶解し，水素が発生する。これは金属亜鉛が酸と接触し，亜鉛から電子が水素イオンへ移動する酸化・還元反応が起ったためである。これに対して，硫酸亜鉛の水溶液に銅板を入れても何の変化も起らない。

$$Zn + 2H^+ \longrightarrow Zn^{2+} + H_2$$

　これらの現象は，亜鉛の方が銅よりも陽イオンになりやすいことを示している。

　金属の単体に注目すると，水または酸の水溶液と接するとただちに酸化・還元反応がおこって陽イオンになるものから，金のようになかなか陽イオンになりにくいものまでさまざまな金属がある。このように，金属が水中で陽イオンになり易い傾向を金属のイオン化傾向という。イオン化傾向の大きいものから順に並べたものをイオン化列という。主な金属のイオン化列は

$$K > Ca > Na > Mg > Al > Zn > Fe > Ni > Sn > Pb > H_2 > Cu > Ag > Pt > Au$$

となる。このイオン化系列には水素が含まれている。水素は金属ではないが，陽イオンになるので，比較のための基準物質としてイオン化列に含めてある。

　このイオン化傾向より，亜鉛は銅よりイオンになりやすいから硫酸銅の水溶液に亜鉛板を浸すと，亜鉛は Cu^{2+} に電子を与え，Cu^{2+} を還元して Cu とするとともに自身は Zn^{2+} となるが，亜鉛板を K^+ の存在する水溶液に入れても何も起らないことがわかる。

　このように，異なった金属が接触すると，一方が酸化剤，もう一方の金属が還元剤となって酸化・還元反応をおこすが，それを直接反応させるのでなく，2 つの金属を物理的に分離して，外部の回路を通して電子を移動して酸化還元反応を起こさせるように組み立てたのが電池である。次にその例を紹介しよう。

　その一例としてダニエル電池を示す（図 4-21）。

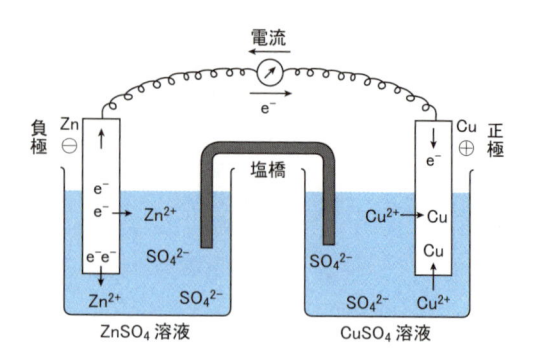

図4-21 ダニエル電池

*1 KClのような電解質を飽和した寒天の橋（塩橋）で2つの半電池をつなぐもの。

硫酸亜鉛水溶液に亜鉛板を浸した容器と硫酸銅水溶液に銅板を浸した溶液を作り，イオンは通るが，溶液が混ざらないように塩橋*1でつないでおく。その後，亜鉛板と銅板とを導線でつなぐと，電流が流れて，豆電球がともる。その間，亜鉛板からはZn^{2+}が溶けだし，銅板にはCuが析出する。このように$Zn-Cu^{2+}$間の電子移動すなわち酸化還元反応によって，電球が点灯したのである。

電流の向きは電子の流れとは逆の方向と定義されているので，電流は銅板から亜鉛板に向って流れる。電流の流れ込む極を負極，電流が流れ出る極を正極という。ダニエル電池では正極と負極との間に1.10ボルト(V)電位差が生じる。これを電池の起電力という。電極に用いる金属の組み合わせで，いろいろな電位差を持つ電池が作られている。電池を表記するときには酸化反応がおこる電極を左側に，還元反応の起る電極を右側に書き，水溶液間の境界の塩橋（または素焼き板）を∥で表すことになっている。したがって，ダニエル電池は次のように表される。

$$(-)Zn|ZnSO_4(aq)\|CuSO_4(aq)|Cu(+)$$

ここで，(aq)は水溶液を示す。

この例に示すように，電池とは，直接酸化還元反応が起こらないように酸化剤と還元剤とを物理的に分離して，外部回路を通して電子を移動して酸化還元反応を起こさせるように作られたもので，酸化還元反応を利用して化学エネルギーを電気エネルギーへ変換できるように組み立てられたものである。

*2 マンガン乾電池や鉛蓄電池をはじめ，水銀電池やニッケル-カドミウム蓄電池，ニッケル-水素蓄電池などさまざまな実用電池に加えて，最近はリチウム電池や水素-酸素燃料電池などがある。

酸化・還元反応を利用して，現在，さまざまな電池*2が作られてれている。

解答
演習4-29
(a) Cu
(b) Fe
(c) Cu
(d) Zn

演習4-29 次の金属でできた電池は，どちらの金属が正極か

(a) NiとCu　　(b) FeとLi　　(c) CuとFe　　(d) NaとZn

コラム　燃料電池

　火力発電やガソリンエンジンなど化石燃料を用いたエネルギー変換システムにより，人類は豊かな生活を実現した。しかし，そのエネルギー変換システムが化石燃料に頼っている限り，いずれは枯渇する上，排出ガスによる地球温暖化や酸性雨などの環境問題の深刻化は不可避である。特に，世界人口の増加に伴うエネルギー消費の拡大を考慮すると，人類の存亡に関する切実な問題である。燃料電池は，近年，その解決に一役をになうものとして，世界中で，その普及が進められている。

　燃料電池とは，水素を酸素で燃焼する際に発生する熱エネルギーを直接電気エネルギーに変換するシステムで，一種の発電機といえるものである。

　水素と酸素からえられる燃料電池の概略を下図に示す。負極（燃料極）には水素，正極（空気極）には酸素が供給され，下記の酸化還元反応が燃料電池内で起こり，その際生じるエネルギーを電気で取り出す仕組みになっている。

$$2\,H_2 + O_2 \longrightarrow 2H_2O + 電流$$

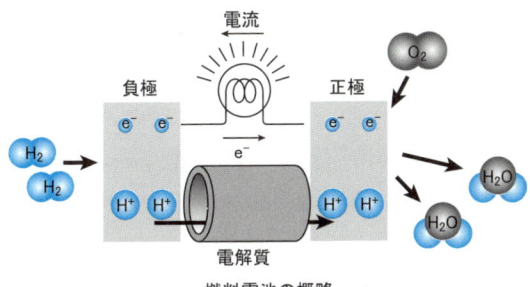

燃料電池の概略

　燃料電池の実用化は宇宙開発にはじまったが，環境問題に対する意識の高まりと共に，地球に優しいエネルギー供給源として注目され，無公害自動車（燃料電池自動車）の実現に利用されるようになった。最近は，家庭ゴミや畜産廃棄物を利用した燃料電池の開発もはじまっている。

燃料電池自動車は走行中に有害な物質を出さない

章末問題

4-1　次の物質名反応式を化学反応式で示せ。
　(1) ブタン ＋ 酸素 ⟶ 二酸化炭素 ＋ 水
　(2) 酸化水銀（Ⅱ）⟶ 水銀 ＋ 酸素
　(3) 亜鉛 ＋ 硫酸 ⟶ 硫酸亜鉛 ＋ 水素
　(4) 塩酸 ＋ 水酸化カルシウム ⟶ 塩化カルシウム ＋ 水

4-2　次の反応の係数を加え，反応を完結せよ。
　a) $Ca(OH)_2 + (NH_4)_2SO_4 \longrightarrow CaSO_4 + NH_3 + H_2O$
　b) $Al + Fe_2O_3 \longrightarrow Al_2O_3 + Fe$

c) $NaCl + H_2SO_4 + MnO_2 \longrightarrow MnSO_4 + Na_2SO_4 + Cl_2 + H_2O$

d) $H_3PO_4 + NaOH \longrightarrow Na_3PO_4 + H_2O$

4-3 ライターの燃料にはブタン（C_4H_{10}）が用いられている。ブタンが燃焼した際の熱を利用したものである。燃焼には，次の反応がおこる。

$$C_4H_{10} + O_2 \longrightarrow CO_2 + H_2O$$

(a) 上記の化学反応式を完成せよ。

(b) ブタン 1 mol を燃焼するに必要な酸素は何 mol 必要か。

(c) その際得られる水は何 g か。

4-4 メタン（CH_4）は完全に燃焼すると二酸化炭素と水が生成する。0℃，1気圧で 2.24 L のメタンを完全燃焼するに必要な酸素の体積は何 dm^3 か。ただし，原子量は H=1.0，O=16.0，C=12.0 を用いよ。

$$CH_4 + 2O_2 \longrightarrow CO_2 + 2H_2O$$

4-5 水素と酸素から水蒸気が生じる反応を密閉容器内で行ったところ，ある時間において酸素は 2.0×10^{-2} mol dm^{-3} s^{-1} の反応速度で減少した。その際の水素の消費速度を求めよ。

4-6 A — C（ ）の中の正しいものを選び文章を完成せよ。

反応の速さを大きくするには，反応物の濃度を A（大きく，小さく）するか，温度を B（高く，低く）するか，または触媒を加える方法が行われる。触媒を加えた場合，反応が速くなるのは活性化エネルギーが C（大きくなる，小さくなる）からである。

4-7 次の図は，ある反応の反応径路を示したものである。

(a) 活性化エネルギーは何 kJ か。

(b) 温度を 25℃から 10℃上げると，反応速度は何倍になるか，ただし頻度因子は一定とする。

(c) 反応熱は何 kJ か。

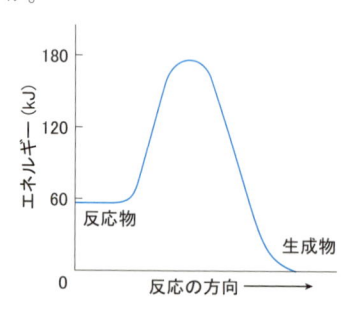

4-8 次の平衡反応について，その平衡定数を示せ。

(a) $PCl_5 \rightleftarrows PCl_3 + Cl_2$

(b) $2SO_2 + O_2 \rightleftarrows 2SO_3$

4-9 水素（H_2）とヨウ素（I_2）の反応させるとヨウ化水素（HI）が生じる。平衡に達した際の濃度は，水素 3.56 mol dm^{-3}，ヨウ素 1.25 mol dm^{-3}，ヨウ化水素 15.6 mol dm^{-3} であった。この反応の平衡定数を求めよ。

4-10 体積 1 dm^3 の容器に水素 1 mol とヨウ素 1 mol を入れ，440℃にすると平衡に達するが，その際，水素の変化は 78.2% であった。平衡になった容器中に存在する各気体は何 mol か。その温度での平衡定数 K も求めよ。

4-11 次の反応の熱化学方程式を書け。

(a) 塩酸と水酸化ナトリウム水溶液の反応で1 molの塩化ナトリウムが生じる反応（発生した熱量 56.5 kJ）

(b) 窒素と酸素との反応で1 molの酸化窒素が生じる反応（吸収した熱量 90.5 kJ）

(c) 一酸化炭素と酸素との反応で1molの二酸化炭素が生じる反応（発生した熱量 111 kJ）

4-12 次の物質の燃焼熱が表に示されている。次の反応の反応熱を求めよ

物質	発熱量 (kJ mol^{-1})
C(s)	394
H$_2$(g)	286
O$_2$(g)	0（燃焼しない）
CH$_4$(g)	891
CH$_3$CH$_3$OH(l)	277

(a) C(s) + 2H$_2$(g) ⟶ CH$_4$(g)

(b) 2C(s) + 3H$_2$(g) + (1/2)O$_2$(g) ⟶ CH$_3$CH$_2$OH(l)

4-13 表 4-1 に示された結合エネルギーを用いて，次の反応の反応熱を計算せよ*。

(a) H$_2$(g) + F$_2$(g) ⟶ 2HF

(b) C(s) + (1/2)O$_2$(g) ⟶ CO(g)
（参考）C(s) = C(g) − 715 kJ mol^{-1}

* 表 4-1 の C−O の結合エネルギーは色々な C−O 結合の平均値である。
一酸化炭素の結合エネルギーは 1072 kJ mol^{-1} として計算せよ。

4-14 次の物質を水に溶解したときの化学式を書け。

(a) 硝酸　HNO$_3$　(b) 水酸化カリウム　KOH

4-15 次の反応の左辺の物質について，何れが酸で何れが塩基であるかを示せ。

(a) NH$_4^+$ + H$_2$O ⟶ NH$_3$ + H$_3$O$^+$

(b) CH$_3$COO$^-$ + H$_2$O ⟶ CH$_3$COOH + OH$^-$

4-16 次の問に答えよ。

(a) ブラックコーヒーの水素イオン濃度は 1.0×10^{-4} mol dm^{-3} である。そのpHを求めよ

(b) グレープフルーツのpHは3.0, ビールのpHは5.0である。どちらが何倍 H$^+$ の濃度は大きいか

(c) 牛乳のpHは6.5である。その水素イオン濃度を求めよ

4-17 水酸化物イオンの濃度が次の溶液の水素イオン濃度（mol dm^{-3}）を求めよ。

(a) 10^{-3} mol dm^{-3}　(b) 0.00001 mol dm^{-3}　(c) 0.2 dm^3 中　2×10^{-4} mol

4-18 次のpHの値の溶液が酸性か塩基性であるか答え，H$^+$ および OH$^-$ の濃度を求めよ

(a) pH 12　(b) pH 5　(c) pH 8　(d) pH 3

4-19 次のa〜eの0.1 mol dm^{-3} 水溶液をpHの大きい順にならべよ。

(a) H$_2$SO$_4$　(b) アンモニア水　(c) HCl　(d) KOH　(e) CH$_3$COOH

4-20 25℃で水酸化カルシウム0.37 gを水に溶かした1 dm^3 としたとき，この溶液のpHはいくらか。ただし水酸化カルシウムは完全に電離しているものとする。

4-21 0.28 mol dm^{-3} の酢酸水溶液の電離度 α と水素イオンのモル濃度を求めよ。ただし、電離定数を $K_a = 2.8 \times 10^{-5}$ mol dm^{-3} とする。

4-22 次の酸と塩基の中和反応の反応式を示せ。
(a) HNO$_3$ と NaOH　　(b) H$_2$SO$_4$ と KOH　　(c) HCl と Ba(OH)$_2$

4-23 2 mol dm^{-3} の塩酸 10 cm^3（10 ml）を中和するために 1 mol dm^{-3} の水酸化ナトリウムは何 cm^3 必要か。

4-24 1.5 mol dm^{-3} の硝酸を完全に中和するのに、0.1 mol dm^{-3} KOH 溶液 0.75 dm^3 が必要であった。この硝酸のモル濃度を求めよ。

4-25 食酢（CH$_3$COOH）がある。それを 25.0 cm^3 とり、1 mol dm^{-3} NaOH 水溶液で中和するとき、50 cm^3 を必要とした。食酢のモル濃度を求めよ。

4-26 リン酸（H$_3$PO$_4$）と KOH との中和は 3 段階で反応が進行する。各段階の化学反応式および 1 つにまとめた化学反応式を書け。

4-27 次の反応を化学反応式で書け。
(a) コークス（C）の燃焼
(b) 鉄を酸素中で加熱
(c) 酸化スズ（II）と水素の反応
(d) 酸化スズ（II）と炭素の反応

4-28 水素に注目し、次の反応を酸化反応および還元反応という観点から論ぜよ。

$$CH_4 + 2O_2 \longrightarrow CO_2 + 2H_2O$$

4-29 次の各反応で、酸化された物質と還元された物質を示せ。
(a) $Cu + S \longrightarrow CuS$
(b) $2K + Br_2 \longrightarrow 2KBr$
(c) $Cl_2 + 2NaBr \longrightarrow 2NaCl + Br_2$
(d) $Mg + H_2SO_4 \longrightarrow MgSO_4 + H_2$
(e) $H_2 + CuO \longrightarrow H_2O + Cu$

4-30 次の青色で示した原子の酸化数を求めよ。
(a) Ga$_2$O$_3$　(b) CoCl$_2$　(c) MnO$_2$　(d) CaSO$_4$　(e) HNO$_3$
(f) H$_3$PO$_4$　(g) SO$_2$　(h) H$_2$O$_2$　(i) MnO$_4^-$

4-31 次の化学反応式の中の、各原子の酸化数の変化から、酸化・還元反応を説明せよ。

(a) $2CO + O_2 \longrightarrow 2CO_2$　　(b) $2K + 2H_2O \longrightarrow 2KOH + H_2$

4-32 次の反応を化学反応式で示せ。
a) 過マンガン酸カリウムと塩酸との反応を化学反応式で示せ。
b) 硝酸とヨウ化カリウムとの反応を化学反応式で示せ。

付　録　化合物の読み方・書き方

　古来，調味料として毎日の食卓に欠かせない「食塩」は慣用名で，化学名は「塩化ナトリウム」，化学式は NaCl である。化学の目でみると，ナトリウムイオン（Na^+）と塩化物イオン（Cl^-）が規則正しく立方体の頂点を交互に占めたイオン性結晶である。それは塩化水素水溶液である「塩酸」と水酸化ナトリウムすなわち「力性ソーダ」（NaOH）の酸・塩基中和（4.5節）で生じる物質である。

　塩化ナトリウムのように陽イオンと陰イオンからなるものは塩というが，その組み合わせは膨大な数になる。このような化合物を1つ1つ覚えたらきりがないし，非科学的である。そこで，IUPAC（国際純正および応用化学連合）により，これらを化学式で表現したり，命名したりするのに，一定のルールまたは約束が定められた。

　その日本語名が日本化学会によって推奨されている。実は，上記の化学式や化学名はそれに従っている。すなわち，イオンあるいはイオン性の化合物は，化学式では陽イオン（陽性元素または原子団）を先に書き，陰イオン（陰性元素または原子団）を後に書く。一方，名前は陰イオン（陰性元素または原子団）を先に読む（英語では，書き方も読み方も陽イオンが先で，例えば，NaCl = sodium chloride）。

　ここで，通常，陽イオンは元素名をそのまま読むか，原子団由来の読み方をする。例えば，H^+　水素，Na^+　ナトリウム，Mg^{2+}　マグネシウム，NH_4^+　アンモニウム などのようである。一方，陰イオンは単原子や簡単な原子団では「〇〇化」（例えば，H^-　水素化，F^-　フッ化，Cl^-　塩化，Br^-　臭化，O^{2-}　酸化，O_2^{2-}　過酸化，S^{2-}　硫化，OH^-　水酸化，CN^-　シアン化，N_3^-　アジ化）と読み，その他は元の酸の名前を用いる（例えば，NO_3^-　硝酸，CO_3^{2-}　炭酸，SO_4^{2-}　硫酸，PO_4^{3-}　リン酸，CH_3COO^-　酢酸）。上記の NaCl，HCl，NaOH の化学名もこれで理解できよう。海水を濃縮して食塩を析出させたあとの残液から得られる「にがり」には塩化マグネシウム（$MgCl_2$），硫酸マグネシウム（$MgSO_4$）が含まれる。これらの化学式中の元素の右下の添え数字は組成式あるいは分子式における当該原子の組成を表すためである。Mg は二価イオン（Mg^{2+}）であるので，Cl^-，SO_4^{2-} との塩は一義的に $MgCl_2$，$MgSO_4$ となる。

このように，基本的な元素や原子団の名前を知ってさえすれば，化学式から名前，名前から化学式を引き出すことは容易である。まさに，「名は体を表す」。

鉄や水銀などの重金属イオンは複数のイオン価数（酸化数）をもつので，（ローマ数字）でそれを表す。例えば，塩化鉄（II）$FeCl_2$，塩化鉄（III）$FeCl_3$，酸化水銀（I）Hg_2O，酸化水銀（II）HgO など。酸化物には複雑な組成，名前のものが多い。例えば，酸化鉄（II）FeO のほか，四酸化三鉄または四酸化鉄（II）二鉄（III）Fe_3O_4，三酸化二鉄（III）Fe_2O_3 がある。このように，まぎらわしい組成は漢字の数字を元素名の前につけて読む。

非金属元素のつくる分子も，陽イオン性の高いものから先に並べて表す。原則的に，B, Si, C, Sb, As, P, N, H, Te, Se, S, I, Br, Cl, O, F などの順である。例えば，アンモニア NH_3，一酸化炭素 CO，二酸化炭素 CO_2 などのように。大気汚染源として問題となる酸化窒素は総称してNOxまたはNOXと呼ばれ，一酸化二窒素 N_2O，酸化窒素 NO，三酸化二窒素 N_2O_3，二酸化窒素 NO_2，四酸化二窒素 N_2O_4，五酸化二窒素 N_2O_5，三酸化窒素 NO_3，六酸化二窒素 N_2O_6 などの混合物である。

初めはややこしく感じるが，だんだん慣れてくるにつれて，書き方，読み方の原則は比較的単純であることもわかっていただけるであろう。ただ，「水」H_2O を「酸化水素」と呼ぶ人はいないように，古くからの慣用名がそのまま通用されている場合も少なくない。上に出てきただけでも，食塩，カ性ソーダ，塩酸，アンモニアがある。酸素を含む酸（オキソ酸）の呼び名はとくに悩ましい。例えば，過塩素酸 $HClO_4$，塩素酸 $HClO_3$，亜塩素酸 $HClO_2$，次亜塩素酸 $HClO$，亜硫酸 H_2SO_3，チオ硫酸 $H_2S_2O_3$，などなどがある。

酢酸はふつう CH_3COOH，酢酸ナトリウムは CH_3COONa と書き，陽イオンを先に書かないことが多い。その点ではこれまで述べてきた無機酸・塩の書き方の原則からはずれる。これは酢酸が有機化合物に属するからである。有機化合物に対しても無機化合物の場合と同様に，IUPAC命名法が提案されている。有機化合物の場合は下記に示すような炭素原子と水素原子を構成成分とする化合物を基本名に，語尾変化や特性基（置換基名）を付して命名される。基本構造に選ばれているのは，脂肪族，芳香族，および複素環化合物である。

* 構造式：

CH_4　　CH_3-CH_3
メタン　　エタン

$CH_3-CH_2-CH_3$
プロパン

$CH_3-CH_2-CH_2-CH_3$
ブタン

$CH_3-CH_2-CH_2-CH_2-CH_3$
ペンタン

$CH_3-CH_2-CH_2-CH_2-CH_2-CH_3$
ヘキサン

シクロブタン　シクロヘキサン

ベンゼン　ナフタレン

チオフェン　ピリジン

例*

脂肪族化合物	直鎖炭化水素	メタン，エタン，プロパン，ブタン，ペンタン，ヘキサンなど
	環状炭化水素	シクロブタン，シクロヘキサンなど
芳香族化合物		ベンゼン，ナフタレンなど
複素環化合物		チオフェン，ピリジンなど

例えば，酢酸（CH_3COOH）は，エタン（$CH_3\text{-}CH_3$）の1つのCH_3が酸性を示す原子団 $-COOH$（これをカルボキシル基という）に置き換わったものである。IUPACの命名法では最長炭素鎖の基幹名の次に酸を付けて表す。したがって，酢酸はエタン酸，酪酸（C_3H_7COOH）はブタン酸といわれる。酢酸ナトリウム（CH_3COONa）はエタン酸ナトリウムということになる。直鎖飽和炭化水素の水素がヒドロキシ基にかわったものはアルコールを表す語尾オールを付けて表す。例えば，メタン，エタン，プロパンの水素がOH基で置き換わったものは，それぞれ，メタノール（$CH_3\text{-}OH$），エタノール（$CH_3\text{-}CH_2\text{-}OH$），プロパノール（$CH_3\text{-}CH_2\text{-}CH_2\text{-}OH$）と命名される。

有機化合物の命名は，上記の酢酸や酪酸などのように慣用名が流用されている例も多い。有機化合物の命名は膨大になるので本書では省略するが，くわしくは成書を参照していただきたい。

演 習

1. 通称「塩カル」＝「塩化カルシウム」は乾燥剤・防湿剤や融雪剤・凍結防止剤として広く用いられている。化学式を書け。
2. 通称「重曹」＝「炭酸水素ナトリウム」は，洗剤やベーキングパウダーとして台所で広く用いられている。化学式を書け。
3. 脊椎動物の骨や歯の主成分で，植物の生育に欠かせない「リン酸カルシウム」の化学式を書け。
4. 次の化学式の名前を書け。

    (a) CaO, (b) $Ca(OH)_2$, (c) $NaHSO_4$, (d) S_2Cl_2, (e) $Na_2S_2O_3$,
    (f) $KClO_4$, (g) CaH_2

5. 次の化合物の構造式を書け。

    (a) エタン (b) エテン（エチレン）， (c) エチン（アセチレン），
    (d) シクロヘキサン， (e) ベンゼン， (f) ピリジン

解答

1. $CaCl_2$
2. $NaHCO_3$
3. $Ca_3(PO_4)_2$
4. (a) 酸化カルシウム
   (b) 水酸化カルシウム
   (c) 硫酸水素ナトリウム
   (d) 二塩化二硫黄
   (e) チオ硫酸ナトリウム
   (f) 過塩素酸カリウム
   (g) 水素化カルシウム
5. (a) CH_3-CH_3
   (b) $CH_2=CH_2$
   (c) $CH\equiv CH$
   (d) ⬡ (e) ⬡ (f) ⬡(N)

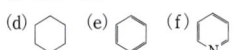

章末問題解答

第1章

1-1 (1) ハーバーのアンモニア合成
人工肥料の安価な合成による食糧危機の救済
(2) 高分子物質の存在の実証とその活用
豊かな物質社会の実現
(3) 抗生物質の発見
新たな医薬品を産み出し、多くの人命を救済した

1-2 科学技術の進歩は急速で、これからもいろいろな物質が作られるであろう。物質を上手に使えば、人の生活はうるおいのある豊かで社会になるが、その使い方を間違うと、社会に害毒を流すことになる。さらに多くの物質が登場する21世紀を正しく生き抜くために、物質科学はますます重要になる。

1-3 (a) N (b) O (c) Fe (d) Cl (e) Na (f) Sn
(g) Pb (h) Ag (i) Mg (j) B

1-4 1) 化合物の存在の実証
2) 燃焼という現象の解明

1-5 (a) さまざまな炭化水素の混合物、硫黄などが含まれることもある、(b) 酸素と窒素の混合物、小濃度の炭酸ガスや希ガスを含む、(c) 純物質、(d) 鉄と炭素の混合物（固溶体）、(e) 純物質、(f) さまざまな炭化水素（炭素数5〜11）の混合物

1-6 (a) お (b) か (c) あ (d) い (e) え (f) う

1-7 (a) 1.76 m (b) 5.4×10^{-3} kg (c) 4×10^{-3} m^3
(d) 3×10^{-6} m^3 (e) 6.0×10^{-5} m^3 (f) 351.7 K

1-8 0.9 g cm^{-3} = 9×10^2 kg m^{-3}

1-9 4 g cm^{-3} = 4×10^3 kg m^{-3}

1-10 1 atm = 101.3 kPa だから
R = 0.082 atm dm^3 K^{-1} mol^{-1}
= $0.082 \times 101.3 \times 10^3$ Pa dm^3 K^{-1} mol^{-1}
= 8.31×10^3 Pa dm^3 K^{-1} mol^{-1}
= 8.31 kPa dm^3 K^{-1} mol^{-1}

1-11 (a) 11.24, 0.60 (b) 4.6×10^4

1-12 3.04×10^4 m^3

1-13 (a) 10^3 g (b) 10^{-6} kg
(c) 10^{-1} m (d) 10^{-9} m

1-14 (a) 8.00×10^6 (b) 2.06×10^{-3}
(c) 3.05×10^8 (d) 5.14×10^{-5}

第2章

2-1 a 原子核, b 電子, c 陽子, d 中性子, e 質量数, f K, g L, h M, i 2, j 8

2-2 酸素分子 O_2 の分子量は 32.0 で、モル質量は 32.0 g mol^{-1} だから
$32.0 \div (6.02 \times 10^{23}) = 5.32 \times 10^{-23}$ g

2-3 $(0.2$ g $/ 12) \times (6.02 \times 10^{23}) = 1.00 \times 10^{22}$ 個
（何と1兆×100億個もの炭素原子）

2-4 水1モルの質量 = 18 g、密度が 1 g cm^{-3} なので、その体積は 18 cm^3。
水1分子の体積 = $18/(6 \times 10^{23}) = 3 \times 10^{-23}$ cm^3。この体積は、3×10^{-23} cm^3 = 30×10^{-24} cm^3 = $(3.1 \times 10^{-8}$ cm$)^3$ = $(3.1$ Å$)^3$ = $(0.31$ nm$)^3$ なので、水分子あるいは氷分子は直径3Å（0.3 nm）程度の球として周囲分子と接していることを示す。

2-5 (a) $_3$Li (b) $_6$C (c) $_9$F (d) $_{11}$Na

2-6 (a) $1s^2 2s^2$ (b) $1s^2 2s^2 2p^3$ (c) $1s^2 2s^2 2p^6 3s^1$
    (d) $1s^2 2s^2 2p^6 3s^2 3p^5$ (e) $1s^2 2s^2 2p^6 3s^2 3p^6 4s^2$

2-7 (b) Li。これらの元素はいずれも第2周期の元素であり，最外殻はL殻で等しいが，同一周期の元素では原子番号が増えて原子核中の陽子数が増えると，最外殻電子を引きつける力が大きくなるため原子半径は小さくなる。したがってこれらの第2周期の元素のうちで，最も陽子数の少ないLiの原子半径が最も大きいと考えられる。(コラム 原子半径とイオン半径の図参照)

2-8 $2 \times 0.154 \sin(109.5°/2) = 0.252$ nm
    (章末問題 2-9 の解答図参照)

2-9 0.252 nm $\times [1$ g $/ 28$ (g mol^{-1})$] \times 6 \times 10^{23} = 0.054 \times 10^{23}$ nm $= 5.4 \times 10^{12}$ m $= 5.4 \times 10^9$ km。何と，地球(1周4万km)を14万周 $(5.4 \times 10^9 / (4 \times 10^4) = 1.35 \times 10^5)$ にも達する。

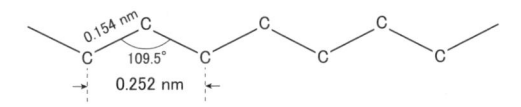

第3章

3-1 $p_1 V_1 = p_2 V_2$, 760 Torr = 1 atm なので
    $p_2 = 1$ atm $\times 1$ dm^3 / 0.05 dm^3 = 20 atm

3-2 $p_1 V_1 = p_2 V_2$, 202.6 kPa ÷ 101.3 kPa atm^{-1} = 2 atm なので
    $p_2 = 2$ atm $\times 100$ cm^3 / 125 cm^3 = 1.6 atm

3-3 $V_1 / T_1 = V_2 / T_2$ なので，気体の初めの体積を V とすると
    $T_1 = T_2 \times V_1 / V_2 = (35 + 273.15)$ K $\times 1 / 1.1$
    $= 280.14$ K $= 7.0$ °C

3-4 $V_1 / T_1 = V_2 / T_2$ なので
    $T_2 = T_1 \times V_2 / V_1 = (273.15)$ K $\times 860 / 760$
    $= 309.09$ K $= 35.9$ °C
    したがって元の気体より 35.9°C だけ温度が高くなった。

3-5 $V_1 / T_1 = V_2 / T_2$ なので
    $V_2 = V_1 \times T_2 / T_1 = 500$ cm$^3 \times (150 + 273.15) / 273.15$
    $= 775$ cm^3

3-6 $pV = nRT$, $R = 0.082$ dm^3 atm mol^{-1} K^{-1} を用いて窒素の物質量を求めると
    $n = pV / RT = 1.5$ atm $\times 0.41$ dm^3 / $(0.082$ dm^3 atm (mol K)$^{-1} \times (273.15 + 29)$ K$) = 0.025$ mol
    アボガドロ定数 $N_A = 6.0221 \times 10^{23}$ mol^{-1} なので 0.025 mol の気体中には
    0.025 mol $\times 6.0221 \times 10^{23}$ mol$^{-1} = 1.5 \times 10^{22}$ 個の分子が存在する。

3-7 $pV = nRT$, $R = 0.082$ dm^3 atm (mol K)$^{-1}$, $N_A = 6.0221 \times 10^{23}$ mol^{-1}
    $n = pV / RT = 1$ atm $\times 10.0$ dm^3 / $(0.082$ dm^3 atm (mol K)$^{-1} \times 273.15$ K$) = 0.446$ mol
    0.446 mol $\times 6.0221 \times 10^{23}$ mol$^{-1} = 2.69 \times 10^{23}$ 個

3-8 $pV = nRT$, $R = 8.315$ Pa m^3 (mol K)$^{-1} = 8.315$ J (mol K)$^{-1}$
    $n = pV / RT = (0.130 \times 10^6$ Pa $\times 4.1 \times 10^3$ m$^3) / (8.315$ J K^{-1} mol$^{-1} \times 303.15$ K$)$
    $= 2.11 \times 10^5$ mol
    He のモル質量は 4 g·mol^{-1} だから，気球中の He の質量は
    4 g·mol$^{-1} \times 2.11 \times 10^5$ mol $= 8.44 \times 10^5$ g

3-9 標準状態では気体の体積 22.4 dm^3 で 1 mol となるので
    3.17 g dm$^{-3} \times 22.4$ dm$^3 = 71.01$ g
    モル質量が 71 g mol^{-1} であるのは (c) Cl$_2$

3-10 全圧 $p = p_A + p_B$, 1 atm = 760 Torr なので
    $p_B = p - p_A$
    $= 1.20$ atm $\times 760$ Torr atm$^{-1} - 137$ Torr
    $= 775$ Torr

3-11 A : 20/150 B : 13 C : 125 (150 g / 1.2 g cm^{-3})
    D : 160 E : 2.74 (160 / (23 + 35.5))
    F : 154 (20 g $\times$ 1000 g / 130 g) G : 2.63
    H : 2.63

3-12　100 g の水溶液に注目するとその中のメタノールの質量は 32 g である。したがって，水の質量は 68 g である。それぞれの物質量は

　　メタノール　32 g ÷ 32（g mol^{-1}）= 1.0 mol
　　水　68 g ÷　18（g mol^{-1}）= 3.78 mol である。

(a) メタノールのモル分率は　1 /（1.0 + 3.78）= 0.21

(b) 密度が 0.9863 g cm^{-3} であるから，水溶液 100 g の体積は
　　100 g ÷ 0.9863 g cm^{-3} = 101.39 cm^3 = 0.10139 dm^3
　　したがってモル濃度は
　　1.0 mol ÷ 0.10139 dm^3 = 9.86 mol dm^{-3}

(c) 水 68 g = 0.068 kg に 1 mol のメタノールが溶解しているから，質量モル濃度は
　　1 mol ÷ 0.068 kg = 14.7 mol kg^{-1}

3-13　濃硫酸 1 dm^3 を考えると，その質量は 1830 g となる。この硫酸のモル濃度は
　　1830 g × 0.96 / 98.1 g mol^{-1} = 17.91 mol dm^{-3}
　　0.50 mol dm^{-3} の希硫酸 250 cm^3 中の硫酸の物質量は 0.5 mol dm^{-3} × 0.25 dm^3 = 0.125 mol である。
　　いま，濃硫酸 x dm^3 を必要とすると
　　x dm^3 × 17.91 mol dm^{-3} = 0.125 mol dm^{-3}
　　x = 0.00697 dm^3 = 6.98 cm^3 となる。

3-14　ラウールの法則によると，溶媒の蒸気圧を p_0，溶液の蒸気圧を p，溶媒のモル分率を x とすると $p = xp_0$ なる関係が成立する。ベンゼンの物質量は
　　500 g / 78 g mol^{-1} = 6.41 mol
　　であるから x = 6.41 /（0.75 + 6.41）= 0.895
　　したがって p = 0.895 × 94.6 = 84.7 Torr
　　（p. 94 では蒸気圧降下の式が出てきています。この式では溶質のモル分率ですが，本題では溶媒のモル分率で表すことが必要です）

3-15　凝固点降下度は $\Delta T = K_f(m/GM)$ で表されるので，ΔT は m と比例関係にあり
　　$\Delta T_1 : \Delta T_2 = m_1 : m_2$
　　よって，$m_2 = m_1 \times \Delta T_2 / \Delta T_1$ = 2 × 1.86 / 0.95 = 3.9 g

3-16　$\Delta T = K_f(m/GM)$ より K_f を求める。ベンゼン 1 kg（1000g）中に溶かすナフタレンの量は 0.64 g ×（1000 g / 10 g）= 64 g となる。したがって

$K_f = \Delta T \times (GM/m)$ =（5.50 − 2.94）×（1 × 128 / 64）
　　= 5.12 K kg mol^{-1}

3-17　$\Delta T = K_f(m/GM)$ より M を求める。ΔT = 5.50 − 4.22 = 1.28 K，ベンゼン 1 kg に溶かす未知物質の量は 0.45 g ×（1000 g / 10 g）= 45 g だから
　　$M = K_f(m/G) / \Delta T$ = 5.12 ×（45 / 1）/ 1.28 = 180

3-18　$\Pi V = nRT = mRT/M$ より M を求める。ブドウ糖水溶液 1 dm^3 中のブドウ糖の質量は 52.4 g，R = 0.082 dm^3 atm（mol K）$^{-1}$ であるので
　　$M = mRT / \Pi V$
　　　= 52.4 × 0.082 ×（37 + 273.15）/（7.5 × 1）= 178

3-19　(a) B 液

(b) ブドウ糖の溶解による体積変化を無視すると
　　$\Pi = nRT / V$ = 36 × 10^{-3} / 180 × 0.082 ×（30 + 273.15）/ 0.1 = 0.050 atm

(c) 比重 1 の液柱の高さを水銀中の高さに換算すると 1 × h / 13.6 cmHg，1 atm は水銀柱の高さ 76 cm に相当するので，この値を atm 単位にすると h /（13.6 × 76）atm
　　したがって，$\pi = nRT / V$ を用いて計算すると
　　h /（13.6 × 76）= 36 × 10^{-3} / 180 × 0.082 ×（30 + 273.15）/ 0.1 = 0.050 なので
　　h = 51.4 cm
　　（あるいは 1 atm = 760 mmHg = 76 cmHg なので，1 atm での水柱の高さは水銀の密度（13.6 g cm^{-3}）を考えると 76 × 13.6 = 1033.6 cm となるので，0.5 atm では 51.7 cm となる）

3-20　(a) 金属結晶，　(b) 分子結晶，　(c) イオン結晶
　　(d) 共有結合の結晶，　(e) イオン結晶
　　(f) 分子結晶，　(g) 共有結合の結晶
　　(h) 金属結晶，　(i) イオン結晶，　(j) 金属結晶

3-21　3.3.1 結晶の b. 金属結晶を参照

3-22　一般的には液晶をつくる分子は，有機化合物で比較的細長い棒状分子で極性をもつ。

3-23　(b) 牛乳（分散媒：水，分散質：カゼインや脂肪など）

(d) パン（分散媒：デンプンなど，分散質：空気）

3-24 半透膜を用いてコロイド溶液中に含まれる不純物を分離する操作のこと。腎臓の機能が低下し，血液中に有害な成分が蓄積した場合などに行われる人工透析や，最近では上水道の水をきれいにするための中空糸型のろ過器などがある。

3-25 (a) 高温になって気体から電子が飛び出した結果，自由に運動する正，負の荷電粒子が共存した状態
(b) (c) オーロラ

第4章

4-1 (1) $2 C_4H_{10} + 13 O_2 \longrightarrow 8 CO_2 + 10 H_2O$
(2) $2 HgO \longrightarrow 2 Hg + O_2$
(3) $Zn + H_2SO_4 \longrightarrow ZnSO_4 + H_2$
(4) $2 HCl + Ca(OH)_2 \longrightarrow CaCl_2 + 2 H_2O$

4-2 a) $Ca(OH)_2 + (NH_4)_2SO_4 \longrightarrow CaSO_4 + 2 NH_3 + 2 H_2O$
b) $2 Al + Fe_2O_3 \longrightarrow Al_2O_3 + 2 Fe$
c) $2 NaCl + 2 H_2SO_4 + MnO_2 \longrightarrow MnSO_4 + Na_2SO_4 + Cl_2 + 2 H_2O$
d) $H_3PO_4 + 3 NaOH \longrightarrow Na_3PO_4 + 3 H_2O$

4-3 (a) $2 C_4H_{10} + 13 O_2 \longrightarrow 8 CO_2 + 10 H_2O$
(b) $13/2$ mol $= 6.5$ mol
(c) $(10/2)$ mol $\times 18$ g mol$^{-1} = 90$ g

4-4 まず，0℃，1気圧での，メタン2.24 dm^3 のモル数を求める。
2.24 dm$^3 \div 22.4$ dm^3 mol$^{-1} = 0.1$ mol
メタン1分子と酸素2分子が反応するから，メタン0.1 mol と反応する酸素は0.2 mol である。
したがって，必要な酸素の体積は
0.2 mol $\times 22.4$ dm^3 mol$^{-1} = 4.48$ dm^3

4-5 $2H_2 + O_2 \longrightarrow 2H_2O$ から
$2 \times [2.0 \times 10^{-2}$ mol $(dm^3 s)^{-1}] = 4.0 \times 10^{-2}$ mol $(dm^3 s)^{-1}$

4-6 A：大きく，B：高く，C：小さくなる

4-7 (a) 120 kJ mol^{-1}
(b) $k_{(T+10)℃}/k_{(T)℃} = \exp[-120/[R(T+10)]]/\exp[-120/RT]$
10℃上げて速度が何倍になるかは，$T = 298$ K を入れて計算する。その際 $R = 8.314/10^3$ kJ K^{-1} mol^{-1} を用いる。4.8倍
(c) 60 kJ mol^{-1}

4-8 (a) $K = \dfrac{[PCl_3][Cl_2]}{[PCl_5]}$
(b) $K = \dfrac{[SO_3]^2}{[SO_2]^2[O_2]}$

4-9 $I_2 + H_2 \rightleftarrows 2HI$
$K = [HI]^2/[H_2][I_2]$ だから，各数値を代入して
$K = 15.6^2/(3.56 \times 1.25) = = 54.7$

4-10 $I_2 + H_2 \rightleftarrows 2HI$ であるから，I_2 と H_2 との消費量は同じである。H_2 1 mol の78.2%反応したのであるから，反応した H_2 は 0.782 mol，したがって I_2 も 0.782 mol 反応したことになる。HI は化学平衡式より明らかなように，H_2 と I_2 とが 0.782 mol 消費すると，HI は 2×0.782 mol $= 1.564$ mol 生成する。一方，H_2 と $I_2 = (1 - 0.782)$ mol $= 0.218$ mol となる。したがって，平衡系に存在する各気体の濃度は，容器が 1 dm^3 であるから，$[H_2] = [I_2] = 0.218$ mol dm^{-3}，$[HI] = 1.564$ mol dm^{-3}
平衡定数 $K = [HI]^2/[H_2][I_2] = (1.564)^2/(0.218)^2 = 51.5$

4-11 (a) $HCl(aq) + NaOH = NaCl + H_2O + 56.5$ kJ
(b) $(1/2)N_2 + (1/2)O_2 = NO - 90.5$ kJ
(c) $CO + (1/2)O_2 = CO_2 + 111$ kJ

4-12 (a) $C(s) + O_2(g) = CO_2 + 394$ kJ ①
$2H_2(g) + O_2(g) = 2H_2O(g) + 2 \times 286$ kJ ②
$CH_4(g) + 2 O_2(g) = CO_2 + 2 H_2O + 891$ kJ ③
①+②-③ $C(s) + 2 H_2(g) = CH_4(g) + (394+572-891)$ kJ
∴ $C(s) + 2 H_2(g) = CH_4(g) + 75$ kJ
(b) $2C(s) + 2O_2(g) = 2CO_2 + 2 \times 394$ kJ ④
$3H_2(g) + (3/2)O_2(g) = 3H_2O + 3 \times 286$ kJ ⑤
$C_2H_5OH(l) + 3 O_2(g) = 2CO_2 + 3 H_2O + 277$ kJ ⑥
④+⑤-⑥ $2C(s) + 3H_2(g) + (1/2)O_2(g) = C_2H_5OH(l) + (788+858-277)$ kJ

$\therefore 2C(s) + 3H_2(g) + (1/2)O_2(g)$
$\qquad = C_2H_5OH(l) + 1369 \text{ kJ}$

4-13 (a) $H_2(g) = 2H(g) - 436 \text{ kJ}$ ①
$\qquad F_2(g) + 2F(g) - 155 \text{ kJ}$ ②
$\qquad \underline{H(g) + F(g) = HF + 565 \text{ kJ}}$ ③
①+②+2×③とすると
$\qquad H_2 + F_2 = 2HF - (436 + 155 - 2 \times 565) \text{ kJ}$
$\therefore H_2 + F_2 = 2HF + 539 \text{ kJ}$

(b) $(1/2)O_2(g) = O(g) - (494/2) \text{ kJ}$ ①
$\qquad C(g) + O(g) = CO(g) + 1072 \text{ kJ}$ ②
$\qquad \underline{C(s) = C(g) - 715 \text{ kJ}}$ ③
①+②+③とすると
$\qquad C(s) + (1/2)O_2$
$\qquad = CO(g) + (1072 - 247 - 715) \text{ kJ}$
$\therefore C(s) + (1/2)O_2 = CO(g) + 110 \text{ kJ}$

4-14 (a) $HNO_3 \longrightarrow H^+ + NO_3^-$
（または，$HNO_3 + H_2O \longrightarrow H_3O^+ + NO_3^-$）
(b) $KOH \longrightarrow K^+ + OH^-$

4-15 (a) NH_4^+ 酸　　H_2O 塩基
(b) CH_3COO^- 塩基　　H_2O 酸

4-16 (a) $[H^+] = 10^{-4} \text{ mol dm}^{-3}$: $pH = -\log[H^+] = 4$
(b) グレープフルーツのpH＝3:$[H^+] = 10^{-3} \text{ mol dm}^{-3}$
　　ビールのpH＝5:$[H^+] = 10^{-5} \text{ mol dm}^{-3}$
$\therefore$ グレープフルーツが100倍
(c) $[H^+] = 10^{-pH}(\text{mol dm}^{-3}) = 10^{-6.5}$
$\qquad = 3.2 \times 10^{-7} \text{ mol dm}^{-3}$

4-17 (a) $[H^+] = 10^{-14}/10^{-3} \text{ mol dm}^{-3} = 10^{-11} \text{ mol dm}^{-3}$
(b) $[H^+] = 10^{-14}/10^{-5} \text{ mol dm}^{-3} = 10^{-9} \text{ mol dm}^{-3}$
(c) $[H^+] = 10^{-14}/(2 \times 10^{-4} \text{ mol} \times 1/0.2 \text{ dm}^3)$
$\qquad = 10^{-11} \text{ mol dm}^{-3}$

4-18 (a) $[H^+] = 10^{-pH}(\text{mol dm}^{-3}) = 10^{-12} \text{ mol dm}^{-3}$,
$\qquad [OH^-] = 10^{-14}/[H^+] = 10^{-14}/10^{-12} = 10^{-2} \text{ mol dm}^{-3}$
(b) $[H^+] = 10^{-pH}(\text{mol dm}^{-3}) = 10^{-5} \text{ mol dm}^{-3}$,
$\qquad [OH^-] = 10^{-14}/[H^+] = 10^{-14}/10^{-5} = 10^{-9} \text{ mol dm}^{-3}$
(c) $[H^+] = 10^{-pH}(\text{mol dm}^{-3}) = 10^{-8} \text{ mol dm}^{-3}$,
$\qquad [OH^-] = 10^{-14}/[H^+] = 10^{-14}/10^{-8} = 10^{-6} \text{ mol dm}^{-3}$
(d) $[H^+] = 10^{-pH}(\text{mol dm}^{-3}) = 10^{-3} \text{ mol dm}^{-3}$,
$\qquad [OH^-] = 10^{-14}/[H^+] = 10^{-14}/10^{-3} = 10^{-11} \text{ mol dm}^{-3}$

4-19
塩基性高い（pH大）←←→→ 酸性高い（pH小）
(d) KOH　(b) アンモニア水　(e) CH_3COOH　(c) HCl　(a) H_2SO_4

4-20　水酸化カルシウムは$Ca(OH)_2$であるから，その式量は74.0である。水溶液ではその電離によって1 molの水酸化カルシウムから2 molのOH^-を生じる。
$\qquad Ca(OH)_2 \longrightarrow Ca^{2+} + 2OH^-$
したがって　$[OH^-]$は
$\qquad [OH^-] = (0.37/74) \times 2 = 1.0 \times 10^{-2} \text{ mol dm}^{-3}$
$\qquad [H^+] = K_w/[OH^-] = 10^{-14}(\text{mol dm}^{-3})^2/10^{-2} \text{ mol dm}^{-3}$
$\qquad = 10^{-12} \text{ mol dm}^{-3}$
$\qquad pH = -\log[H^+] = -\log(1.0 \times 10^{-12}) = 12$

4-21 $K_a = [H^+][CH_3COO^-]/[CH_3COOH]$
$\qquad = [\alpha C_0]^2/[(1-\alpha)C_0] \fallingdotseq \alpha^2 C_0$
$\qquad = 2.8 \times 10^{-5} \text{ mol dm}^{-3}$
$\therefore \alpha = (K_a/C_0)^{1/2}$
$\qquad = (2.8 \times 10^{-5} \text{ mol dm}^{-3}/0.28 \text{ mol dm}^{-3})^{1/2}$
$\qquad = (10^{-4})^{1/2} = 10^{-2}$
したがって
$\qquad [H^+] = C\alpha = 0.28 \times 10^{-2} = 2.8 \times 10^{-2} \text{ mol dm}^{-3}$

4-22 (a) $HNO_3 + NaOH \longrightarrow NaNO_3 + H_2O$
(b) $H_2SO_4 + 2 KOH \longrightarrow K_2SO_4 + 2 H_2O$
(c) $2 HCl + Ba(OH)_2 \longrightarrow BaCl_2 + 2 H_2O$

4-23 $2 \times 10 = 1 \times V$
$\therefore V = 2 \times 10/1 = 20 \text{ cm}^3$

4-24 $0.1 \times 0.75 = 1.5 \times c$
$\therefore c = 0.075/1.5 = 0.05 \text{ mol dm}^{-3}$

4-25 $1 \times 50 = 25 \times c$
$\therefore c = 50/25 = 2 \text{ mol dm}^{-3}$

4-26 $H_3PO_4 + KOH \longrightarrow KH_2PO_4 + H_2O$
$\qquad KH_2PO_4 + KOH \longrightarrow K_2HPO_4 + H_2O$
$\qquad \underline{K_2HPO_4 + KOH \longrightarrow K_3PO_4 + H_2O}$
$\qquad H_3PO_4 + 3 KOH \longrightarrow K_3PO_4 + 3 H_2O$

4-27 (a) $C + O_2 \longrightarrow CO_2$

(b) $4\,Fe + 3\,O_2 \longrightarrow 2\,Fe_2O_3$

(c) $SnO + H_2 \longrightarrow Sn + H_2O$

(d) $SnO + C \longrightarrow Sn + CO_2$

4-28 $CH_4 + 2O_2 \longrightarrow CO_2 + 2H_2O$
酸化数 C:−4, H:+1   O:0   C:+4 O:−2   H:+1, O:−2
∴ CH_4 は酸化され，O_2 は還元された。

4-29 (a) Cu:酸化,   S:還元
   (b) 2K:酸化, Br_2:還元
   (c) Cl_2:還元,   NaBr:酸化
   (d) Mg:酸化, H_2SO_4:還元
   (e) H_2:酸化,   CuO:還元

4-30 (a) +3, (b) +2, (c) +4, (d) +2,
   (e) +5, (f) +5, (g) +4, (h) −1, (i) +7

4-31 (a) $2CO + O_2 \longrightarrow 2CO_2$
酸化数 C:+2, O:−2   O:0   C:+4, O:−2
∴ 一酸化炭素の C は酸化され，酸素 O_2 は還元された。

(b) $2K + 2H_2O \longrightarrow 2KOH + H_2$
酸化数 K:0 H:+1, O:−2   K:+1, O:−2, H:+1   H:0
∴ カリウム (K) は酸化され，水 (H_2O) は還元された。

4-32

a) $2\,MnO_4^- + 16\,H^+ + 10\,e^- \longrightarrow 2\,Mn^{2+} + 8\,H_2O$

$10\,Cl^- \longrightarrow 5\,Cl_2 + 10\,e^-$

$\overline{2\,MnO_4^- + 16\,H^+ + 10\,Cl^- \longrightarrow 2\,Mn^{2+} + 5\,Cl_2 + 8\,H_2O}$

両辺に対イオン $2\,K^+$ と $6\,Cl^-$ を加えて整理すると

$2\,KMnO_4 + 16\,HCl \longrightarrow 2\,MnCl_2 + 2\,KCl + 5\,Cl_2 + 8\,H_2O$

b) $2\,HNO_3 + 2\,H^+ + 2\,e^- \longrightarrow 2\,NO_2 + 2\,H_2O$

$2\,I^- \longrightarrow I_2 + 2\,e^-$

∴ $2\,HNO_3 + 2\,H^+ + 2\,I^- \longrightarrow 2\,NO_2 + I_2 + 2\,H_2O$

両辺に対イオン $2\,K^+$ と $2\,NO_3^-$ を加えて整理すると

$4\,HNO_3 + 2\,KI \longrightarrow 2\,KNO_3 + 2\,NO_2 + I_2 + 2\,H_2O$

参考にした本

1. John C. Kotz, PauL Treichel, "Chemistry & Chemical Reactivity (Fourth Ed.)", Harcourt Brace College Publishers, Orland , 1999.
2. Michael Munowitz, "Principles of Chemistry", W・W・Norton & Company, New York , 2000.
3. E. S. Ramsden, "A-Level Chemistry", Stanley Thornes Publishers, 1985.
4. 大野惇吉,『大学生の化学』, 三共出版, 東京, 2001.
5. 『新訂 化学 IB』, 大日本図書, 東京, 2001.
6. 『新編 化学 IB』, 東京書籍, 東京, 2001.
7. 『化学 IB』, 三省堂, 東京, 2001.
8. 『化学 I』東京書籍, 東京, 2003.
9. 『化学 II』東京書籍, 東京, 2005.
10. 『高等学校化学 I』啓林館, 大阪, 2003.
11. 『高等学校化学 II』啓林館, 大阪, 2005.
12. John McMurry, Robert C. Fay (荻野 博, 山本 学, 大野公一 訳)「一般化学」(上), (下), 東京化学同人, 東京, 2011.
13. Theodore L. Brown, Bruce E. Burstein, Patrik M Woodward, H. Eugene Le May. Jr, Catherine J. Murphy, Mathew W. Stoltzfus (荻野和子 監訳),「ブラウン 一般化学」, I, II, 丸善, 2015.
14. Raymond Chang, Jason Overby (村田 滋 訳),「化学 基本の考え方を学ぶ」, (上), (下), 東京化学同人, 東京, 2011.
15. 長島弘三, 宮田 功,「一般化学（改訂版）」, 裳華房, 東京, 2001.
16. S. S. Zumdahl, D. J. De coste (大嶌幸一郎, 花田禎一 訳)「基礎化学」, 東京化学同人, 東京, 2013.
17. 小林淳哉 編著,「化学」, 実務出版, 東京, 2016.

索　引

あ　行

アイソトープ　22, 129
アインシュタインの式　26
アセチレン　64
圧　力　14, 76
アボガドロ　48
　——定数　27
　——の法則　48
アミノ酸　66
アリストテレス　76
アルカリ金属　42
アルカリ性　136
アルカリ土類金属　42
アレニウス　136
　——の式　130
アンモニア　57, 134
　——の合成　135
アンモニウムイオン　53, 56

イオン解離　136
イオン化エネルギー　43, 45
　——, 第1　43
　——, 第2　43
イオン化傾向　161
イオン化列　161
イオン結合　55
イオン結晶　100
イオン性　55
イオン半径　46
異性体　65
イソブタン　65
一次反応　129
陰イオン　42

右旋性　67

永久双極子　69
液　晶　105
液　体　87
液体クロマトグラフィー　10
液体の特性　87
エタノール　64
エタン　60
エチレン　62, 103
エネルギー準位　31, 32
エネルギー保存則　121
エムペドクレス　5
塩　基　136
塩基性　136
塩　橋　162

オーロラ　110
オキソニウムイオン　53, 136
オクテット説　50

L殻　29
MBBA　106
mol　12
M殻　29
NaCl　101
N殻　29
O殻　29
SI基本単位　11
SI組立単位　12
SI接頭語　11

か　行

カーボンナノチューブ　102
海水の淡水化　10
界面活性剤　71, 72
化学式　115
科学的表記法　17
化学反応　115
化学反応式　117, 128
化学反応の分類　119
化学平衡式　134
化学平衡の法則　134
可逆反応　133
拡　散　94
化合反応　119
化合物　6
ガスクロマトグラフィー　10
活性化エネルギー　130
価電子　50
過マンガン酸カリウム　158
可溶化能　72
カラムクロマトグラフィー　9
環境汚染　3
還　元　151
還元剤　155, 157
還元反応　151
気　化　88
幾何異性体　65
希ガス　42
気　体　75
気体定数　81
軌　道　33
　d——　33
　p——　33
　s——　33
逆浸透法　10
吸着剤　9
吸熱反応　122
凝固点　98
　——降下　92, 97, 98
凝　縮　88
鏡像異性体　65, 66
共　鳴　63
共有結合　49
　——の極性　53
　——の結晶　102
共有電子対　49
極性分子　53
　——の沸点　69
キラル　67
金属結合　67
金属結晶　101
金属元素　42
金属性　42
金属マグネシウム　68

空間格子　100
クーロン力　100
クラウジウス・クラペイロンの式　90
グラファイト　102
クロマトグラフィー　9
クロロホルム　58

ケイ素　102
ゲーリュサック　79
1.5結合　63
結合イオン性　55
結合エネルギー　126
結　晶　99
　——系　100

限外顕微鏡　108
原　子　21
原子核　21
原子軌道　31
原子質量単位　24
原子の構成原理　34
原子半径　46
原子番号　22
原子量　24
元　素　21
　　──の周期性　39
原子力　25

光学活性　67
交換反応　121
光合成　116
格子点　100
酵　素　132
構造異性体　65
構造式　52, 65
高分子物質　2
コークス　159
黒　鉛　102
固　体　99
固溶体　6
孤立電子対　50
コレステリック液晶　107
コロイド　107
　　──分散系　107
　　──溶液　107
混合物　6
混　成　59
混成軌道　59
　sp──　61
　sp²──　61
　sp³──　59

K 殻　29

さ　行

再結晶　9
左旋性　67
殺菌剤　160
酸　136
酸・塩基中和反応　146
酸・塩基の強度　139
酸　化　151
酸化・還元反応　155
酸化剤　155, 157
酸化数　153
酸化反応　151

三斜晶系　100
三重結合　52, 64
三重水素　23
三重点　104
酸　性　136
酸性塩　147
酸素の授受　151
酸素の電子配置　57
酸と塩基の分類　139
三方晶系　100

次亜塩素酸ナトリウム　160
四塩化炭素　58
式　量　51, 56
磁気量子数　31
1,2-ジクロロエタン　66
1,2-ジクロロエチレン　66
指示薬　145
シ　ス　66
示性式　64
実在気体　85
質量欠損　25
質量作用の法則　134
質量数　22
質量パーセント濃度　91
質量保存の法則　117
質量モル濃度　92
磁鉄鉱　159
ジメチルエーテル　64
斜方晶系　100
シャルル　79
　　──の法則　80
周期表　39
シュウ酸　158
重水素　23
自由電子　67, 101
重量モル濃度　93
縮　退　32
主量子数　31
純物質　6
昇　華　76, 104
蒸気圧　87, 88
　　──降下　93
硝酸イオン　56
状態図　104
蒸　発　88
　　──の潜熱　88
蒸　留　8
触　媒　131
人工透析　109
親水性物質　71
浸　透　94

浸透圧　94

水酸化カルシウム　139
水酸化物イオン　56, 136
水　晶　102, 103
水　素　23
水素イオン指数　144
水素イオン濃度　142
水素結合　70
水素原子　28
水素の授受　151
水素の電子配置　57
スピン量子数　35
スメクチック液晶　107

正　塩　147
正四面体構造　59
生成物　117
正方晶系　100
精　錬　159
セーレンセン　144
石英ガラス　103
赤鉄鉱　159
絶対温度　79
全　圧　83
遷移元素　41
旋光性　67
洗浄力　72
銑　鉄　160

双極子　57
双極子 - 双極子力　69
双極子 - 双極子相互作用　69
双極子相互作用　69
双極子モーメント　57
相　図　104
相対性原理　26
総熱量不変の法則　124
疎水結合　71
疎水性　71
　　──分子　71
組成式　51

σ 結合　61
σ 電子　61
σ 分子軌道　49
CaF₂　101
CsCl　101

索　引

た　行

大気中の二酸化炭素量　3
体心立方格子　100
ダイヤモンド　102
太陽エネルギー　4
太陽電池　4
太陽風　110
多重共有結合　52
ダニエル電池　161
単位格子　100
単位の変換　13
単斜晶系　100
単純立方格子　100
単体　6
単置換反応　120

チオ硫酸ナトリウム　160
力の単位　14
置換反応　120
抽出　9
中性塩　147
中性子　21
中和　146
中和滴定　149
　──曲線　149
中和反応　121, 146
チンダル現象　108

定比例の法則　48
滴定　146
　──曲線　149
鉄鉱石　159
デモクリトス　5
電解質　90
電気陰性度　54
典型元素　41
電子　21
　──殻　28
　──式　50
　──親和力　44, 45
　──スピン　34, 35
　──の授受　151
　──配置　33
電池　160
電離　136
　──層　110
電離定数　141
　──, 塩基の　141
　──, 酸の　141
電離度　140, 142
電離平衡　141

──, 水の　142
同位体　22, 24
透析　109
同族元素　42
ドデシル硫酸ナトリウム　71
トランス　66
トリチェリ　76
トリチェリの真空　77
ドルトン　5, 48, 83

な　行

ナノテク　18
ナノテクノロジー　18

二酸化炭素　57, 103
二酸化チタン　4
　──電極　4
二重結合　52, 62

熱化学方程式　122
ネマチック液晶　107
燃焼　115, 117
年代測定　129
燃料電池　163

は　行

ハーバー　2, 135
配位共有結合　53, 138
倍数比例の法則　48
パウリの排他原理　35
鋼　160
薄層クロマトグラフィー　9
8偶説　50, 58
発光スペクトル　28
パッシェン系列　29
発熱反応　122
バルマー系列　29
ハロゲン　42
半減期　129
半透膜　10, 94
反応速度　127
　──定数　128
反応熱　121
反応の次数　128
反応物　117

非共有電子対　50, 53
非金属元素　42
非金属性　42

非晶質　99, 103
非電解質　90
標準状態　81
漂白剤　160
表面張力　72
頻度因子　130

ファンデルワールス定数　86
ファンデルワールスの状態方程式　86
ファンデルワールス力　68
ファントホッフ　95
　──の式　95
付加反応　120
複置換反応　121
不斉炭素　67
ブタン　65
物質　1
　──科学　1
　──の分離　7
　──量　12, 27
沸点　88
　──上昇　92, 96
沸騰　88
フラーレン　102
ブラウン運動　108
ブラケット系列　29
プラズマ　110
ブレンステッド　137
プロトン　136
プロパン　60
分圧　83
　──の法則　83
分液　9
分解反応　120
分散質　107
分散媒　107, 108
分散力　69
分子結晶　102
分子式　50
分子説　48
分子量　50
フント　35
　──の規則　34, 35
分留　8

平衡　132
平衡状態　132
平衡定数　133
平衡濃度　133
ペーパークロマトグラフィー　9
ヘクトパスカル　14

ヘス　124
ヘスの法則　124
ペニシリン　2
ヘリウム　21
ベリリウム原子　62
ベルセリウス　5
変換因子　13
ベンゼン　63

ボイル　5, 78
ボイル・シャルルの法則　81
方位量子数　31
放射性元素　129
ホウ素　61
　——化合物　62
　——原子　62
飽和蒸気圧　88
ボーア　28
　——半径　29
　——模型　28
　——モデル　28
ポーリング　54

π 結合　62
π 電子　63
B_2H_6（ジボラン）　61
BCl_3　61
$BeCl_2$　62
BeH_2　62
BF_3　61
BH_3　61
pH　144
　——指示薬　145
　——，身近な物質の　144

ま 行

水　57
水のイオン積　143
ミセル　72
密度　13

無極性分子　53
無極性分子の沸点　70
無定形固体　99, 103

メタノール　64
メタン　58
p-メトキシベンジリデン-p-ブチルアニリン　105
面心立方格子　100
メンデレーエフ　5, 39

モル　12
　——凝固点降下定数　98
　——蒸発熱　88
　——濃度　91
　——沸点上昇定数　96, 97

や 行

誘起双極子　69
有効数字　15
有効な衝突数　130
融点降下　97

陽イオン　42
溶液　6, 90
ヨウ化水素　133

陽子　21
溶質　6, 90
溶体　6
溶媒　6, 90

ら 行

ライマン系列　29
ラウール　93
　——の法則　94
ラボアジエ　2, 117

理想気体　85
　——の状態方程式　81
　——の法則　81
立体異性体　65
立方晶系　100
硫酸　138
　——イオン　56
リュードベリ定数　30
量子数　29
リン酸　138
　——イオン　56

ルイス　138
　——の酸・塩基　138

励起状態　59

ローリー　137
ろ過　7
六方最密充填格子　101
六方晶系　100
ロンドン分散力　68, 69

著者略歴

蒲池 幹治（かまち みきはる）
- 1934年　福岡県生まれ
- 1961年　大阪大学大学院理学研究科博士前期課程修了後，東洋レーヨン株式会社，大阪大学理学部高分子科学科助手，助教授，教授をへて，退職後福井工業大学教授（1998～2007年），現在，大阪大学名誉教授　理学博士
- 専　門　高分子合成，物理有機化学

岩井 薫（いわい かおる）
- 1951年　大阪府生まれ
- 1978年　大阪大学大学院理学研究科博士課程中途退学後，奈良女子大学理学部化学科助手，講師，助教授，教授をへて，現在，奈良女子大学名誉教授　理学博士
- 専　門　機能性高分子化学，高分子光化学

伊藤 浩一（いとう こういち）
- 1939年　福井県生まれ
- 1966年　名古屋大学大学院工学研究科博士課程修了後，助手，助教授をへて，豊橋技術科学大学教授，現在，豊橋技術科学大学名誉教授　工学博士
- 専　門　高分子合成，分子制御化学

基礎物質科学——大学の化学入門

2007年3月1日　初版第1刷発行
2024年3月10日　初版第17刷発行

　　　　　　　　　　　　　　Ⓒ　著　者　蒲池幹治ほか
　　　　　　　　　　　　　　　　発行者　秀島　功
　　　　　　　　　　　　　　　　印刷者　荒木浩一

発行所　三共出版株式会社　東京都千代田区神田神保町3の2
郵便番号 101-0051　振替 00110-9-1065
電話 03-3264-5711　FAX 03-3265-5149
https://www.sankyoshuppan.co.jp/

一般社団法人 日本書籍出版協会・一般社団法人 自然科学書協会・工学書協会　会員

製版印刷製本・アイ・ピー・エス

JCOPY ＜(一社)出版者著作権管理機構 委託出版物＞
本書の無断複写は著作権法上での例外を除き禁じられています。複写される場合は，そのつど事前に，（一社）出版者著作権管理機構（電話03-5244-5088, FAX 03-5244-5089, e-mail: info@jcopy.or.jp）の許諾を得てください。

ISBN 978-4-7827-0528-5

原子量表

(元素の原子量は，質量数12の炭素（^{12}C）を12とし，これに対する相対値とする。但し，この^{12}Cは核および電子が基底状態にある結合していない中性原子を示す。)

多くの元素の原子量は通常の物質中の同位体存在度の変動によって変化する。そのような元素のうち 13 の元素については，原子量の変動範囲を $[a, b]$ で示す。この場合，元素 E の原子量 $A_r(E)$ は $a \leq A_r(E) \leq b$ の範囲にある。ある特定の物質に対してより正確な原子量が知りたい場合には，別途求める必要がある。その他の 71 元素については，原子量 $A_r(E)$ とその不確かさ（括弧内の数値）を示す。不確かさは有効数字の最後の桁に対応する。

原子番号	元素記号	元素名	原子量	脚注	原子番号	元素記号	元素名	原子量	脚注
1	H	Hydrogen	[1.00784 ; 1.00811]	m	60	Nd	Neodymium	144.242(3)	g
2	He	Helium	4.002602(2)	g r	61	Pm	Promethium*		
3	Li	Lithium	[6.938 ; 6.997]	m	62	Sm	Samarium	150.36(2)	g
4	Be	Berylium	9.0121831(5)		63	Eu	Europium	151.964(1)	g
5	B	Boron	[10.806 ; 10.821]	m	64	Gd	Gadolinium	157.25(3)	g
6	C	Carbon	[12.0096 ; 12.0116]		65	Tb	Terbium	158.925354(8)	
7	N	Nitrogen	[14.00643 ; 14.00728]	m	66	Dy	Dysprosium	162.500(1)	g
8	O	Oxygen	[15.99903 ; 15.99977]	m	67	Ho	Holmium	164.930328(7)	
9	F	Fluorine	18.998403163(6)		68	Er	Erbium	167.259(3)	g
10	Ne	Neon	20.1797(6)	gm	69	Tm	Thulium	168.934218(6)	
11	Na	Sodium	22.98976928(2)		70	Yb	Ytterbium	173.045(10)	g
12	Mg	Magnesium	[24.304 ; 24.307]		71	Lu	Lutetium	174.9668(1)	g
13	Al	Aluminium	26.9815384(3)		72	Hf	Hafnium	178.486(6)	g
14	Si	Silicon	[28.084 ; 28.086]		73	Ta	Tantalum	180.94788(2)	
15	P	Phosphorus	30.973761998(5)		74	W	Tungsten	183.84(1)	
16	S	Sulfur	[32.059 ; 32.076]		75	Re	Rhenium	186.207(1)	
17	Cl	Chlorine	[35.446 ; 35.457]	m	76	Os	Osmium	190.23(3)	g
18	Ar	Argon	[39.792 ; 39.963]	g r	77	Ir	Iridium	192.217(2)	
19	K	Potassium	39.0983(1)		78	Pt	Platinum	195.084(9)	
20	Ca	Calcium	40.078(4)	g	79	Au	Gold	196.966570(4)	
21	Sc	Scandium	44.955908(5)		80	Hg	Mercury	200.592(3)	
22	Ti	Titanium	47.867(1)		81	Tl	Thallium	[204.382 ; 204.385]	
23	V	Vanadium	50.9415(1)		82	Pb	Lead	207.2(1)	g r
24	Cr	Chromium	51.9961(6)		83	Bi	Bismuth*	208.98040(1)	
25	Mn	Manganese	54.938043(2)		84	Po	Polonium*		
26	Fe	Iron	55.845(2)		85	At	Astatine*		
27	Co	Cobalt	58.933194(3)		86	Rn	Radon*		
28	Ni	Nickel	58.6934(4)	r	87	Fr	Francium*		
29	Cu	Copper	63.546(3)	r	88	Ra	Radium*		
30	Zn	Zinc	65.38(2)	r	89	Ac	Actinium*		
31	Ga	Gallium	69.723(1)		90	Th	Thorium*	232.0377(4)	g
32	Ge	Germanium	72.630(8)		91	Pa	Protactinium*	231.03588(1)	
33	As	Arsenic	74.921595(6)		92	U	Uranium*	238.02891(3)	gm
34	Se	Selenium	78.971(8)	r	93	Np	Neptunium*		
35	Br	Bromine	[79.901 ; 79.907]		94	Pu	Plutonium*		
36	Kr	Krypton	83.798(2)	gm	95	Am	Americium*		
37	Rb	Rubidium	85.4678(3)	g	96	Cm	Curium*		
38	Sr	Strontium	87.62(1)	g r	97	Bk	Berkelium*		
39	Y	Yttrium	88.90584(1)		98	Cf	Californium*		
40	Zr	Zirconium	91.224(2)	g	99	Es	Einsteinium*		
41	Nb	Niobium	92.90637(1)		100	Fm	Fermium*		
42	Mo	Molybdenum	95.95(1)	g	101	Md	Mendelevium*		
43	Tc	Technetium*			102	No	Nobelium*		
44	Ru	Ruthenium	101.07(2)	g	103	Lr	Lawrencium*		
45	Rh	Rhodium	102.90549(2)		104	Rf	Rutherfordium*		
46	Pd	Palladium	106.42(1)	g	105	Db	Dubnium*		
47	Ag	Silver	107.8682(2)	g	106	Sg	Seaborgium*		
48	Cd	Cadmium	112.414(4)	g	107	Bh	Bohrium*		
49	In	Indium	114.818(1)		108	Hs	Hassium*		
50	Sn	Tin	118.710(7)	g	109	Mt	Meitnerium*		
51	Sb	Antimony	121.760(1)	g	110	Ds	Darmstadtium*		
52	Te	Tellurium	127.60(3)	g	111	Rg	Roentgenium*		
53	I	Iodine	126.90447(3)		112	Cn	Copernicium*		
54	Xe	Xenon	131.293(6)	gm	113	Nh	Nihonium*		
55	Cs	Caesium	132.90545196(6)		114	Fl	Flerovium*		
56	Ba	Barium	137.327(7)		115	Mc	Moscovium*		
57	La	Lanthanum	138.90547(7)	g	116	Lv	Livermorium*		
58	Ce	Cerium	140.116(1)	g	117	Ts	Tennessine*		
59	Pr	Praseodymium	140.90766(1)		118	Og	Oganesson*		

* : 安定同位体のない元素。これらの元素については原子量が示されていないが，ビスマス，トリウム，プロトアクチニウム，ウランは例外で，これらの元素は地球上で固有の同位体組成を示すので原子量が与えられている。

g : 当該元素の同位体組成が通常の物質が示す変動幅を超えるような地質学的試料が知られている。そのような試料中では当該元素の原子量とこの表の値との差が，表記の不確かさを越えることがある。

m : 不詳な，あるいは不適切な同位体分別を受けたために同位体組成が変動した物質が市販品中に見いだされることがある。そのため，当該元素の原子量が表記の値とかなり異なることがある。

r : 通常の地球上の物質の同位体組成に変動があるために表記の原子量より精度の良い値を与えることができない。

表中の原子量および不確かさは通常の物質に摘要されるものとする。

©2021 日本化学会　原子量専門委員会